ヤマケイ文庫

# 旅するタネたち

## 時空を超える植物の知恵

Tada Taeko
多田多恵子

Yamakei Library

# タネは時空を旅するマイクロカプセル

四季折々、咲きめぐる花々。花の美しさや香りに、人はつい目を奪われます。でも、花の真の意義は、咲き終えたあとにあります。植物の最終目的はタネをつくり、次世代に命をつなげること。花は通過点にすぎません。美しい花びらも甘い香りや蜜も、実を結びタネをつくるための小道具にすぎないのです。

タネはいわばマイクロカプセル。みずからの設計図である遺伝子と、芽が育つための栄養が詰め込まれています。新しい場所で新しい世代を担うべく、タネたちは旅立つのです。

しかし、「旅立つ」といっても、そこは植物。簡単にはいきません。動物と違い、植物は自由には動けないのです。旅に出るには、小道具なり作戦なりが必要です。

風に乗るパラシュートや翼、水に浮くコルクに自動発射装置、さらにはかぎ爪や色仕掛けで動物をヒッチハイクしたりするなど、タネたちは驚くほど巧みな道具や作戦を持っています。

タネはときに、時間をも飛び越えて旅をします。厳しい季節をタネの形でやり過ごすのは一年草。暑すぎる夏や寒すぎる冬、あるいは乾いた季節も、小さくとも頑丈なカプセルでならしのげます。

もっと長い歳月を飛び越えるタネもあります。たとえばメマツヨイグサのタネは、条件の悪い環境に移動してしまった場合は、すぐには芽を出さず、土の中で何年でも何十年でも休眠して事態の好転を待ちます。こうしたタネには、光や温度の変化を感知するセンサーが備わっていて、目覚めの準備も万端です。遺跡から発掘されたハスやコブシのタネのように、何千年もの時を飛び越えて芽を出す例もあります。

タネは、時間を旅するタイムカプセルでもあるのです。

植物は地に縛られて動けません。でも、じつはタネという精巧なカプセルをつくり出し、巧みに空間と時間を移動しています。この本ではタネの旅のしかたに注目して、タネたちの巧みな工夫とそれにまつわるエピソードを紹介します。取り上げたのは、どれも日本で見ることができる身近な植物です。ぜひ、みなさんも実際にタネを探して手にとって、あっと驚く知恵や工夫を楽しく発見してみてください。それではタネの不思議を知る旅に出かけましょう！

「種子」と「タネ」の使い分けについて

植物の種類によって、種子の形で散布される場合と、実（果実）の形で散布される場合があります。この本では専門用語を避けるために、一般に種子と見えるものは「タネ」と呼んでいます。形態学的な説明で「実」と「種子」を分ける場合は、種子という言葉を用いています。

# Contents

## 第2章 動物を利用するタネたち

Contents

## 第3章 みずからタネを飛ばす植物たち 200

# 第1章 自然を利用するタネたち

自力では動けない植物も、自然の力をうまく使えば、新しい場所に移動できます。

重力を利用して、枝から地面にジャンプ。でも真下に落ちてばかりでは新天地に移動できません。そこで次なる手段。何らかの方法で降下速度を抑えれば、うまく風に乗って、もっと遠くまで移動できるはず。

プロペラをつくったのはユリノキ。翼の片

側に重心を偏らせ、降下と同時に回転開始。揚力も発生してゆっくりと舞い降ります。

ミクロン単位の細い毛には空気の粘りけが作用し、傘に働く抵抗とタネの重力が釣り合って、落下速度が一定になります。絹のように細くて長い毛のパラシュートを持ったガガイモは、まるで重さがないみたいにふわふわ浮かびます。同じ原理で、細かいランのタネも空を漂います。送り出す母植物も、枝を震わせたり強風時を選んだりと、タネの旅立ちを応援します。

水辺の植物には、なんといっても水のパワーが頼りになります。はるかな異国の岸辺を夢見ながら、ぷかぷか浮いて流されて、タネは旅を続けます。

第1章では、自然の力を利用して、たくましく旅するタネを紹介します。

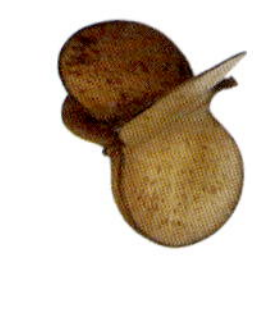

# 百合の木

【ユリノキ】 Liriodendron tulipifera

空から舞い降りる
プロペラの実

見上げてみたり拾ってみたり。ちょっと意識して接してみると、いつもの道も楽しくなります。ユリノキ並木を見上げると、ほら、春と晩秋の2度、樹上に「花」が咲いています。プロペラのタネも投げ上げてみて。

## 樹上に咲く「チューリップ」

ユリノキは北アメリカ原産。明治初期に日本にもたらされました。太い幹がまっすぐ立ち、堂々とした樹形になるので、街路樹によく植えられます。

葉は奇妙な形です。先端がすぱっと切り落としたかのように四角く、ちょうどTシャツか半てんのように見えます。それで別名「ハンテンボク」とも呼ばれます。

モクレン科は古いタイプの被子(ひし)植物で、特にユリノキ属は北アメリカと中国にそれぞれ1種類ずつが現存するのみ。日本でも化

▶ユリノキの葉

石は出てきます。いうなれば「生きた化石」ですが、今は人の手で育てられて繁栄しているというわけです。

花は若葉のころ、枝の先に咲きます。高い樹上でさらに上を向いて咲くので気づきにくいのですが、クリーム色の地にオレンジ色の斑紋が入った、きれいな花です。形がチューリップの花に似ているのでアメリカでは「チューリップ・ツリー」と呼ばれています。学名も「チューリップのようなユリの木」という意味で、和名はそこからきています。

花には蜜がたっぷり。じつは祖国のアメリカでは、蜜を吸う鳥の仲間が花に来て花粉を運んでいます。花びらのオレンジ色は、鳥の目に目立つためのサインなのです。日本では最近カラスがこの蜜の味を覚え、開花時にはうるさく群がります。でも、乱暴なカラスは花ごと食いちぎってしまうので、花粉の運び手としては役立ちそうにありません。ミツバチもこの花の蜜を集めて、おいしいハチミツを提供してくれます。

▶花は春に咲く。直径5～6cmでチューリップを思わせるが、雌しべが多数あるなど花の構造はまったく異なっている。

モクレン科は花の構造も原始的です。花の中心には、たくさんの雄しべに囲まれて雌しべもたくさんあります。そこで、雌しべがそれぞれ受精すると、1個の花からたくさんの実ができてくることになります。このような実を、集合果と呼んでいます。

樹上で実が育つころ、独特の形をした大きな葉は、日に日に緑の濃さを増しながら枝全体を包み込みます。豊かな樹陰を広げて、ユリノキは人々を見守ります。

## 冬空に咲く2度目の「花」

晩秋、葉がすっかり落ちたユリノキをふと見上げると、冬枯れの枝先に、再び「花」が咲いているではありませんか。この2度目の「花」、じつはこれが集合果、実の集まりです。

ユリノキは風にタネを運ばせています。種子を堅いプロペラ形の実に包み込み、風に乗せて送り出すのです。

▶樹上の集合果

風が吹くと、「花びら」のように見える実は、ひとひらずつ枝を離れます。すると、ユリノキの実はたちまち精巧なプロペラに変身。くるくる回転しながら落ちていきます。このとき、種子を包んだ部分が重心、へらのように薄く伸びた部分が翼となり、投げ上げると竹とんぼのようにゆっくり落ちてきます（このときわずかですが、ひねり方向の回転も加わります）。滞空時間を延ばして長く風に乗り、より遠くまで移動しようというわけです。しかも、飛行の邪魔になる葉が、すべて落ちきる晩秋を待って。

飛距離はどのくらいでしょう。私があちこちでユリノキの実を拾って歩いた経験では、だいたい150mぐらいは飛んでいました。うまく木枯らしに乗ることができれば、さらに長い旅もできるでしょう。

植物は動けません。でも自分の力で動けないなら、実をプロペラの形に変え、風を利用して移動します。タネというカプセルに

▲ 実の断面。端のふくらんだ部分に、種子が1個入っている

▶ 親木からずっと離れた草むらに、小さなユリノキの苗を見つけた。特徴的な葉の形は、生後間もなくからの性質だ。

は、植物の見事な知恵が詰まっています。

# 菩提樹

【ボダイジュ】 *Tilia miqueliana*

自然が生んだ
精巧なヘリコプター

▲磨いた実
直径7～8mmで表面が堅い。昔から数珠（じゅず）に加工される。

寺院の境内などで見かけるボダイジュ。ありふれた木ではないだけに、出会うとうれしい植物です。秋、その枝に、不思議な実がぶら下がります。葉の中心から柄が伸びて実がついているのです。そのとき、一陣の風が吹き渡った瞬間、バラララ……、バラララ……、一斉にヘリコプターの編隊飛行！

## 実を運ぶヘリコプター

地面に舞い降りてきた実を、手にとって眺めました。じつに不思議な形です。まるで葉の中心から枝が伸びているように見えます。

この「葉」の部分はへら状で、ハート形をした普通の葉とは形が違います。じつは、これは花や実の集まりに付随する特殊化した葉、植物学では「総苞（そうほう）」とか「総苞葉（そうほうよう）」「苞葉（ほうよう）」と呼ばれるもので、その途中まで花序の枝がくっついているのです。

▶ボダイジュの若い実。黄緑色をしたへら状のものが総苞で、結実期には長さ8〜10cmになる。

横から見ると、竹とんぼにそっくり。そう、これは自然がつくり出した精巧なヘリコプターなのです。総苞が回転翼、実がヘリの本体になります。秋が深まるころ、ボダイジュの実は枝の上で堅く熟し、飛び立つ日を待ってスタンバイしています。

それぞれ2～4個ほどの実をつり下げたヘリコプターは、風をとらえて飛び立つと、空気の流れに巧みに乗り、バランスをくずすことなく長距離を一気に飛行します。

▶風に乗り、くるくる回転しながら飛行する。

## 「菩提樹」とその仲間

釈迦がその下で悟りを開いたといわれる「菩提樹（ぼだいじゅ）」は、本種とは縁遠いクワ科のインドボダイジュのこと。ガジュマルの仲間（同属）で、無数の気根が幹を包み込む「絞め殺し植物」の一つとしても知られています。インドボダイジュは寒い地方では育たないので、中国では葉の印象が似た本種をボダイジュと呼んで寺院に

▶インドボダイジュ

植えました。

ボダイジュが日本に伝来したのは12世紀、臨済宗を伝えた栄西禅師が留学先の中国から（おそらく実を）持ち帰ったといわれます。

一方、シューベルトの歌曲に出てくる「菩提樹」は欧州産のセイヨウボダイジュ（セイヨウシナノキ、リンデン、リンデンバウムとも呼ぶ）のことで、本種に近いシナノキ科の仲間です。

日本にも近い仲間が数種あり、その1つのシナノキは、東京・銀座の並木通りなどで街路樹として植えられています。

▶シナノキは、日本の野山に生える近縁種。ボダイジュにそっくりだが、実はやや小型で細長く、数が多い。

## 甘い香りと蜜の花

花は初夏。枝から花序（花のあつまり）が垂れて、ほんのり甘く香る淡い黄色の花が、けむるように咲きます。淡い黄緑色の総苞は、花を守るようにそっと広がります。花は蜜をたっぷり出し、ミツバチやマルハナバチが訪れて花粉を運びます。ボダイジュやシナノキの花は、上質のハチミツがたくさん採れることでも知られています。

でも、ハチが来て花粉が運ばれても、花序の10数個の花のうち実に育つのはたいてい2~4個で、あとは枯れてしまいます。全部熟してしまうと重すぎてヘリも飛べないので、途中でタネを選別して、数を調節しているのでしょう。

人類の誕生よりはるか前に、自然は精巧なヘリコプターをつくり上げていたのです。ボダイジュの実を見つけたら、ぜひ、投げ上げてみて。見事な飛行術に驚きます！

▶へら状の総苞にぶら下がるようにして、淡い黄色の花が集まって咲く。

その力学的な設計の巧みさには驚かされる。

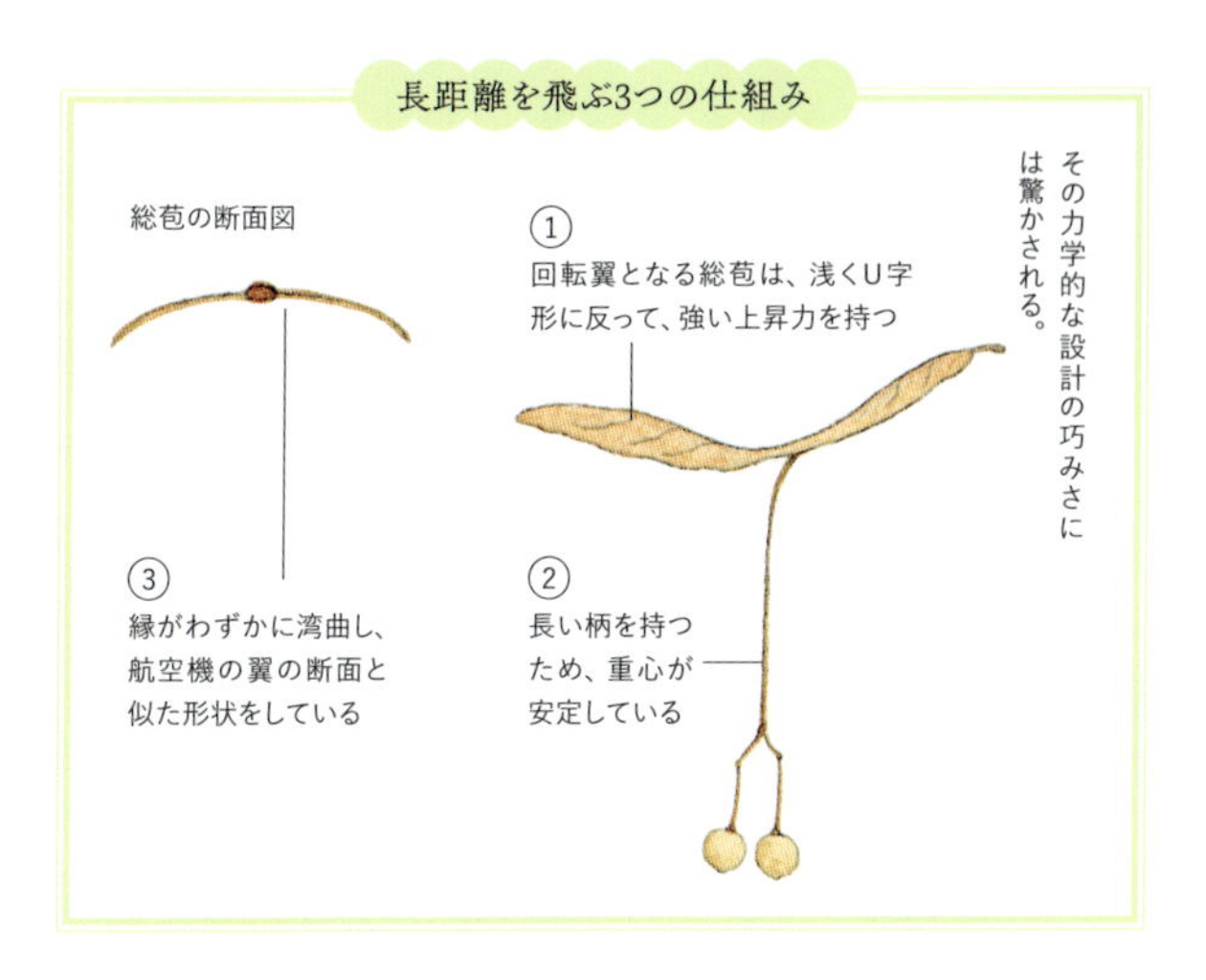

# 青桐

【アオギリ】Firmiana simplex

## 空飛ぶボートの謎

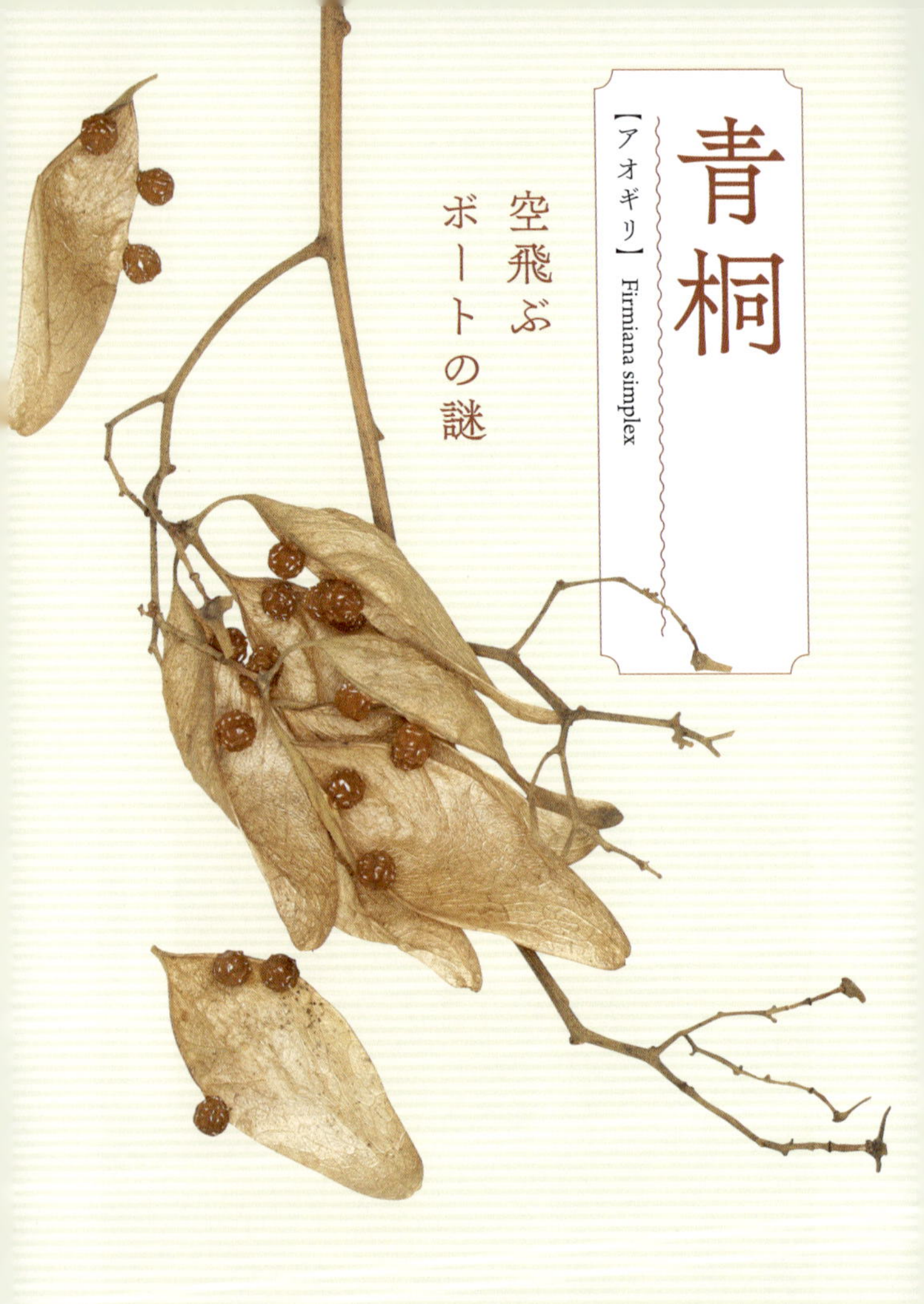

葉っぱ?にタネが乗っている!? 丸いタネをちょこんと乗せて、くるくる回って飛ぶボート! いったい、どうなっているのでしょう?

## 秋に実る不思議なボート

アオギリは、街路樹や公園樹としてよく植えられています。幹が緑色で、手のひらのような大きな葉がキリに似ているのでこの名がありますが、キリとはぜんぜん違うアオギリ科の植物です。

すべすべした緑色の幹はエキゾチックな雰囲気があり、寒さにはあまり強そうには見えません。実際、アオギリはもともと南方系の植物で、熱帯アジアに広く分布しており、日本は分布の北限にあたります。アオギリ科は全体に熱帯や亜熱帯の植物が多く、仲間には奄美以南の南西諸島に自生して大きな板状の根を持つことで知られるサキシマスオウノキ(95ページ参照)やチョコレー

▶アオギリの樹皮

トの原料のカカオノキ、コーラの原料のコーラノキなどがあります。

ユニークなアオギリ科のなかでも、アオギリの実はとびきり変わっています。

まだ葉が青々と繁っている9月ごろ、アオギリの枝に茶色い枯れ葉？の束がガサガサと目立つようになります。強い風が吹いた翌日、アオギリの下には吹き飛ばれた枯れ葉がたくさん落ちていました。あれ？　葉っぱの縁に3つ、4つ丸いものがくっついていますよ？

この丸いのがアオギリの種子です。葉の縁についているように見えますが、じつはこれは実の皮です。アオギリは、初めは袋状だった実が、熟すと裂けて開き、それがボートの形になるのです。

強い風が吹くと、ボート形をした実は、縁に数個の種子を乗せたまま、親木から吹き飛ばされます。このとき、種子がついている重い基部の側が回転の中心となり、ボート形をした実が水平の

▶樹上に実るボート形の実。9月に入ると、種子もほぼ熟す。次第に実の皮は茶色く乾き、ついには1個ずつ枝を離れて舞い降りる。

回転翼となって、くるくる回りながらゆっくりと枝から舞い降ります。

## 実のボートができるわけ

それにしても、どうしてボートの形になるのでしょう？　花から実ができるまでを、詳しく見てみましょう。

初夏、枝先に大きな花序を出し、淡黄色の小さな花を多数つけます。花序には、雄花と雌花が入り交じって咲きます。子房（実のもとになる部分）がふくらんでいるのが雌花で、横から見るとピエロの人形のようにも見えます。細くすらっとしているのが雄花です。ともに花びらはなく、代わりにくるりと巻いた5枚の萼が目立って虫を誘います。

受粉すると子房はふくらみますが、すぐに5つに分かれて星形に広がります。アオギリでは、1個の雌花から5個の実がつくら

▶アオギリの花序（右）と雄花（左上）、雌花（左下）。雌花には、柄の先にふくらんだ子房がある。

れるのです。指のように細長い袋状の実の中に、それぞれ3〜5個のタネが育ちます。

　夏の終わりごろ、袋状だった実が裂けて開き、ボートの形に広がります。タネはボートの左右の縁にちょこんと乗り、緑から茶色に熟して乾きます。強い風が吹くと、5つずつ集まって枝についていた実は、一気にばらばらに吹き飛ばされ、くるくると高速で回転しながら舞い散っていきます。

　と、ここまで観察したところで、1つ気になるのは袋状の実の内部。切り開いてみると若い袋状の実には液体が詰まっていました。なぜ、どうして、どんな液体が蓄えられているのでしょう？わくわくします。皆さんも調べてみてくださいね。

　アオギリのタネは炒って食べられます。さらに炒ってから挽けば、コーヒーの代用にもなるんですって。


不思議なボートの実。もっと調べて（飲んで）みるぞ！

実ができるまで

子房がふくらんで、5つの実に分かれた。

5つに分かれた実が広がった。内部は空洞になっている。

袋状の若い実を開いてみた。縁に幼いタネがくっついている。

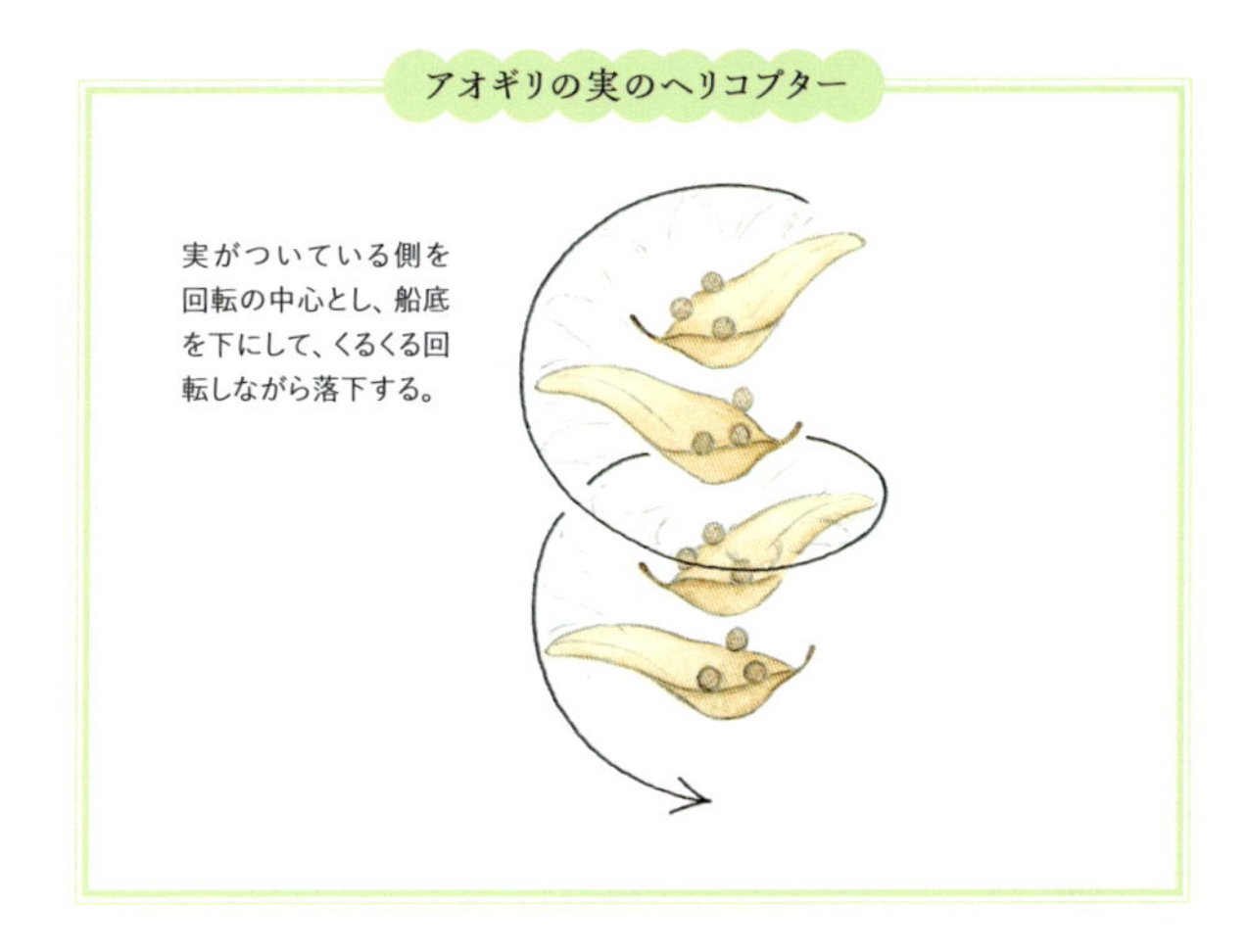

## 青桐 プロフィール

アオギリ科の落葉高木。日本南部から東南アジアに自生し、街路樹や公園樹として広く栽培される。直立する緑色の幹と、径30cmに達する掌状の大きな葉が特徴。5〜6月、枝先に淡黄色の小花が多数咲き、9〜10月に茶色く乾いた実が風に散る。実は長さ5〜10cmのボート形。種子は径5〜7mmの球形で、ボートの縁に3〜5個ずつ乗る。

# 紫蘭

【シラン】 Bletilla striata

風に舞う無数の微細種子

シランは日本の美しい野生ラン。渓流の岩場に生えますが、近年は数が減り、もっぱら庭の花になっています。ラグビーボールのような形の実から、無数の細かいタネが煙のように漂います。

## 菌類を利用する微細なタネ

一般にランは種子から育てるのが至難です。ランの種子は、1粒が0.01mg以下（ナツエビネでは0・00002mg）と、種子植物のなかで最小だからです。小さい粒の代表格とされるケシが1粒約0.4mgですから、まさにほこりの微細さです。

そのため、タネの中身は超未熟。子葉も胚乳（はいにゅう）もなく、まだ形をなさない細胞の塊があるのみ。そのままでは育たないし、育つのに必要な栄養もありません。

では、どうやって育つのでしょう？

タネが芽を出して育つには、土壌菌類の一種であるラン菌の助

▶顕微鏡で見た種子
全体の長さ約1.6㎜、胚の部分の長さ約0.4㎜。両端は薄く平たい翼となり、少しの風にも舞い上がる。ほこりのように軽いので「ダストシード」と呼ぶ。

けが必要です。タネの中に菌糸を伸ばしたラン菌から、栄養や水を分けてもらうのです。そうして初めて、葉や根のもとができ、芽が育ちます。

葉を広げるまでに育てば、あとは自分で光合成ができるので、助けは不要になります。するとランは酵素を出してラン菌を消化してしまいます。恩返しどころか、自分の栄養にしてしまうのです。両者の関係はふつう「共生」と呼ばれますが、現実はランが一方的にラン菌を利用しています。ラン菌にランが「寄生」しているのです。

シランのタネも、鼻息ですぐ飛んでしまいます。それでもランのタネとしては大型の部類で、例外的にラン菌なしでも発芽が可能であることが知られています。

小さい代わりにタネの数は膨大です。シランも実を切ってみると、ぎっしり（P30）。ラン類は種子植物のなかで最も多産で、1個の実に数万〜数十万ものタネをつくります。

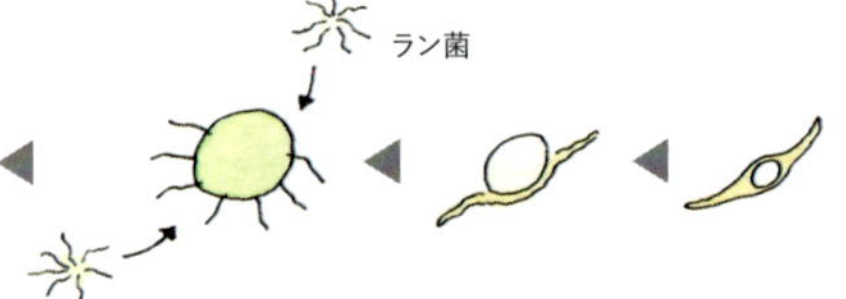


▶ランの発芽

タネが地面に落ちる。

水を含んで胚がふくらむ。

胚が球状にふくらみ、葉緑体ができる。仮根（かこん）が伸びてラン菌が侵入する。

子葉が伸びてくる。

一般的にいえば、タネは多くつくったほうがチャンスが広がって有利です。でも数を多くすると一つ一つは小さくせざるをえず、芽が育つ率も下がってしまいます。ランはラン菌に寄生して無尽蔵の栄養を確保したことにより、小さなタネからでも芽が育つようにでき、タネの数を飛躍的にふやすことに成功したのです。

ラグビーボール形の実は、晩秋から早春にかけて、すき間を少しずつ広げ、タネを少しずつ広範囲に散らばらせて、さらにチャンスを広げます。

ラン菌と共生することにより、葉や根を出し、成長する。

## 花粉を運ばせるたくらみ

ランは、花の仕組みも独特です。6枚の花びらのうち、下側の1枚は特殊な形の「唇弁（しんべん）」となり、雌しべと雄しべは合体して「蕊柱（ずいちゅう）」をつくっています。シランの唇弁は縦溝が並んで通路となり、ハチを奥へと誘導します。通路の天井には蕊柱が覆いかぶ

▶シランの花

さり、花粉塊（花粉の塊に粘着体がついたもの）がこっそり隠れて待っています。ハチが花から出ようとして後退すると、背中が蕊柱をこすり、まんまと花粉塊を背負わされる、という仕組み。

ついでにいうと、シランの花に蜜はなく、ハチはただ働きです。羽化したばかりで世間知らずの働きバチを、シランは知らん顔でだまし、花粉を運ばせるのです。

それにしても、なぜこんなに複雑な受粉方法をとる?

それは、膨大な数の花粉を一度に運ばせるためです。膨大な数のタネをつくるには、雌しべは同数以上の花粉を受け取らなくてはなりません。だから花粉塊、なのです。

花粉塊を運ばせる受粉方法。莫大な数のタネ。そしてラン菌との「共生」。ランを特徴づける3つの特質は、じつは複雑に絡み合いながら進化してきたのです。微細なタネに、大きな不思議が詰まっています。

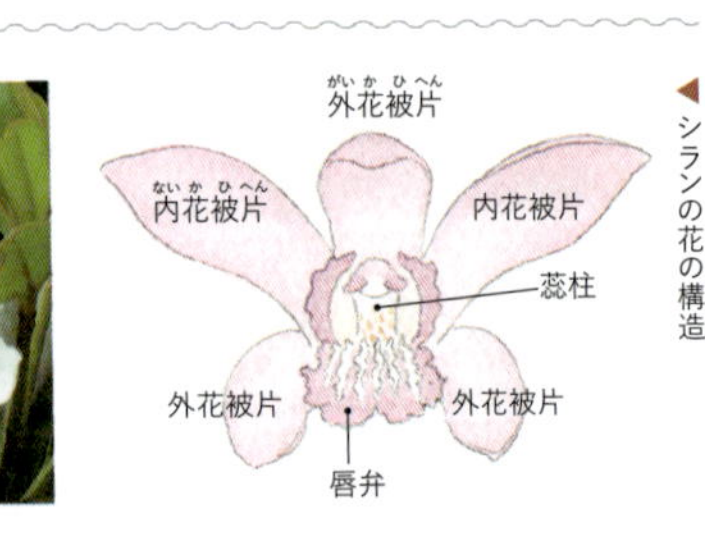

▶シランの花の構造

▶シランの花粉塊をつけたセイヨウミツバチ。背景の花はシャリンバイ。

## 花粉を運ばせる巧みな罠

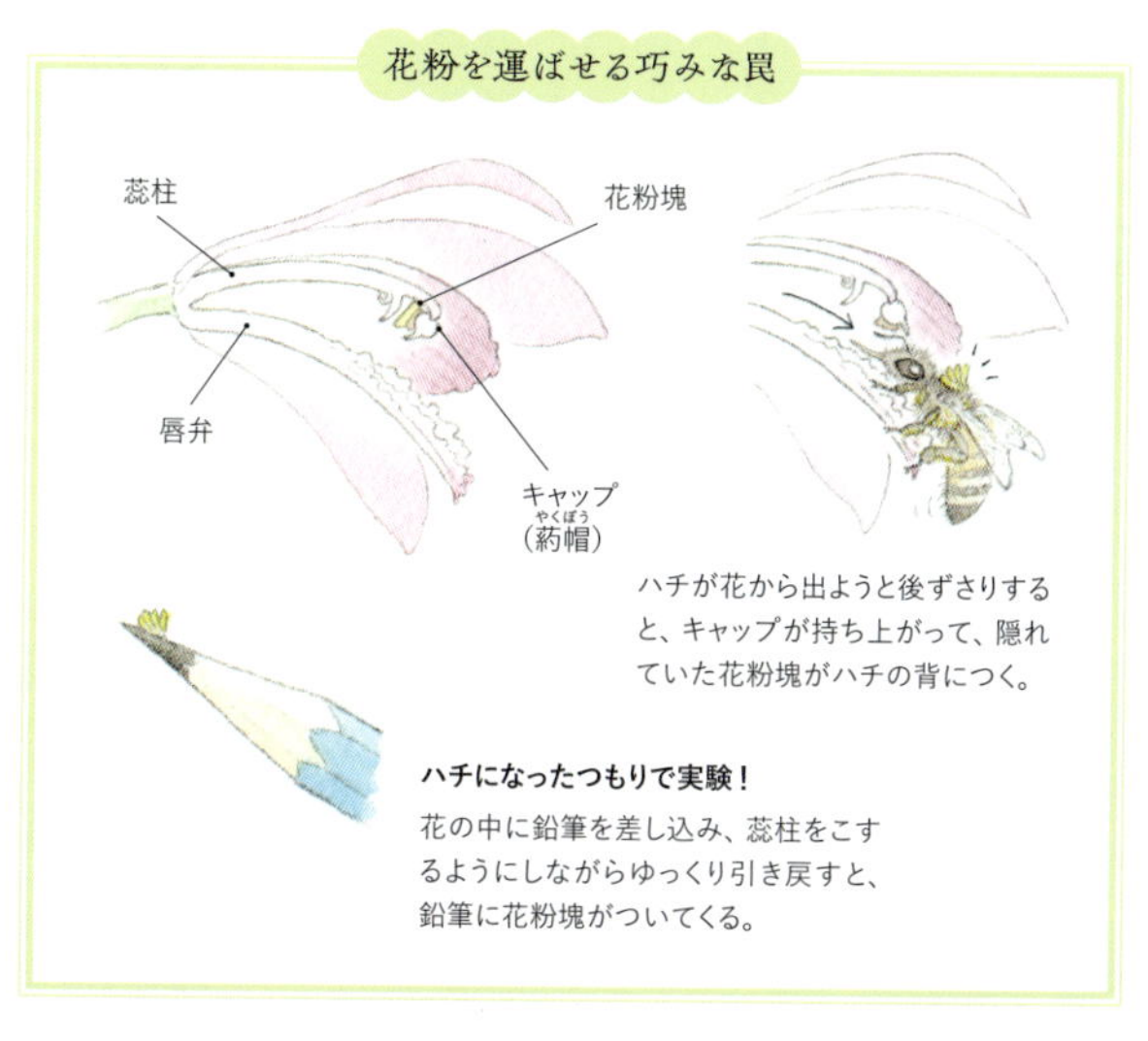


ハチが花から出ようと後ずさりすると、キャップが持ち上がって、隠れていた花粉塊がハチの背につく。

**ハチになったつもりで実験！**

花の中に鉛筆を差し込み、蕊柱をこするようにしながらゆっくり引き戻すと、鉛筆に花粉塊がついてくる。

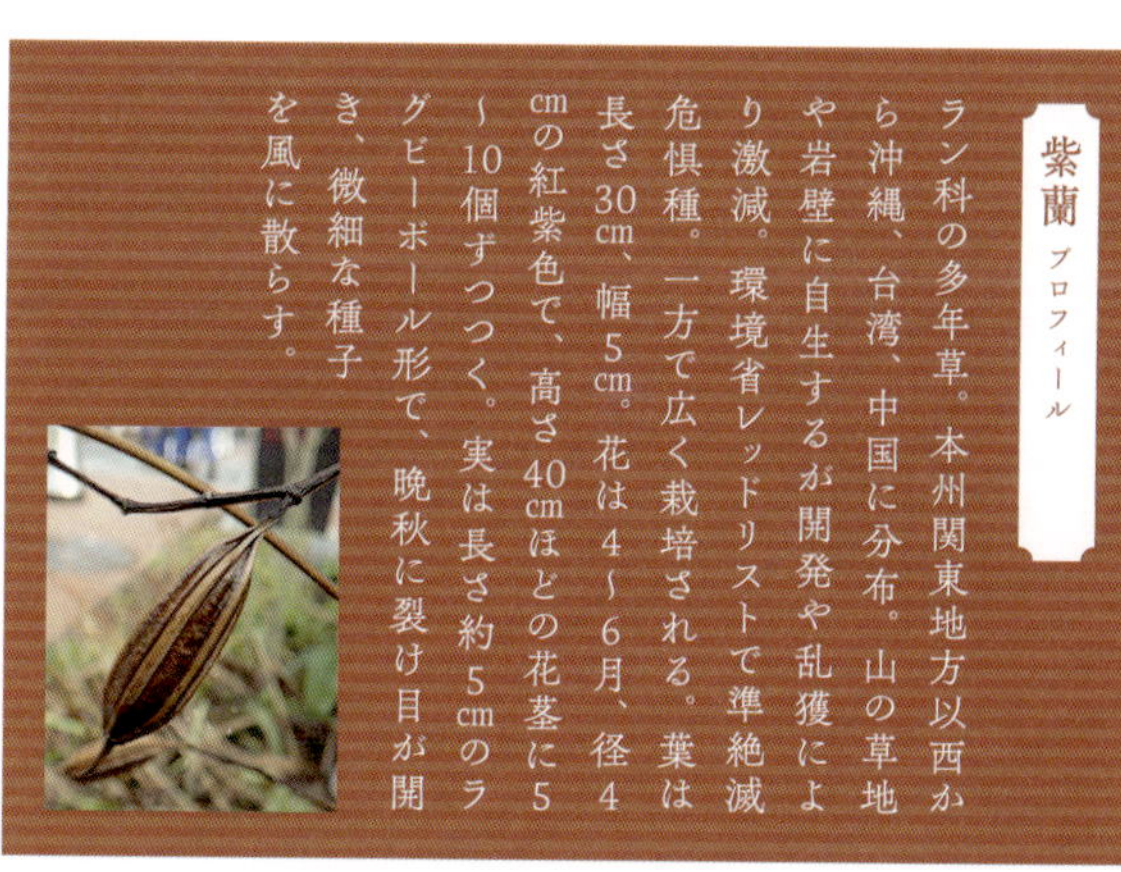

### 紫蘭 プロフィール

ラン科の多年草。本州関東地方以西から沖縄、台湾、中国に分布。山の草地や岩壁に自生するが開発や乱獲により激減。環境省レッドリストで準絶滅危惧種。一方で広く栽培される。葉は長さ30cm、幅5cm。花は4～6月、径4cmの紅紫色で、高さ40cmほどの花茎に5～10個ずつつく。実は長さ約5cmのラグビーボール形で、晩秋に裂け目が開き、微細な種子を風に散らす。

# 蘿藦

【ガガイモ】 *Metaplexis japonica*

風に漂う
ふわふわ
ボール

▲ガガイモのタネ
種髪を丸く広げると、径5㎝のふわふわボール。この手のタネとしては日本では最大。種子自体は長さ8㎜で平たい。

ふわり、ふうわり……。晩秋の野辺を歩いていると、目の前を白くて丸いものがすーっと通り過ぎていきました。夕日に光り輝いて、あれは、なんでしょう？

## 天の小舟とふわふわ毛玉

巷の噂では、ケサランパサランという白い毛玉のような姿をした謎の生き物がいて、捕まえてタンスの中で飼うと幸せになれるのだとか。追いかけて両手でそうっと捕まえると、それは真っ白な絹毛をゴルフボールくらいの大きさに広げたガガイモのタネでした。

ガガイモは、のどかな農村の農道沿いや川べりの野原によく見られます。紡錘形の実は晩秋に裂けて、純白に輝く絹毛のタネが現れ、まるで重さが全くないかのように、ふわ〜っと風に漂います。

▶地面に舞い降りたガガイモのタネ

この絹毛は種子の一部が変化したもので、形態学的には「種髪」といいます。ミクロン単位の細くて中空の繊維からできているのでとても軽く、空気の粘りけが大きく作用し、重力の作用を打ち消してふわふわ浮いて漂います。実の中でタネは毛をたたんだ状態でぎっしり並び、実が熟して縦に裂けると種髪を丸く広げて旅立ちます。

タネが飛び去ったあとには、実の皮の部分がカヌーのような形に残ります。『古事記』には、小さな体のスクナヒコナノミコトが「天の蘿摩船」、つまりガガイモの船で海を渡ってきたと書かれています。ガガイモは、日本で書物に登場する最古の植物でもあるのです。

▶冬枯れのガガイモ。裂けて開いた実は、カヌーのような形をしている。

## ガガイモの花に新発見！

植物の不思議を調べるのはわくわくします。私も植物仲間と一緒にガガイモの受粉を調べてみたら、楽しい発見がいっぱいありました。

まず一つは受粉方法。花粉は、Y字形をした「花粉塊（かふんかい）」という独特の形。袋詰めになった花粉の塊の端に精巧なクリップ構造があり、虫の毛をパチンと挟んでひっつきます。で、虫がそれを別の花に届けるというわけ。

それから、柱頭の場所。図鑑には花の中央に長く伸びているのが「柱頭」とありますが、違いました。真の柱頭は外からは見えない花の内部、雌しべの横腹にあり、中央に伸びているのは虫を誘うための単なる飾りでした。

さらに、花の罠。内部に細いスリットがあり、虫はうっかりすると口を挟まれて抜けなくなるのです。で、あわててぐいっと引き抜くと、花粉塊がくっつく仕組み。

学問的に重要だったのは、雄花の発見です。虫が運んできた花粉塊は、スリットを通って雌しべに届くのですが、スリットの入

▶ガガイモの花は径1cm。甘い香りがする。

▲ガガイモの花粉塊。虫の体毛に見立てた、細く削った木片についてきた。

口がやけに細い花があって、花粉塊が中に入らないのです。要するに受粉できない花。雄の機能しかない雄花、というわけ。ガガイモ科では新発見だったのです。

ほかにも、花粉を運ぶパートナーがおもにツチバチとマルハナバチであること、非力なシジミチョウは口をスリットに挟まれてしまうと、花から抜け出られずに命を落とす、など、発見がたくさんありました。ほとんどのメンバーはアマチュアでしたが、メンバー全員のがんばりで研究成果は学術論文として発表されました。ほぼ同時期に発表された論文によれば、夜間にスズメガの仲間も訪れて花粉を運んでいました。

身近な植物にも、おもしろい発見がたくさんあります。ね、調べてみない？

▶ガガイモの花粉塊を7個もつけていたトラマルハナバチ。

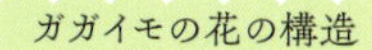


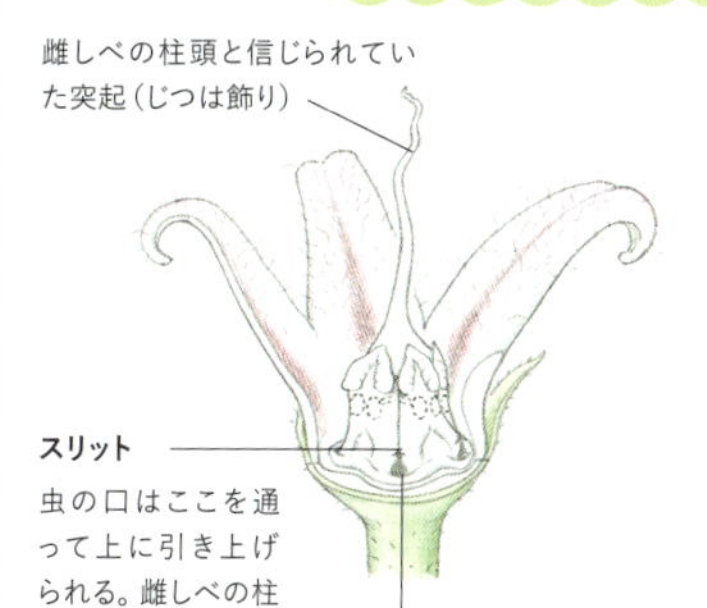

**ガガイモの花粉塊**

スリットの上端で待ち構えている。両側の楕円球が花粉塊。中央がクリップ。

**蘿藦** プロフィール

ガガイモ科のつる性多年草。日本および朝鮮半島、中国に分布。田畑の周辺や河川敷などに生える。葉は縦長のハート形で対生し、切ると白い乳液が出る。地下茎で広がり、根に細いイモができる。8〜9月、葉のわきに花序を出し、白から淡桃色で径約1cmの花を咲かせる。実は紡錘形で長さ約10cm、晩秋に裂開し、種子は長さ2.5cmの白い種髪を広げて風に飛ぶ。

# 木槿

【ムクゲ】 Hibiscus syriacus

風に乗るための
金色のたてがみ

花が美しければ実やタネも美しい？　いえいえ、そうとは限りません。美しいムクゲの花のタネは、なんとびっくり、毛むくじゃら。ムクゲの「むく毛」、なんのため？

## 槿花一朝の夢

真夏の暑い日ざしもものともせずに、ムクゲは夏から秋まで、毎日元気に咲き続けます。古く大陸から渡来し、人々に親しまれてきた庭の花です。名は韓国名の「無窮花（ムグンファ）」に由来しているともいわれます。

花のイメージは、ちょっとハイビスカスに似ています。そう、よく似たフヨウやモミジアオイなどとともに同じハイビスカス属の仲間です。

ムクゲの花は、早朝に開いて夕方にはしぼみ、ふつう2、3日、ときに1日で散ります。ことわざで、はかない栄華のことを「槿(きん)

▶ムクゲの花。5弁の花びらはらせん状に重なり合う。雌しべを取り巻いて雄しべの束が筒状に伸び、まるで仏像の天蓋(てんがい)飾りのように葯(やく)が連なる。

花一朝の夢」といいますが、これはムクゲの短命な花にたとえたもの。この咲き方がハス（ハチス）に似ているので、別名ハチス、キハチスとも呼ばれます。

夏の暑い盛りに咲く花には、短命な花がよく見られます。ハイビスカス（フヨウ）属の仲間は一日花のものが多く、美人の代名詞とされるフヨウも、南国の海岸に咲く黄色い花のハマボウも、いずれも1日限りの花です。暑い気温の中で花を長く咲かせるのは、呼吸による消費や水分のロスも多いので、植物にとってもしんどいことなのです。ムクゲの花も、虫の活動が盛んな時間帯だけ開き、実を効率よく結ぼうとしています。

ムクゲの花には、マルハナバチや昼行性の蛾であるオオスカシバなどが飛んできます。花の中心にある赤い模様は、蜜のありかを虫に知らせるための道しるべ、ガイドマークです。多数の雄しべは互いにくっついて筒状になり、その中心に1本の雌しべが通っています。不思議な形の雄しべですが、これも大小さまざま

▶フヨウ（右）とハマボウ（左）。海岸植物であるハマボウの花も直径5～10㎝と大きく美しい。

な虫のさまざまな部位に花粉をくっつけるための工夫です。

花は夕方にはしぼみますが、翌日にはまた新しい花も開きます。こうして、夏から秋にかけて花は次々と咲き、さまざまな虫に花粉を運んでもらって結実します。実は長さ1.5～2cmほど。先のとがった卵形をしています。

## 毛を使ってふわりと風に乗る

晩秋、葉が黄ばんですっかり散ったところ、実はからからに乾いて5つに裂けます。そして中から現れたのは、キャー！ ケムシ!?

校外で植物観察中の大学生が、悲鳴を上げて飛び上がりました。ごめんね、冗談、冗談。ホントはタネなの。

毛虫のように見えるのは、ムクゲのタネです。長さ4～5mmくらい。おそるおそる手のひらにのせてみると、まが玉みたいな形

▶実は秋に裂けて開き、毛だらけのタネを風に飛ばす。2月中旬、ほとんどのタネは飛び去り、2個だけがまだ残っていた。

をしたタネの縁に、硬い金色の毛がびっしり並んで生えています。たしかに毛虫みたい。でも、ほら、ライオンのたてがみにも見えるよ。

タネに息を吹きかけると、ふっと飛びます。たてがみは、風に乗るための小道具だったのです。毛は硬くとても丈夫で、早春までちゃんと機能を保っています。きっと、春までに少しずつ飛ばしたいから、あえて硬い毛にセットしているんですね。

仲間である同属のフヨウは、毛の生え具合がちょっと違います。こちらは、つんつん立った金髪のパンクヘアー。さらに風に乗りやすそうです。

庭に咲く身近な花々。花が終わったあとにも、意外な発見があるものです。ほかにも、見つけられたら楽しいですね、へんてこな実やタネと、そこに隠された植物の知恵。

▲ムクゲのタネ

▶フヨウのタネ。本体部分は長さ約2㎜と、ムクゲの半分ほどの大きさ。

## 毛を利用して風に乗る

乾いた実が裂け、たくさんのタネが現れる。たてがみのように生えた毛でふわりと風に乗る。 ◀ ムクゲの実。先がつんと立っている。

### 木槿プロフィール

アオイ科の落葉低木。中国、インド原産で、韓国の国花。日本でも奈良時代から栽培され、庭木や生け垣とされる。日当たりを好み、枝を斜め上に多数伸ばして樹高3～4mに繁る。7～9月、径8～10cmの5弁花が次々に咲く。花は朝に開いて夕方にしぼむ。花色は紅紫色、白、淡紅色などで、底に紅色の斑紋が入るものが多い。雄しべが花びらに変化した八重咲き品種もある。

# 蒲の仲間

【ガマのなかま】 *Typha* spp.

綿あめマジック

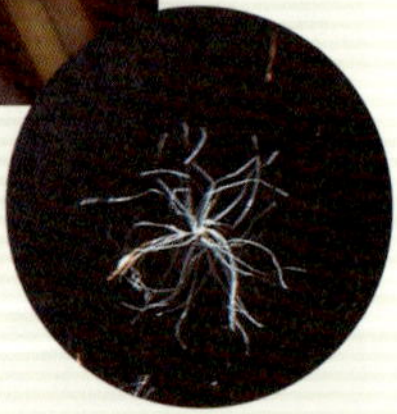

▶ ヒメガマのタネ
果柄につく毛が広がって綿毛になる。正確にはこれは実であり、中に1個の種子が入っている。タネは羽毛より軽く、少しの風でも舞い上がる。

さあ寄ってらっしゃい、水辺のマジックショーですよ。ソーセージが一瞬で綿あめに変わります。タネも仕掛けも……あるんです!?

## 水辺のソーセージ

水辺で見つけるソーセージそっくりの穂。それがガマとその仲間です。

日本にはガマ、ヒメガマ、コガマの3種があります。ともに湿地や沼のほとり、休耕田などに生える大型の多年草で、ソーセージを思わせる穂ときしめん状の長い葉が目印です。

漢字は「蒲」。「蒲鉾（かまぼこ）」は竹串に魚のすり身をガマの穂の形に巻きつけて焼いたのが始まり。ほぐした穂を中綿にしたので、今でもふとんは「蒲団」と書きます。葉も敷物を編むのに使われました。

欧米にも分布してキャットテイル（ネコのしっぽ）と呼ばれ、

▶湿地ができると、風で飛んだり水鳥が運んだりして、いつのまにかガマの仲間が生えてくる。写真は8月下旬のガマの若い穂。

やはり昔はキルティング材料などに使われました。

## 花の時期は二段重ね

花期は夏。花穂は二段重ねの串刺しソーセージのようです。花茎の上部に雄花、下部に雌花がぎっしりと円柱状に分かれてつきます。雄花と雌花の間に数cmのすき間があくのはヒメガマです。

雄花は黄色い花粉を多量に風に飛ばします。風媒花なのです。昔はこの花粉を傷口に塗って止血薬にしました。因幡(いなば)のしろウサギのお話に、ガマの穂にくるまると傷が治ったとあるのは、この花粉の効能を指しています。

受粉すると、雌花の穂は夏には直径2～3cmのフランクフルト大に育ちます。

▶ヒメガマの花穂。写真は7月。花軸の上部に雄花、下部に雌花が集まってつく。花穂は初め総苞にくるまれている。雄花も雌花も、一つ一つはごく小さく花びらもない。雄花は黄色い花粉を大量に風に飛ばすと枯れる。

## タネも仕掛けも……

初冬のよく晴れた日、ふわ、ふわわ、風の中に白いものが光ります。

正体はガマの穂です。夏には「ソーセージ」だった穂が、この時期になるとふわふわの「綿あめ」に変貌し、それが風にちぎれて光の中に漂っているのです。

指で「ソーセージ」をつつくと、ぼわわわ……！一瞬で「綿あめ」にへんし～ん！まるでマジックです！

タネの数は膨大です。どのくらいあるのでしょう。すぐ舞ってしまうので数えるのは大変な作業。思いついて、穂の表面に粘着テープを貼って5㎜四方をはぎ取り、透明な保存袋の中で広げて数えました。そして穂を円柱と見て、表面積から総数を推定すると、なんと、長さ10㎝の穂に約10万個！

▶初冬にガマの穂をつつくと、見る間に綿あめ状になる。この状態を「穂綿（ほわた）」と呼ぶ。

穂にはタネとほぼ同数のしいな（稔らなかったタネ）も交じっています。しいなの空洞が通気孔となり、密な穂も内部までよく乾くという仕掛けです。

無数のタネは、綿毛を広げて軽々と風に乗り、また水鳥の羽毛にまとわりついて、はるかな水辺へと旅に出ます。

いっぱいマジックで遊んだら、服に綿毛がまとわりつき、因幡のしろウサギのように真っ白になりました！

ガマの穂のつくり

ガマの穂

▶果実期のヒメガマの穂を縦に割ってみた。綿毛を折りたたんだタネがぎっしりとすき間なく並んでいる。

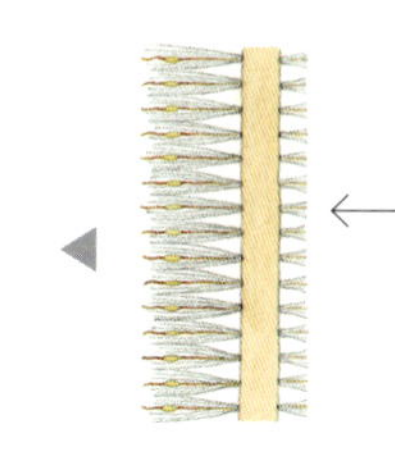

タネが熟すと軸に並んだ綿毛が乾いてふくらみ、ぎゅうぎゅうのおしくらまんじゅうの状態になる。

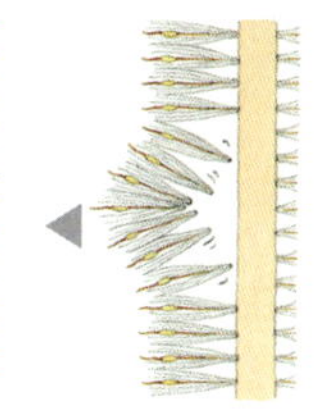

そこに風や振動が加わって、どこか1か所でもゆるんで綿毛が開くと、そこから穂が一気にくずれる。

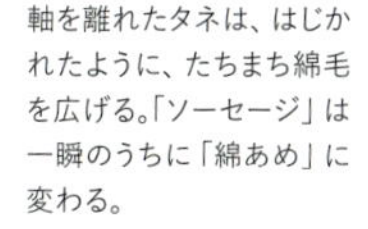

軸を離れたタネは、はじかれたように、たちまち綿毛を広げる。「ソーセージ」は一瞬のうちに「綿あめ」に変わる。

## 蒲の仲間 プロフィール

ガマ科の多年草で、北半球に広く分布。湖沼や川の縁、湿地、放棄水田など、浅い水につかって生育する。

ガマは草丈1.5〜2mになる。葉は幅1.5〜2cmで平たく、基部はさや状になって茎を抱く。6〜7月に円柱状の花序を出し、下部に雌花序、上部に雄花序がつく。風媒花で、雄花序は花後に枯れる。果実期の穂は直径2〜3cm、長さ10〜20cmになる。

同属のヒメガマおよびコガマの葉は幅1cmと狭い。果実期の穂の長さはヒメガマで6〜20cm、コガマで5〜10cmになる。ヒメガマは雄花序と雌花序の間にすき間があるが、果実期には雄花序は枯れて見分けにくくなる。

# 風で飛ぶタネたち

▲ ついつい地下のイモに目が向くが、とろろ芋にも花は咲いて実もできる。これはグライダー型の種子をリリースしたあとの実。まるでドライフラワーのようで、リースにして飾りたくなる。

## 山の芋

【ヤマノイモ】*Dioscorea japonica*

ヤマノイモ科のつる性多年草。とろろ芋の一種で野山に自生し、地下に細く長いイモがあって食用となる。別名、自然薯（じねんじょ）。雌雄異株（しゆういしゅ）で、花は8月ごろに咲く。実は晩秋に熟すと乾いてすき間が開き、薄膜状の種子が舞い散る。種子は周囲に薄い翼があり、重心が中心よりもやや前方にあるため、ゆるく弧を描きながら滑空して飛ぶ。

▲ ヤマノイモのタネ（実物大）

▲ 実は軍配を3つ貼り合わせたような形。平たい種子は3稜のある実にじつにうまく収納されている。

▲ 湿原一面を白く染めるワタスゲの綿帽子は初夏の山の風物詩。遮るもののない湿原で、風はタネたちの旅の心強い味方となる。写真は6月下旬の志賀高原。

▲ ワタスゲのタネ

# 綿菅

【ワタスゲ】 *Eriophorum vaginatum*

カヤツリグサ科の多年草。北海道および本州中部以北の高層湿原に群生し、初夏には白い綿帽子が一面に広がる。この白い穂は花ではなく実の集まりである。雪解け直後に咲いた花は、6〜7月には長さ1.6㎝ほどの綿毛をつけたタネ（実）となり、高さ30〜50㎝の花茎の先に多数集まって径約3.5㎝の丸い穂をつくる。実は綿毛とともに風に飛ぶ。

▲ 白い穂から綿毛を広げたタネがふわりと風に旅立つ。実は長さ2.5mm、綿毛を広げると径約3cm。外見は似ても、ガガイモの毛は種髪、ワタスゲは花被片と由来は異なる。

# 街路樹のポンポン飾り

▲タネ

▲冬のモミジバスズカケノキ。ピンポン玉大の集合果が1～2個ずつ枝に垂れる。並木道や公園に植えられ、属名からプラタナスとも呼ばれる。鈴懸とは山伏衣装のことで、胸のあたりの丸い糸飾りが、なるほど、そっくりだ。

## 紅葉葉鈴懸の木

【モミジバスズカケノキ】 *Platanus* ×*hispanica*

スズカケノキ科の落葉高木。学名の×は交雑種という意味で、ヨーロッパ原産のスズカケノキと北米原産のアメリカスズカケノキの交配によって生まれ、日本へは明治時代にもたらされた。集合果は金髪をすぼめた実が球状に密集したもの。冬に熟して乾くとほぐれてばらけ、金髪を広げた実が北風に乗って飛んでいく。

▲モミジバスズカケノキの集合果がほぐれるしくみは、球と円柱の違いこそあれ、ガマに似ている。実は長さ1cm。先端の突起は柱頭のなごり。

# 姥百合

【ウバユリ】 *Cardiocrinum cordatum*

## 風に舞い上がる紙吹雪

▲ウバユリのタネ

ユリ科の多年草で、林の下に生える。名は、花が咲くころに葉（歯）がないことを洒落（しゃれ）ている。晩秋、直立する枯れ茎のてっぺんで実が3つに割れる。薄膜状の平らな種子がぎっしり重なった部屋の側面は見事なかご状になっていて、側方から強風により種子は真上に吹き上げられる。種子は三角形で、紙吹雪のようにひらひらと拡散する。

▲種子は三角形で重心がほぼ中央にあるので、強風に舞い上げられると、紙吹雪のようにひらひら舞うか、ゆるく弧を描いて滑空するかして、広い範囲に拡散する。会心の一枚。

▶晩秋に実は乾いて開く。このとき3つに裂けた側面は、左右から丈夫な繊維が伸びてかご状になる。側方からの強風を受けて、平たく重なった種子は順に真上に吹き上げられる。

Column

# 実物大タネ図鑑①
# 風に飛ぶ翼

**ヒマラヤ杉**【ヒマラヤスギ】

秋に樹上で大きな松ぼっくりが空中分解し、薄膜を持つ褐色のタネがひらひら回りながら飛ぶ。

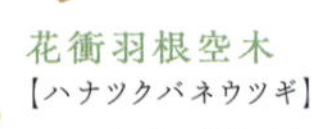

**花衝羽根空木**
【ハナツクバネウツギ】

ツクバネ型の萼片が実の時期まで残って回転翼になるが、交配種なので結実しにくい。

**犬四手**【イヌシデ】

秋にしめ縄の四手飾りを思わせる実の房が垂れ、1片ずつ回りながら落ちてくる。

**凌霄花**【ノウゼンカズラ】

タネは無尾翼グライダーの形で滑空するが、実を見る機会は少ない。

**山百合**【ヤマユリ】

同じユリ属のウバユリ（p57）と実の形は似ているが、種子はウバユリより小さく翼も狭い。

**赤松**【アカマツ】

松ぼっくりは熟して乾くと大きく開き、薄い翼をつけた種子を風に乗せて飛ばす。

桐【キリ】
秋に実の口が開き、白い翼を持つ小さなタネがひらひらと舞う。

瓜楓【ウリカエデ】
カエデ類の実はみな2個一組のプロペラ型。秋には1個ずつに分かれて回りながら飛ぶ。

梶楓【カジカエデ】
日本のカエデ類で最大のプロペラ。すじ状の隆起が空気の流れを整えて上昇力を生む。

春楡【ハルニレ】
花は春早くに咲き、初夏に実が熟す。うちわ型の薄い翼をつけた実は、ひらひらと飛ぶ。

庭漆【ニワウルシ】
中国原産で各地に野生化している。くるくると前転しながらゆるやかに弧を描いて飛ぶ。

Column

# 実物大タネ図鑑②
# 風に浮かぶ綿毛

**定家葛**【テイカカズラ】

2個一組の細長い実が冬に裂けると、細長い種子が種髪を大きく広げてふわりと飛ぶ。

**荻**【オギ】

ススキに似るが、穂は銀白色で柔らかくなびき、タネにはノギがなくて毛が長い。

**枝垂柳**【シダレヤナギ】

日本では雄株ばかりで結実しないが、本来は綿毛にくるまれてタネがふわふわ飛ぶ。写真は中国産。

**鬼田平子**【オニタビラコ】

キク科の小柄な雑草。小さな冠毛のタネが風に飛んで、あちこちから芽を出す。

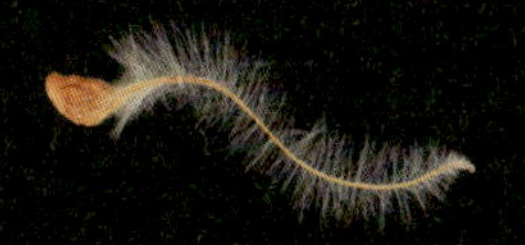

**仙人草**【センニンソウ】

果期は秋。数個ずつ集まる実に白髪の仙人を連想してこの名がついた。

**鬼女蘭**【キジョラン】

純白の長い種髪を広げてふわふわ飛ぶ。種髪がすぼむと、白髪を振り乱した鬼女に見える。

**野原薊**【ノハラアザミ】

葉のとげは痛いが、タネの冠毛は鳥の羽毛のようにふわふわとして軽く、空に浮かぶ。

**背高泡立草**
【セイタカアワダチソウ】

冠毛は短めだが丈夫にできていて、何万個もの小さなタネを広範囲にばらまいてくれる。

**朮**【オケラ】

タネの上端に並ぶ硬い冠毛。バトミントンのシャトルと同様、横方向の力で直線的に飛ぶ。

**石蕗**
【ツワブキ】

茶色がかった冠毛は硬めで、タネはふわふわとは飛ばない。強い横風を待って飛ぶタネだ。

# 雌待宵草

【メマツヨイグサ】 *Oenothera biennis*

## チャンスを待って眠り続ける時間旅行者

野原の草は太陽が大好き。光をいっぱい浴びて、元気よく育ちます。でも、もしも太陽に照らされなくなったら、どうしましょう!? そんなとき、タネは時空を飛び越します。

## 真夏の夜に開く花

真夏の夜にクリーム色の花を咲かせるマツヨイグサの仲間。夕暮れを待って咲く花は、待宵草、宵待草あるいは月見草の名で親しまれています。

でも日本の野花ではありません。幕末以降にアメリカから観賞用に入って野生化しました。現在はメマツヨイグサなど数種が雑草として全国に広がっています。

夕方に花開くさまは神秘的です。あたりが暗くなるころ、巻きすぼまっていた蕾はみるみるほぐれ、一気に開きます。その間わずか1分半。静かな場所なら、花びらのこすれる音さえ聞こえそ

▲ 花が開くさまには感動する。周囲が暗くなる時刻、蕾はみるみるほぐれ、ぱらりと4弁の花びらが広がる。

うです。

開花の仕組みは複雑です。昼間に暗くしても咲きません。マツヨイグサの体内には日周リズムを計る「体内時計」があり、その体内時計が夜でかつ外が暗いとき、花は開くのです。光の有無を感じる「目」は萼の基部にあり、ここをアルミ箔で覆うと咲きません。

花の命はわずか数時間。夜の間に蛾が訪れ、花の細い筒から蜜を吸って花粉を運びます。花は翌朝にはしぼみ、カプセル型の実に生まれ変わります。

## 塩コショウ方式？でタネを振りまく

晩秋、枯れ茎にたくさんの実が並びます。実の一つ一つに100～200粒ほどの小さなタネが詰まっています。

この実の先端が裂けて開き、風で揺れるとタネが散ります。タ

▶夜に咲く花には蛾の仲間が訪れる。これはヤガの一種。花粉は粘る糸とともに放出され、虫の口に絡みつく。

ネは長さ2㎜の角張った形をしています。

枯れ茎は強風が吹くと揺れて、ちょうど塩やコショウを振るように小さなタネをまき散らします。草原には、同様にタネを散らす丈の高い草が多く見られます。

花を咲かせて実を結ぶと、メマツヨイグサは枯死します。命と引き換えに全エネルギーをタネに注ぐのです。

## 時空を超えるタネの旅

19世紀のアメリカで、ある生態学者は、野生植物の種子を小分けにして土に埋め、歳月をおいて掘り出しては発芽能力の有無を調べる実験を開始しました。弟子から孫弟子へと引き継がれた研究の結果、メマツヨイグサを含む数種の種子は、土の中でなんと80年以上も発芽能力を保つことがわかりました。

明るい環境でないと育たない草のタネは、芽を出すタイミング

▲ メマツヨイグサの種子は、長さ2mmで堅く角張る。γ−リノレン酸やポリフェノールを含み、アメリカ先住民は薬に用いた。

を見定めています。そこがほかの植物の陰であれば、種子は何十年でも眠り続けてチャンスを待ちます。興味深いことに、発芽と開花、その2つのタイミングを計っているのは同じフィトクロムという物質でした。

チャンスをつかんで芽を出すと、タネは地表に葉を広げ、ロゼットの形に育ちます。そのまま冬を越して1～2年後、メマツヨイグサは花を咲かせて実を結びます。

植物は無数のタネに命と夢を託し、時空を超える旅へと送り出すのです。

**じっとチャンスを待つメマツヨイグサの種子**

◀直立した茎が、風で小刻みに揺らされて種子が散る。

▶冬は地面に張りついたロゼットの姿で過ごす。霜に当たると赤く色づく。

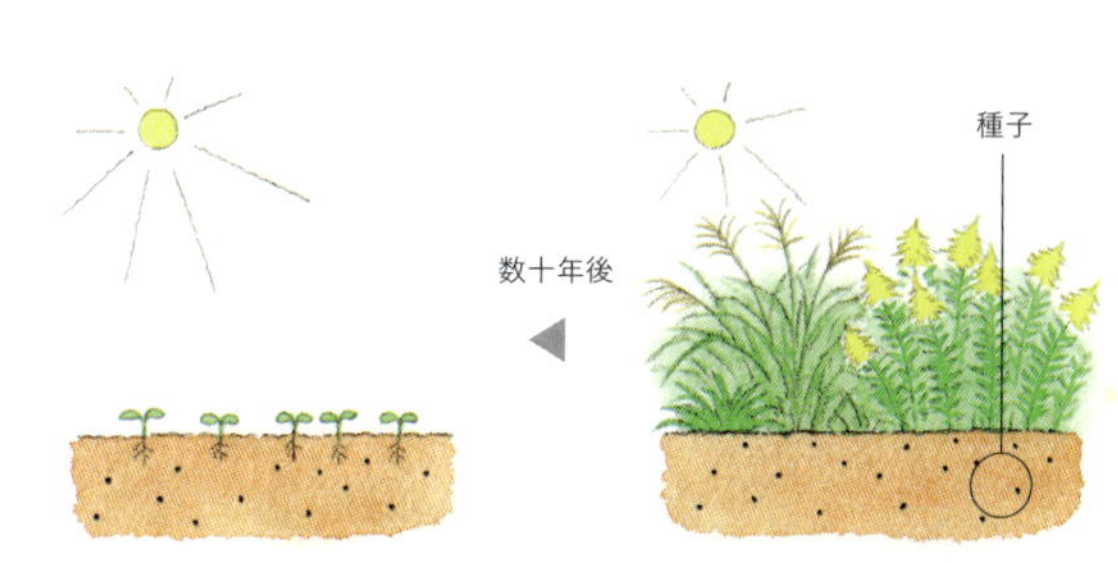


地上に植物が繁っている間は、何十年でも眠っている。

何らかの理由で地上の植物が一掃され、日が届くようになると、芽を出す。

## 雌待宵草 プロフィール

アカバナ科の二年草。北アメリカ原産で明治時代に日本に導入され、現在は全国の道ばたや空き地、河原などに生える雑草。幼い植物は地面に葉を平たく広げたロゼットの形で生活し、春以降に花茎を立てて高さ0.5〜1.5mになる。花は6〜10月、クリーム色の4弁花で夜に咲き、径2〜5cm。実は長さ1.5〜3cmのカプセル型で、晩秋に裂けて開き、多数の小さな種子を散らす。

# ブラシノキ

Callistemon spp.

固く口を閉ざして山火事を待つ

▲ 実の断面
実はとても堅い。強引に割ると、中に細かいタネがぎっしり。これは1年前の実。

初夏、枝の先に瓶ブラシそっくりの花を咲かせるブラシノキ。よく見ると枝に丸い玉のようなものがびっしりついてます。まさか虫の卵？……じゃないよね？

## ブラシそっくりの花

ブラシノキはオーストラリア原産の常緑樹。英名の「ボトルブラシ」のとおり、花はまさに瓶ブラシの形をしています。乾燥に強く、現地では山火事の多い荒れ地で育ちます。

学名のカリステモンは「美しい雄しべ」という意味。ブラシの毛にあたる部分は雄しべで、花びらや萼は緑色で小さく退化しています。枝の先5〜10cm程度に、赤い雄しべを広げた花が、ぐるっと円筒状につきます。

葉は硬く乾いた感触で、乾燥に強くできています。丸い蕾の中に縮こまっていた雄しべが、開花と同時にはじけるように飛び出

▶赤くて長い雄しべが目立つ。ほ乳瓶などを洗うブラシにそっくり。

してくるのも、乾燥への適応なのでしょう。

ブラシノキは孤立大陸オーストラリアで独自に進化しました。花は、鳥のミツスイに目立つ赤い色で、蜜をたっぷり用意しています。ミツスイが蜜を吸うと額に花粉がつく仕組みです。ところが近年、ヨーロッパから導入されたミツバチがふえ、オーストラリア古来の花にまで群がるようになりました。その結果、ミツスイが花から追い出されて結実率が低下する現象も起こっています。人間の不用意な介入によって、何千万年も続いてきた花々の生活はくずれてしまうのです。

日本では花にスズメバチの仲間がよく来ている。

## 枝に残って山火事を待つ

ブラシノキはどこか奇妙です。そう、花が集まっている枝の先から芽が伸びているのです。ブラシの軸にあたる枝は、花後もそのまま伸び続け、翌年には同じ枝の先にまた新しい花が咲きます。

前年の花は、丸い玉のような実になって、枝にぎっしりついています。枝をたどると、前々年、前々々年と、過去の実が古い枝にまだ残っています。果皮は木質化して堅く、年を経るごとにさらに分厚く太っていきます。堅い実をカッターで強引に割ると、細かなタネがぎっしり。古い枝の古い実にも、タネはそっくり残っています。いったい、いつタネを散らすのでしょう?

じつはこの実は、木が生きているかぎり、ずっとタネを閉じ込めたまま枝に残っています。実の口が開いてタネが散るのは、山火事にあうなどして枝が枯れたときだけです。

乾燥大陸オーストラリアでは、山火事が頻繁に起こります。そして、植物もそんな環境に適応して、タネを散らす独特の仕組みを進化させてきたのです。

実のついた枝を炎であぶってみました。実の外側が真っ黒に焦げるまで熱し、そのまま1~2日おくと、あら、不思議。実の口がぱっくりと開き、タネが散らばります。

▶左は2年前、右は約15年前の枝と実。23年前のものもあった。古い実の果皮は非常に厚い。

山火事のあとは、光が豊富で競争相手もおらず、灰の栄養もたっぷり。この絶好の機会を待って、ブラシノキはタネを散らし、後継者の木を育てるのです。オーストラリアには、ほかにもバンクシア、ユーカリ、ススキノキ、グレビレアなど、山火事を利用する植物があり、実の形や工夫の楽しさにわくわくします。

災い転じて福となす。逆境を利用してタネをばらまくたくましさに、乾杯！

### 山火事のあとにタネを飛ばす知恵

山火事前。草木が繁り、地表まで光が届かない。

▶火であぶってから数日後。固く閉じていた実が口を開き、細かいタネがばらばらとこぼれ出た。

山火事が起きる。ブラシノキと同じ地域に育つユーカリなどは油分が多く、非常によく燃える。

山火事のあと。焼け焦げたブラシノキがタネをまく。地表には肥料代わりの灰が積もり、すくすく芽が育つ。

## ブラシノキ プロフィール

フトモモ科の常緑低木～小高木。カリステモンとも呼ぶ。この仲間はオーストラリアに約30種が自生し、日本では花が赤いブラシノキ、ハナマキ（キンポウジュ）、マキバブラシノキなどが栽培される。白花種もある。左の写真はハナマキ。花は5～6月（部分的に9～10月）、枝先に長さ5～10cm、径4cmほどの円筒形の花序を出し、多数の花が長い雄しべをブラシのように突き出す。実は径5～8mmほどの球形で、そのまま何年も枝に残る。

# 数珠玉

【ジュズダマ】 Coix lacryma-jobi

水に運ばれる
天然のビーズ

▶ ジュズダマの実

秋の野原で懐かしい実を見つけました。きらりと光る野のビーズ。ジュズダマです。

## 光るしずく

ジュズダマは、野原や空き地で見かけるイネ科の雑草です。はるか昔に有用植物として渡来したものが野生化したと考えられています。

この実は天然のビーズ玉です。堅く光り、何も細工しなくても自然に穴が通っていて、針で糸を通せばそのままネックレスのでき上がり！

色合いもすてきです。一粒一粒、微妙に色の異なるアースカラー。昔は本当に数珠(じゅず)の玉にしたのでこの名があります。私も小学生のころ、よく近所の空き地で集めて遊びました。でも最近はジュズダマを知らない子も多いみたい。それがなんだか残念で、

▶熟した実は、セピア色から灰色、茶褐色と、一粒一粒、色が微妙に異なっていて楽しい。

私は毎年プランターで育てています。

## ビーズの内と外に咲く花

しずく形の堅い部分は、雌花を包む鞘状の葉が堅く分厚く変形したもので、植物学的には「苞鞘」といいます。見れば、若い苞鞘のてっぺんから稲穂のようなものが伸び出ています。これが雄花の集まり（雄花穂）です。雄花穂からは雄しべの黄色い葯が垂れ、先端が開いて花粉を風に飛ばします。

雌花は苞鞘の中に隠れています。そして白いモール糸のような2本の長い雌しべだけを外に出して、風で飛んできた花粉を受け取ります。大切な雌花を堅い苞鞘が守っているのです。

一つの苞鞘の雌花と雄花は、同時には咲きません。必ず雌花が先に白い雌しべを出して咲き、それが茶色く枯れてから雄花が黄色い葯を垂らします。自分自身の花粉で受精してしまうのを避け

▶開花期のジュズダマ。Aは雌の時期で、2本の白い雌しべが伸びている。Bは雄の時期で、雄花穂から雄しべの黄色い葯が垂れ、雌しべはすでに茶色く枯れている。葯の先端には小さな孔があり、花粉が風で散る。

るための工夫です。

一つ疑問があります。なんでビーズの穴ができるのでしょう？　若い苞鞘の内部には最初は3つ、雌花の蕾があります。でもちゃんと咲いて実を結ぶのは1つだけ。あとの2つは性機能を失った「不稔雌花（ふねんめばな）」です。不稔雌花が枯れた跡が、ビーズの穴になります。ネックレスをつくろうとすると邪魔な「芯」が2本ありますが、これが不稔雌花の名残です。

雄花穂は花粉を出すと枯れて落ちますが、ただ一つの雌花は受精すると、苞鞘に守られながら種子に育ちます。苞鞘は、中の種子が熟すころには陶器のように堅くつるつるになり、ネズミでさえも歯が立ちません。

▶雌花の時期の苞鞘の内部。雌しべの先は2つに分かれ、白いモール状で苞鞘の外に伸びる。雌しべの基部に丸くふくれた子房があり、ここが実に育つ。雌しべの背面には2個の不稔雌花がある。上に伸びているのは若い雄花穂。

## ジュズダマのお味は？

ジュズダマの栽培種がハトムギです。だったらジュズダマだって食べられるはず。そう思って堅いビーズを金づちで割ると、思ったより大きな半球形の穀粒が出てきました。きっと大昔の人類は日々こうやって堅い殻を割り、穀粒を食べていたんだね。ひたすらトンカチやっていると、気分はすっかり原始人。でも、30分かかって収穫は、やっとおちょこの底にひと並べ分でした。

お米に混ぜて炊いてみました。豆の味にちょっと似て、もちもち感があり、素朴だけど、意外といける味でした。そうか、中身がおいしくて動物に狙われてしまうから、こんなに堅い殻で守るようになったんですね。

苞鞘の断面にも工夫を発見。段ボール状になっているのです。材料を節約しつつ強度を増す、工学的にも優れた構造です。

段ボール状の断面や不稔雌花の空洞に空気を含んでタネは水に浮き、流れに乗って旅立ちます。

やさしいアースカラーの天然ビーズ。もう一度思い出をつなげ

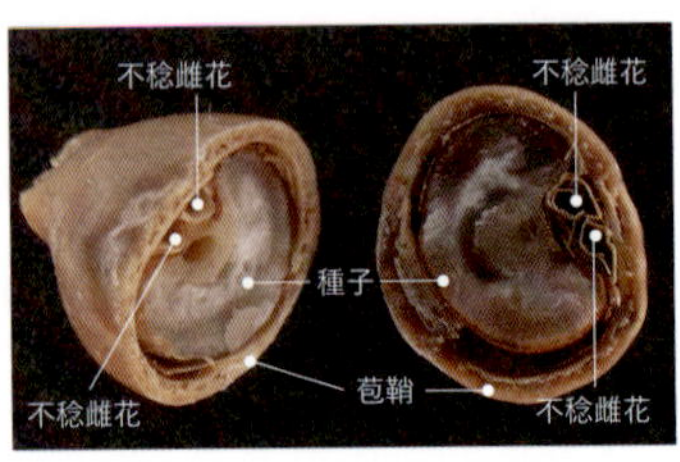


▶熟した実の横断面。枯れた不稔雌花が2個。これを針でつき出すと、ネックレスの糸を通す穴ができる。種子の胚乳には、デンプンが蓄えられている。

てみませんか。

## 数珠玉 プロフィール

イネ科の多年草。東南アジア原産で古い時代に日本に伝わり、野原や空き地、水辺に生える。高さ約1m、葉は幅1.5〜4cm、長さ20〜50cm。実は秋に熟し、直径約7mm、長さ約1cmのしずく形で陶器のように堅く、数珠や装飾品に用いる。実や根は薬用となる。実の柔らかい栽培種がハトムギ。

# 雌漂木

【メヒルギ】 Kandelia obovata

海に漂う
マングローブの
赤ちゃん

ぷかぷか、ゆらゆら、メヒルギの赤ちゃんが冒険の旅に出ようとしています。

## 豊かなマングローブの森

メヒルギは熱帯から亜熱帯の海辺や川沿いに育つ「マングローブ植物」の一つ。「マングローブ」は一つの植物を指すのではなく、満潮時には海水につかる泥湿地に成立する、独特の景観を持つ森（マングローブ林）をいいます。幹や気根の絡み合う、いわば水辺のジャングルです。

日本でも奄美大島や沖縄本島、八重山諸島などではマングローブ林が見られます。南に行くほど規模も構成種数も多くなりますが、メヒルギはそのなかでも一番北まで分布して占める面積も広い代表種です。

マングローブの森には豊かな生態系が成り立っています。木々

▶マングローブの森。写っているのはメヒルギ。

の落ち葉は泥の中の微生物や小動物の餌となり、それらを食べて育ったカニやエビや小魚を、さらに大きな魚や鳥が食べます。森の存在自体が川や波の浸食を防ぐだけでなく、食物連鎖を通じて物質が循環しているので、余分な泥や栄養分が海に流れ出ることもなく珊瑚礁の海も守られます。しかし近年、世界各地でマングローブ林の開発や伐採が進み、その面積は急速に減りつつあります。

## 樹上で発芽するタネ

メヒルギのタネは、すでに発芽した状態で木にぶら下がっています。「胎生種子(たいせいしゅし)（胎生芽）」といって、樹上の実の中で種子が芽を出し、親木から水と栄養をもらって育つのです。まさに「木の赤ちゃん」です。赤ちゃんは1年近くかかって大きく育つと、親木を離れて落下し、潮の流れに乗って新天地を目指します。

▶メヒルギの胎生種子は長さ15～40㎝で細く、なめらかなろうそく状。

生命豊かなマングローブ林では、潮が引いた泥地にカニの巣穴が無数にあいています。うまいこと胚軸（はいじく）の先がカニの巣穴に刺されば万々歳。根が伸びて体を支え、小さなメヒルギの木に育ちます。

## 海水につかって生きる工夫

なぜ、こんなに不思議な育ち方をするのでしょう。

普通の植物は海水につかってしまうと、しなびて「漬物」になってしまいます。そんな厳しい環境で生き抜くマングローブ植物は、高い塩分濃度に耐えつつ塩分の吸収を避けて排出を促す、特殊な機構を発達させています。メヒルギは根で塩分をろ過し、それでもろ過しきれない分は古い葉にためて落とすことによって排出しているといわれます。

小さなタネでは、とうてい試練に勝てません。塩分や酸素不足

▶花期は夏。白い花びらに見えるのは5枚の萼で、花後も残って反り返る。花弁は白く糸のように細い。

や競争に耐えて大きく育つには、最初から大きくて強い子どもを送り出すほうが有利です。だからこそメヒルギは、タネを大事に樹上で育ててから、そっと旅に出すのでしょう。

さらに興味深いことに、樹上で胎生種子が育つ際、水と養分だけが種子に送り込まれ、塩分は親の体の一部である萼や果皮にたまります。大事な赤ちゃんに有害な塩分が行かないよう、精巧なフィルターまで用意されているのです。

お母さんの木に大切に育てられたメヒルギの赤ちゃん。豊かな水辺ですくすく育ちますように。

▶胎生種子の断面図

▶赤ちゃんの木は、運よく泥の地面に立つことができても、流されたり食べられたり競争に負けたりと、大きく育つのはごく少数。

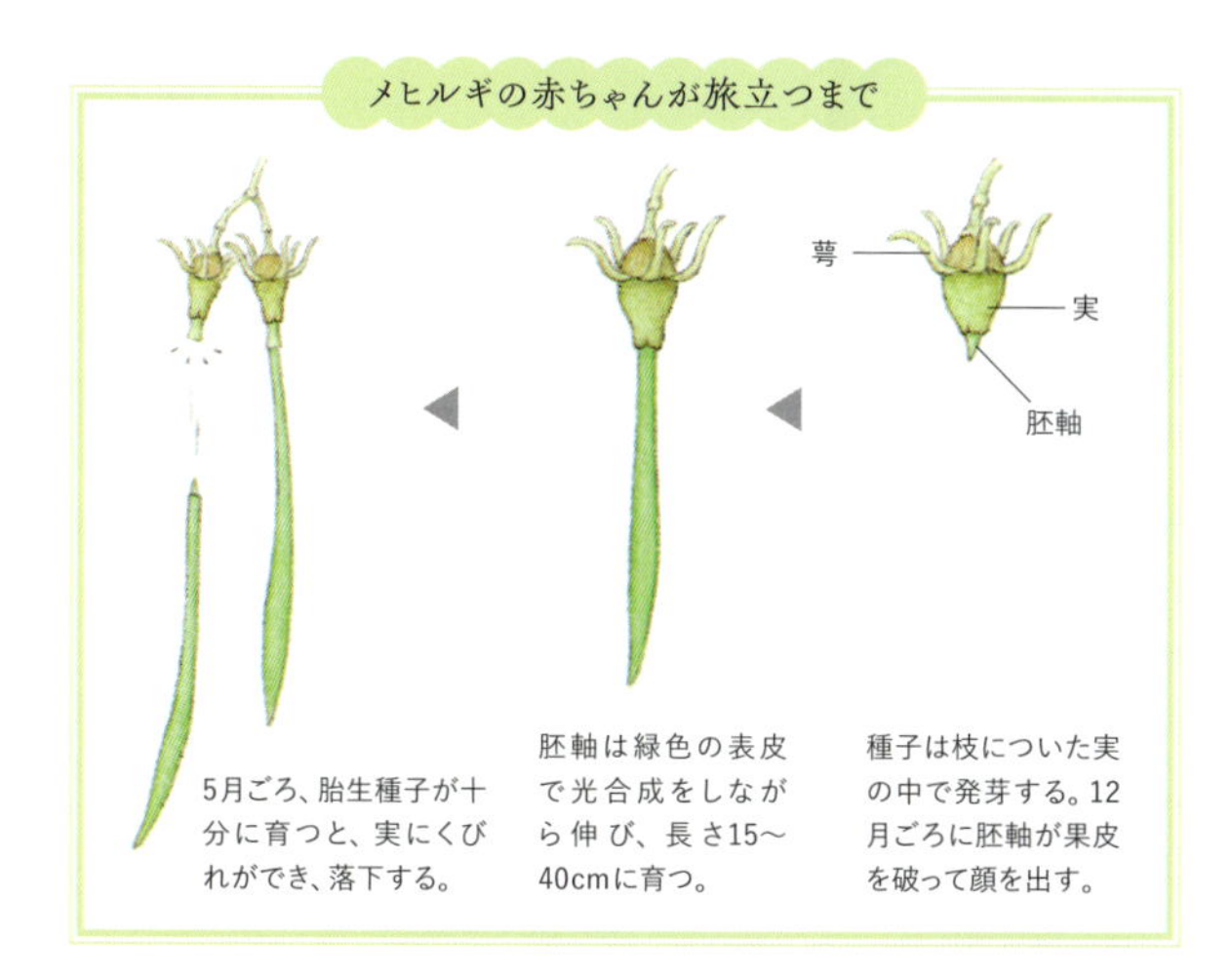


## 雌漂木 プロフィール

ヒルギ科の常緑小高木。別名リュウキュウコウガイ（琉球笄）。熱帯から亜熱帯の汽水域に生育するマングローブ植物の一つで、鹿児島市喜入を北限として屋久島から沖縄、台湾、東南アジアからインド東部に分布する。幹は下部に支柱根を張り出して高さ4～7mに育つ。葉は長楕円形で厚く光沢がある。花期は6～8月。葉腋から伸びる花序に径約3cmの花が4～9個ずつ咲く。白く目立つのは萼で、花びらは糸状に細く裂ける。実は長さ2～3cmの卵形で、種子は樹上で発芽して胚軸を長さ15～40cmに伸ばし、落下して潮に運ばれる。

# 草合歓

【クサネム】*Aeschynomene indica*

ばらばらになって
水で運ばれる
コルク質のさや

モダマ、って名前の植物、ご存じですか。熱帯から亜熱帯に分布し、沖縄にも生育するマメ科のつる植物ですが、直径5cmもある円盤形の大きなタネを持っており、それがまれに本州の海岸にも打ち上げられるため、種子マニアには垂涎（すいえん）の的なのです。モダマのさやは、熟すと節ごとに分かれて水に落ち、流れに浮いて旅に出ます。長旅の途中でさやはふやけてしまいますが、堅いタネはさらに旅を続け、何か月もかかってはるか異国の海岸にたどり着くのです。

そんなロマンあふれるモダマのミニ版？が、じつは身近な田んぼで見られます。

▶モダマのさや（左）とタネ（右）。右側のさやは長さ90cm。水に落ちると節の境目で分解し、ばらばらになって漂う。タネは径約5cmの円盤形。水によく浮き、川の流れや海流で運ばれる。

## さやのバラバラ事件

クサネムは、田んぼや池や沼などの明るい水辺に生えるマメ科の一年草。細かく整然と並んだ偶数羽状複葉の葉は、一見ネムノキの葉に似ていますが、木ではなく草なのでクサネムという名がつきました。オジギソウの葉にも似ていますが、触っても閉じることはありません。

夏には、淡い黄色の小さな花が、葉の陰になかば隠れるようにして、ひっそりと咲きます。花は秋にかけて次々に咲き、緑色の実のさやが育って枝先にぶら下がります。さやはそれぞれ3～8つくらいの節にくびれ、各節に1個ずつタネが入っています。

秋にさやは茶色くからからに乾き、コルク質となって熟します。一見地味なこのさやが、子どもたちには大受けです。節の箇所できっかり離れるようにできていて、触ったりつまんだりするだけで、たちまち節々で分解してしまうのです。

ほら、指でつまんでごらん。わ、ばらばらになっちゃった！ タネのバラバラ事件だぁ～！ 大はしゃぎ。

ちょっとした大人のヒントで、ただの草の実も夢中で遊べる楽しいおもちゃに変身します。

▶花は8～10月。淡いクリーム色をしたマメ科特有の蝶形花で、径1.5㎝。花後には長さ4㎝ほどのさやができる。

▲種子がさやから外に出ることはまれで、たいていさやに包まれたまま運ばれて芽を出す。

## 田んぼのゲリラ部隊

折しも季節は台風シーズン。ばらばらになって散ったさやの断片を、増水した水面が待ち受けています。タネを包んだ丈夫なコルク質のさやはぷかぷかと水に浮き、流れに運ばれてどこかの地面にたどり着きます。まさに、モダマのミニチュア版というわけです。

大雨の数日後、クサネムの生えている水辺を訪れてみると、水に漂っているさやの断片から、もう根が伸びています。たとえさやが沈んでも、双葉が開くとそれが浮きとなり、水面に戻って浮遊します。

じつは田んぼではクサネムは厄介な雑草とされています。堅い茎が収穫の妨げとなったり、堅くて大きさも米粒と同じくらいの種子が玄米に混入したりするからです。しかも防除が難しいとき

▶台風のあと、水面にたくさんのクサネムのさやが漂っていた。1節に1個ずつタネが入っている。

ています。

田んぼの土の表面が凸凹になっていたりすると、水の浅い場所でクサネムの根が引っかかり、そこに漂着して成長します。ばらばらに分散してすきあらば生えてくるクサネムは、まるで田んぼのゲリラ部隊。

西の空に日が傾くと、鳥の羽のように広がっていたクサネムの葉は、みるみる閉じました。同じマメ科のネムノキやオジギソウと同様、夜間は葉を閉じて眠ります。

ばらばらになって水に漂うクサネムのタネ。緑の田んぼの片隅で、クサネムはたくましく生きています。

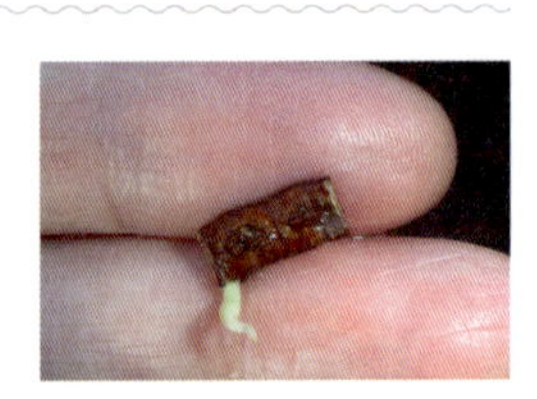

▲ 水面を漂ううちに、さやに包まれたまま、もう根を出している種子もある。

## バラバラ事件のさやで遊んでみよう

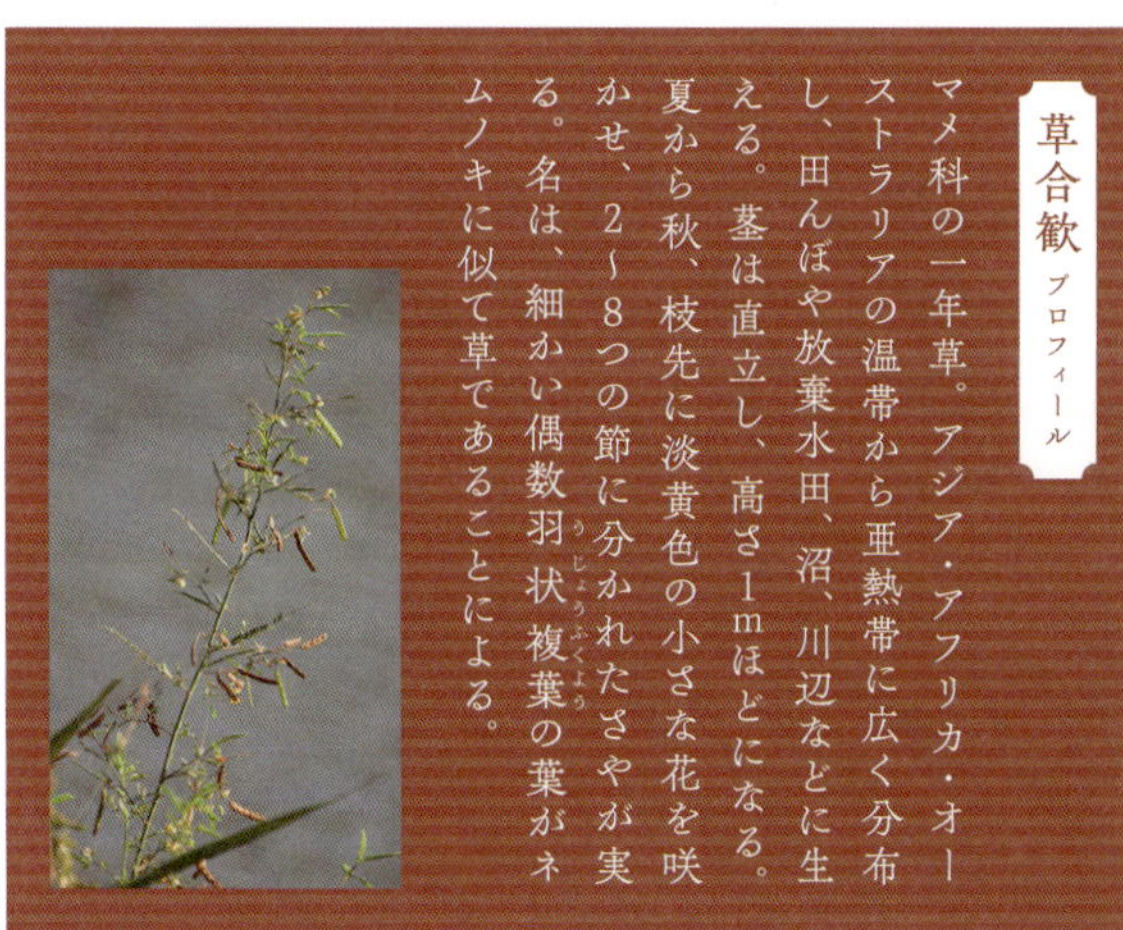

### 草合歓 プロフィール

マメ科の一年草。アジア・アフリカ・オーストラリアの温帯から亜熱帯に広く分布し、田んぼや放棄水田、沼、川辺などに生える。茎は直立し、高さ1mほどになる。夏から秋、枝先に淡黄色の小さな花を咲かせ、2～8つの節に分かれたさやが実る。名は、細かい偶数羽状複葉の葉がネムノキに似て草であることによる。

Column

# 雨粒にはじけるコチャルメルソウ

## 小哨吶草

【コチャルメルソウ】 Asimitellaria pauciflora

▲ 花は早春3～4月、他に先駆けて咲く。5枚の花弁は魚の骨のような形に裂ける。花の中心に雌しべ、その周りに5個の雄しべがある。

▲ コチャルメルソウの花

コチャルメルソウはユキノシタ科の多年草。渓流の飛沫がかかる岩などに生える。チャルメル＝チャルメラ。屋台のラーメン屋が鳴らす楽器に実の形が似るため、その名がついた。早春の花はムカデかヒトデを思わせる不思議な形をしている。

6月。ご飯茶碗のような形

水滴とともにはじけ飛ぶ

▶ チャルメラの形に開いた実の中に、緑色のタネが盛られている。

▲ 雨粒の直撃を受けたあと、実の中にもうタネは残っていない。飛沫と一緒に飛び散ったのだ。

▲ ツルネコノメソウの実とタネ
同じユキノシタ科のネコノメソウとその仲間も、同様に雨滴を利用してタネを飛ばす。果期がコチャルメルソウと同じ梅雨どきなのは偶然ではないだろう。飛び散る前後の実が見える。

に開いた実が上向きにつき、飯粒ならぬタネが盛られている。ぴちょん、雨粒が茶碗に飛び込む。するとさっきまであったタネが、もう見当たらない。水滴と一緒にタネが飛び散ってしまったのだ。

水を利用するタネのなかには、こうして雨粒の飛沫に乗じて飛び散る「雨滴散布」型のタネもある。梅雨どきの6月、山ではネコノメソウの仲間のタネも同じ方法で旅立っていく。

# 実物大タネ図鑑③ 水に浮くコルク

**波照間桐**【ハテルマギリ】

これは沖縄の海岸で拾ったもの。果皮がはがれた後も繊維とコルク質で浮いて長く漂う。

**浜栲**【ハマゴウ】

海岸の低木。実の時期にも残る萼がおかっぱ頭を思わせる。芳香がありポプリに使える。

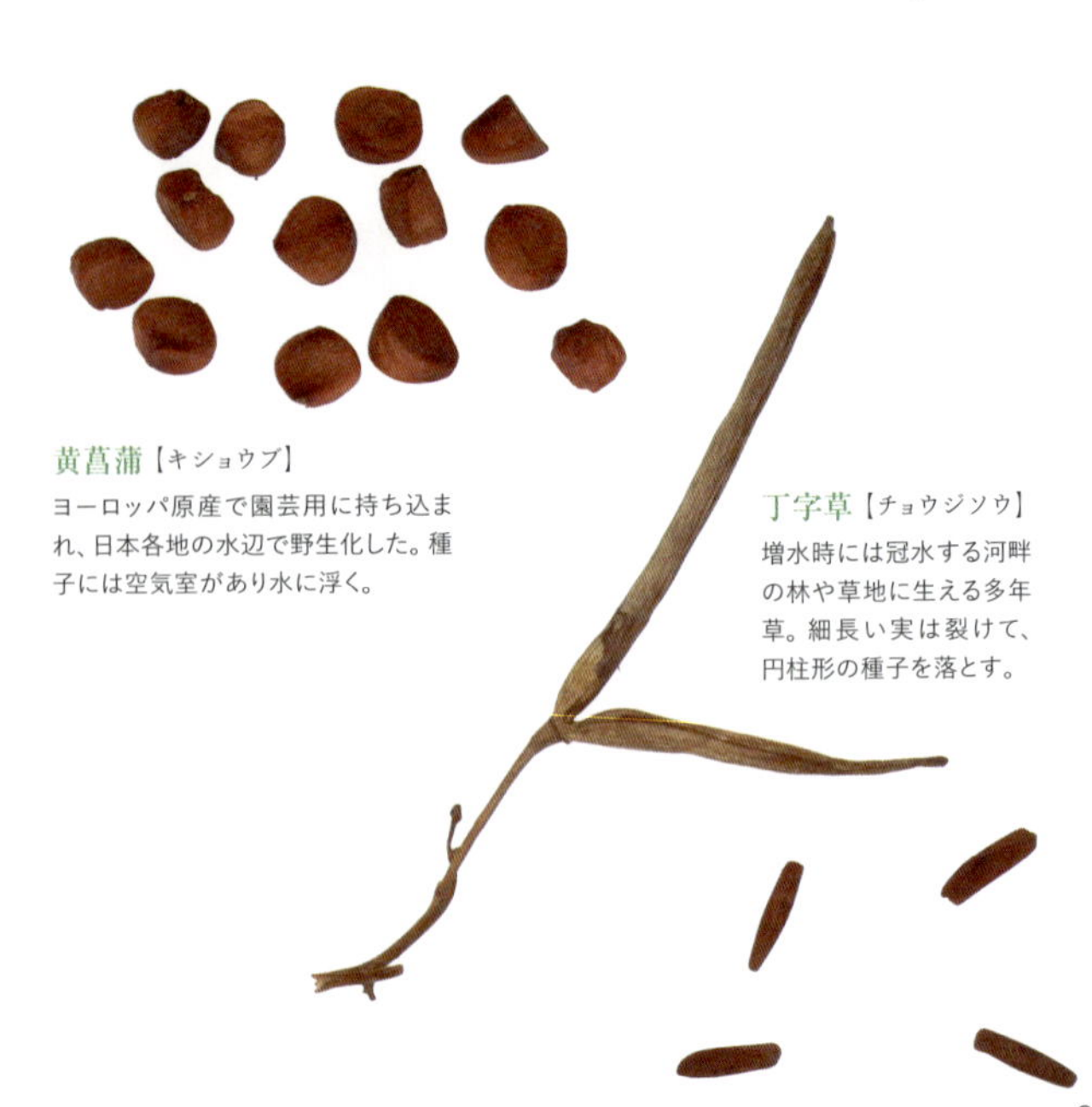

**黄菖蒲**【キショウブ】

ヨーロッパ原産で園芸用に持ち込まれ、日本各地の水辺で野生化した。種子には空気室があり水に浮く。

**丁字草**【チョウジソウ】

増水時には冠水する河畔の林や草地に生える多年草。細長い実は裂けて、円柱形の種子を落とす。

## 先島周防の木
【サキシマスオウノキ】

奄美諸島以南のマングローブの森の奥に生え、大きな板根で有名。ウルトラマンに似てる？

## 水蝋臭木
【イボタクサギ】

暖地の海際に生える半つる性の木。花はクサギに似ているが、タネはコルク質で水に浮く。

## 黒右納【クロヨナ】

沖縄の海岸で拾ったもの。南国のマメ科の木でさやは硬く熟し、長いこと漂流する。

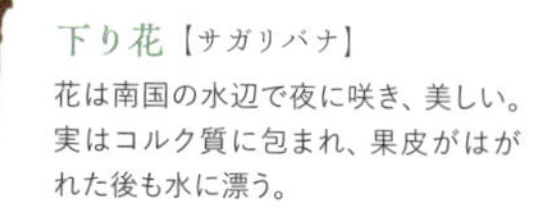

## 下り花【サガリバナ】

花は南国の水辺で夜に咲き、美しい。実はコルク質に包まれ、果皮がはがれた後も水に漂う。

# 第2章 動物を利用するタネたち

鳥や動物の移動力を利用するタネたちもあります。その方法はさまざまです。

なかでも多くの植物が採用しているのは、実を食べさせてタネを運ばせる方法です。おいしい果肉は動物の食欲を誘うごちそうです。鳥がターゲットなら色の広告が効果的。鼻の利くけものが相手なら、香りや味が重要です。消化管を通るタネたちは歯や消化液に

破壊されないような工夫を持っています。大きな果物は実ごと運んでもらいます。私たちが果物を食べてタネを捨てるのも、まさに散布を助けているのです。

貯蔵食にとタネそのものを差し出すのはクルミやエゴノキ。貯蔵されたタネの一部は、食べ残されてちゃんと芽を出します。

通りかかる動物に無賃乗車を決め込む「ひっつきむし」。これらはかぎ針や逆さトゲやネバネバの忍び道具でこっそりヒッチハイクしています。

ほかにも、人の足裏にひっついたり、アリに運んでもらったり。タネたちは他人の力を利用して、巧みに旅をしています。

# 南天

【ナンテン】 Nandina domestica

おいしいだけが
果実じゃない

冬には赤い実の植物が目につきます。その一つがナンテン。正月の床の間に飾ったり、祝い事の赤飯に葉を添えたりと、古くから知られる縁起植物です。冬を彩る真っ赤な実、それにしても、なぜ赤い？

## 冬を彩るクリスマスカラー

庭に実るナンテン。赤と緑のクリスマスカラーが、彩り乏しい冬の庭をそこだけ鮮やかに引き立てます。

秋から冬には赤い実が目につきます。ナンテンのほかにも、マンリョウ、センリョウ、アオキなど、数えきれないくらいたくさんあります。なぜ赤い実が多いのでしょう。

それは、鳥に食べてもらいたいから。そうやってタネを運んでもらいたいから。人間と同じく赤い色に敏感な鳥たちに向けて、植物は赤い実をつけて、ほら、ここだよ、食べてね、とアピール

▶ナンテンは、マンリョウ、センリョウとともにめでたい縁起植物。赤い実のついた枝を正月の床の間に飾る。

しているのです。餌の虫が少ない冬は、特に鳥たちを誘うチャンスです。

実が真っ赤に熟すと、ヒヨドリやジョウビタキが飛んできます。ナンテンの実は鳥の口にぴったり、ちょうど丸飲みサイズ。中には半球形をしたタネが1個か2個入っています。タネは鳥の落し物の中にそのまま出され、新天地で芽を出します。

▶実の皮をむくと、黄白色のタネが出てくる。タネは径5～6㎜。大きな実には半球形のタネが2個、小さな実には丸いタネが1個入っている。

## 毒を仕込んだそのわけは？

ところが見ていると、鳥は一度に全部は食べません。きまって数個ついばむと、まだたくさん残っているのに飛び去ってしまいます。なぜ、食べるのをやめてしまうのでしょう。

味見してみると苦い。ちっともおいしくありません。まずいだけでなく、じつはアルカロイドを含んで人間にとっても毒がありますそれで鳥も一度にたくさんは食べないのです。

でも、不思議。鳥に食べてほしいなら、もっとおいしくすればよさそうなのに。なぜまずいのでしょう？

じつはそれがナンテンの作戦です。だって一度にたくさん食べられたら、まとめて出されてしまうでしょ？ 何度にも分けていろんな場所に少しずつタネが運ばれて成功するチャンスがふえるよう、ナンテンはわざと果肉に苦みと毒を仕込んでいるのです。

考えてみれば、私たちの舌はアルカロイドを苦味として感知することで「食べるな」と脳に警告を送っているのです。私たち人間にも野生の知恵が備わっていて、中毒の危険を回避していたのですね。

▶ナンテンの花は径6〜7㎜で花びらは6枚。ボウリングのピンを思わせる雌しべを6個の黄色い雄しべが取り巻く。

## 難を転じて福となす

ナンテンは、よく門や玄関のわきに植えられています。これは「南天」を「難転」つまり「難を転じる」とかけて、災厄を反転させて家に入れないというおまじない。昔は手水（ちょうず）まわりにも植えました。

でも、これはまんざら語呂合わせだけではありません。ナンテンには複数の薬用成分が含まれており、葉や枝には殺菌、殺虫の効果があります。折り詰めの赤飯や尾頭（おかしら）つきに添えるのも、腐敗を防ぐという昔の人の知恵。枝を切ると断面が真っ黄色ですが、これは下痢止め薬としても使われる薬用成分ベルベリンの色。実のエキスは咳止め薬やのどあめに使われます。

とはいえ、薬と毒は紙一重。体の小さな昆虫や動物に対しては、薬用成分は毒として働いています。

植物は動かない代わりに、色や味の化学物質を巧みにつくり出すことによって、誘ったり、拒絶したりと、動物たちを思いのままに操っているのです。

▶これで1枚の葉。三回奇数羽状複葉で、多数の小葉からなる。写真の葉は、さしわたし75㎝。大きなものは1mに近い。前に数えた葉は、小葉が288枚あった。葉は常緑だが冬は赤みを帯びる。赤い実を目に、葉を耳にして雪ウサギをつくって遊ぶ。

## ナンテンの実を食べるジョウビタキの雄

冬鳥のジョウビタキはナンテンの実をよく食べる。尾を振る仕草もかわいい鳥だ。

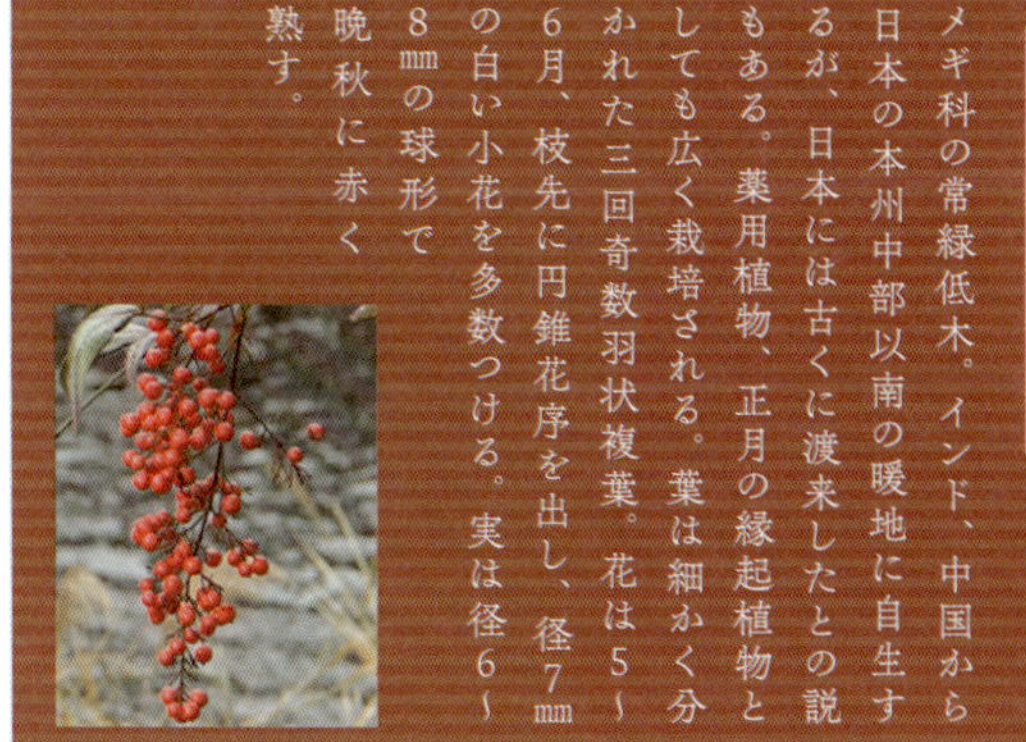

### 南天 プロフィール

メギ科の常緑低木。インド、中国から日本の本州中部以南の暖地に自生するが、日本には古くに渡来したとの説もある。薬用植物、正月の縁起植物としても広く栽培される。葉は細かく分かれた三回奇数羽状複葉。花は5～6月、枝先に円錐花序を出し、径7㎜の白い小花を多数つける。実は径6～8㎜の球形で晩秋に赤く熟す。

# 烏瓜

【カラスウリ】 Trichosanthes cucumeroides

野に灯る赤い
ランタン

▶カラスウリのタネ

もしや、野の小人のハロウィンランタン……？　秋の野辺に、かわいい実が鈴なりです。

## 朱赤の実と白いレースの花

やぶを伝う細いつるに、朱赤の実が点々と吊り下がっています。うーん、懐かしいなあ。子どものころ、この実の汁を塗ると足が速くなる、なんておまじないもあったっけ。

カラスウリは野山のつる植物。巻きひげを絡ませながら細いつるを伸ばして長く伸び、やぶを覆って繁ります。地下にはサツマイモ大のイモがあり、食用にはなりませんが、昔は近い仲間のキカラスウリとともにデンプンを採取してベビーパウダーに使いました。名は、カラスが実を食べるからとか、実の形や色が中国渡来の朱墨（しゅぼく）（唐墨（からすみ））に似ているからとか、いわれます。未熟な実も緑と白の縦縞模様で、まさに瓜ン坊の愛らしさ。

▶実は秋に朱赤に熟す。未熟な実は縦縞模様の瓜ン坊。

夏の夜に咲く花がまた魅力的です。昼のうちに蕾を確認し、懐中電灯を手に夕涼みがてら訪ねてみると、まあ、感激！　白く繊細な花のなんと神秘的なことでしょう！　明け方にはしぼむ一日花で、繊細な花びらのレースが優美です。

花は甘く香ります。客は、闇を飛び交う蛾の仲間。長い口吻をもつスズメ蛾の仲間が飛んできます。花は細い筒にたっぷり蜜をためて蛾にふるまい、代わりに花粉を運ばせます。

株には雌雄があり、雌株の花は実に育つねもとの部分が丸くふくらんでいます。雄株は実がならないぶん、花をたくさん咲かせます。

▶日没後1時間ほどで一斉に咲く。星形の中心から細く裂けてレース状に広がる。これは雌花。

## 実やタネを割ってみると？

新鮮な実を割ってみると、おお、まるで納豆。黄色いぬるぬるの中に黒いタネがのぞいています。ぬるぬるは鳥ののどに滑り込むための潤滑剤です。

ヒヨドリやカラスは実をつついて食べ、タネを運びます。でもよく食べ残されているのでなめてみると、うん、味がなくてまずい。

果肉を取り除いたタネは不思議な形です。カマキリの顔みたい。昔の人は結び文に見立てて「玉章（たまずさ）」と呼びました。大黒様とか打ち出の小槌（こづち）にも見えることから、財布に入れておくとお金がたまる、なんて言い伝えも。

中はどうなっているのか、タネを切ってみました。本体は中央の部分だけにあり、カマキリの目にあたる両側のでっぱりは、太い繊維が何本か走っているだけでした。これは何？　防衛？　水をためる？　乾くとしわが出ることと関係する？……う～ん、謎です。

▶納豆みたいなぬるぬるがタネを包んでいる。

▲種子はカマキリの顔のよう。新鮮なうちは黒く光る。切ってみると両端は太い繊維の束があるだけで、胚乳は中央の部分だけにある。

# つるの先に子イモをつくる

カラスウリには不思議な裏技があります。9月になると、それまで上に伸びていたつるが地面にまっすぐ垂れてきて、先端が土にもぐるのです。掘ってみると小さなイモが。なんと、つるの先がイモに変身するのです。子イモは冬につるが枯れると独立して、親と同じ性質を持つ分身（クローン）となり、翌春は貯蔵栄養をもとに大きく成長します。

一方、タネは鳥の力でばらまかれます。芽を出して無事に育つものは少数ですが、育った株は両親の遺伝子をさまざまに受け継ぎ、個性豊かな性質を持っています。

カラスウリは、近くには自分の分身を確実に残し、遠くへはバラエティーに富む種子を送り出して新天地を開拓することで、子孫を繁栄させるのです。

▶秋になるとつるの先端は土にもぐり（右）、デンプンをためて小さなイモができる（左）。

花も実も美しいカラスウリ。内面も魅力的でしょ?

## 烏瓜 プロフィール

ウリ科のつる性多年草。日本(東北地方南部から九州)と中国に分布し、野山の林縁に生える。地下の塊根(かいこん)から毎年つるを出し、長さ数mに伸びる。花は8~9月、白い花弁の縁はレース状に裂けて径10cmに広がる。雌雄異株(しゆういしゅ)で、雌株には長さ5~7cmの楕円形の実がなり、10~12月に朱赤に熟す。中にはぬるぬるした果肉の間に20~30個の種子がある。種子は幅1cm、新鮮なときは黒光りし、乾くと茶色くしわが寄る。

# 蛇の髭

【ジャノヒゲ】Ophiopogon japonicus

冬の森に
きらり輝く
瑠璃の種子

冬の雑木林。こんもり緑の草陰にきらり。まるで宝石のラピスラズリのように輝く青い実を見つけました。「わぁ、宝石みたい！」細い葉をかき分けて、子どもたちは宝物探しに夢中です。

## 紺碧に輝く「竜の玉」

ジャノヒゲは林の下に生えるキジカクシ科の多年草。変種のナガバジャノヒゲはよく庭や公園に植えられます。冬も深い緑の葉は線のように細く、蛇の口ひげのようにぴんと弧を描きます。でも、あれ？　蛇にひげなんかあったっけ？　いえいえ、この蛇とは伝説のオロチや竜のこと。だから別名「竜の髭（ひげ）」。

冬に実は美しく色づきます。俳句で「竜の玉」とも呼ぶこの実は、径8㎜ほどの丸い玉。まるで天然の宝石です！　宝探しにはコツがあります。見下ろしていては気づきません。しゃがんで葉をかき分けると、きらり！　葉の間から美しい瑠璃（るり）が輝きます。

▶細い葉をかき分けると、宝石のように美しい実が現れる。ジャノヒゲの実は濃い藍色。ナガバジャノヒゲの実はそれより少し明るい藍青色に熟す。

実の位置は、地面で餌を探す鳥から見ればちょうど目の高さ。大きさも径8㎜ほどとツグミ類やレンジャク類の口にぴったりサイズ。実は鳥のおなかに飲み込まれますが、消化されるのは柔らかな外皮だけで、白い種子本体はそのまま外に出されます。こうしてジャノヒゲのタネは林のあちこちに運ばれます。冬鳥の到来に合わせて実は青く色づくのです。

▲ ジャノヒゲのタネ。青いのは肉質の外皮（種皮）で、むくと乳白色の本体（胚と胚乳）が現れる。

## 弾むスーパーボールの「種子」

じつはこの実、形態学的には「種子」にあたります。果皮が花後早々に剥落し、種子がむき出しになって育つのです。近縁属のヤブランとともに、数ある植物のなかでも特異な性質です。

このことは、実のつき方を見ると、ちょっと理解できます。1つの花がついていた柄の先には青い玉が1個と限らず、2個とか3個、ときには5個もついています。雌しべの基部にある子房（実

▲ 林や公園でよく見るヤブランも近い仲間。実（こちらも本当は種子）はやや小粒で黒く熟す。これも皮をむいて投げるとよく弾む。

のもとになる部分）の中には、もともと6個の胚珠（種子のもとになる部分）があります。その胚珠が子房の皮（果皮）を破って育つのです。だから、実ではなく種子というわけ。初め6個の幼い種子には大小が生じ、大きなものだけが成熟します。

種子は、青い肉厚の外皮と、その内側にある白く半透明の本体とに分かれています。外皮の部分は鳥へのごちそう。大事な本体は、緻密な植物繊維にくるまれて弾力性があり、鳥の消化作用にも平気で外に出てきます。

青い皮をむくと現れる白い本体を思いきり敷石に投げつけると、ぽ～ん！　驚くほど高く弾みます。まさに天然のスーパーボール！　昔の子どもは竹鉄砲の弾に使いました。

## 林の下の年金？生活

葉は冬も緑に繁ります。頭上の木々が繁る夏の間、葉は光を少

▲ ジャノヒゲの花は7～8月。草陰にひっそりと淡い紫色の花がうつむいて咲く。

▶ ジャノヒゲの若い「実」。1つの花から複数の種子ができる。薄い果皮の破片が見える。

しか受けられず、耐乏生活を送ってきました。でも木々が葉を落とした冬は稼ぎどき。葉は寒さに耐えて光合成に励み、根にせっせと「貯金」します。

根はところどころ紡錘状にふくれて養分を蓄えた貯蔵根となり、干したものは漢方で「麦門冬（ばくもんどう）」と呼ばれます。初夏にほふく枝を伸ばしたり新葉を広げたりする設備投資や、花にかけるいわば婚礼資金として、この貯金が役立ちます。そうして夏には小さなベルのような淡紫色の花を、葉陰にそっと咲かせます。

冬に光る青い宝石。空まで高く、心も弾むといいな！

## ジャノヒゲの種子の育ち方

花は夏の暑い盛りにうつむいて咲く。

▶根はところどころふくれて、ブドウ糖などの養分をためる。これを干したものを麦門冬といい、滋養強壮、咳止めなどの薬に用いる。

花びらが枯れると、ほどなく果皮が裂けて胚珠がのぞく。

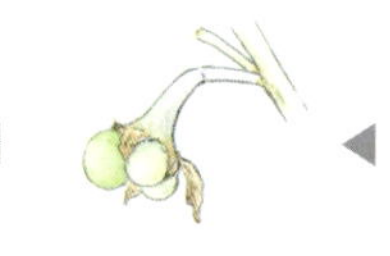

6個の胚珠のうち、1個〜複数個の種子がふくらむ。きまって大小ができる。

1個の花から、ふつう1〜3個くらいの種子が大きく育ち、晩秋に色づく。

## 蛇の髭 プロフィール

キジカクシ科の常緑多年草。日本から東アジアに広く分布し、林の下に生え、地下にほふく枝を伸ばして広がる。葉は幅約2㎜と細く弓なりに反り、冬も緑に繁る。実は径7㎜〜1㎝の球形。花は夏に咲き、淡紫色の釣り鐘状で愛らしい。葉が長くてほふく枝を出さずに株立ちになる変種ナガバジャノヒゲ、園芸品種でわい性のチャボジャノヒゲ（玉龍）もあり、庭や公園でよく栽培される。

# 宿木

【ヤドリギ】 *Viscum album* subsp. *coloratum*

## 樹上の寄生植物と鳥との粘る絆

冬枯れの梢にこんもり丸く、謎の球体が掛かっています。鳥の巣？ いえ、寄生植物のヤドリギです。でも、どうやって、こんな高い木の上に生えたの？

## 樹上に繁る不思議なボール

普通の植物は土に根を張るところを、ヤドリギはほかの樹木の幹に根を下ろします。幹にくさび状の根を食い込ませ、相手の道管から水や養分を奪い取るのです。寄生する相手はブナ、ケヤキ、エノキ、ミズナラ、シラカバ、サクラなど各種の落葉樹です。

でも、必要なすべてを他人に依存するわけではありません。緑葉を持ち、光合成は自分で行います。つまり「半寄生植物」というわけです。

常緑のヤドリギは、冬は特によく目立ちます。冬木立にこんもりと丸く繁る不思議な球体を見かけたら、それがたぶん、ヤドリ

▶ケヤキの大木に寄生したたくさんのヤドリギ。冬はよく目立つ。高い木の上に生えてくるのを不思議がって昔は「とびづた」と呼んだ。

ギです。冬の山林でよく見かけますが、気をつけて探すと案外、都市近郊にも見つかります。

## レンジャクが運ぶネバネバ種子

冬、ヤドリギの枝先に黄色い実が光ります。光に透けて宝石のよう。朱赤の実をつける株もあります。

大株でも実が見えないのは雄株。ヤドリギは雌雄異株なのです。花期は早春ですが、雌花も雄花も小さく地味で目立ちません。

ヤドリギの実に来る一番の常連客は、美しい冬鳥のヒレンジャクとキレンジャク。鳥好きには憧れの鳥ですが、群れで移動するので運よく行き会わないと見られません。ヤドリギの多い林を何度も訪ねて、私もやっと会えました。

ヒレンジャクの食事風景を見ていると、一定のリズムがあるようです。10分ほど集中してヤドリギの実を食べると、水場に飛ん

▶ヤドリギの雄花（上）と雌花（下）。雄花は径4㎜、雌花は径2㎜とさらに小さく目立たない。花粉は昆虫によって運ばれる。

で水を飲み、樹上に戻って10分ほど休憩し、再び食事に戻ります。彼らはヤドリギの実がホントに好きで、日がな一日、食べては休みを繰り返しながら、その付近のヤドリギを食べ尽くすまで何日も逗留します。

おもしろいことを発見しました。休憩するとき、レンジャクの群れは決して上下に並ばず、全員がほぼ同じ高さに散らばって休むのです。なぜでしょう。

休憩はトイレタイムでもあります。タネの粒が交じった納豆状の糞が、次々とお尻から長ーく垂れて、ぼとんと落ちます。そうか。レンジャクたちは互いの糞にまみれないよう、横並びに休んでいたんだね。

ヤドリギの実は消化しにくい粘液質に富み、食べると糞もネバネバになります。糞とともに落とされたタネは、ほかの木の枝や幹にへばりつき、そこで芽を出して育ちます。高い樹上に、こうして育つことができるのです。

▶ヒレンジャクはヤドリギの実が大好物。つられて私も味見してみた。ほんのり甘いと思った次の瞬間、舌やのどに粘液の膜がまとわりつく異様な感覚に、私は食べたことを後悔した（食後30分ほど違和感は続く）。

▶ひとしきり食事をすると、ヒレンジャクは近くの枝で休息する。タネが消化管を通過するまで約20～30分。糞は納豆のように粘り、お尻から長く垂れ下がる。

でも、芽を出して育つのは、そう簡単ではありません。ひとまず寄生根の先を幹に食い込ませることには成功しても、ヤドリギが幹に深く寄生根をさし込んで最初の葉を広げるには、さらに約3年半もかかります。

一見、ラクそうに見える寄生生活。でもそこに達するまでにはそれなりの努力と忍耐が必要なのは、人間もヤドリギも同じ？

**ヤドリギが幹に張りついてから葉を広げるまで**

**早春**

タネが落葉樹の幹にへばりつく。すぐに胚軸が伸び始める。

▶粘る糞はあちこち枝にへばりつく。種子は果肉に包まれたまま発芽を開始し、胚軸を伸ばし始める。

▶若いヤドリギ。タネが枝に付着しても最終的に寄生に成功する率は低い。相手の道管中に根を広げるので、ヤドリギが寄生した個所は幹がふくれる。

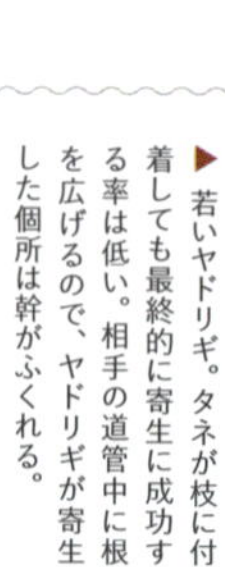

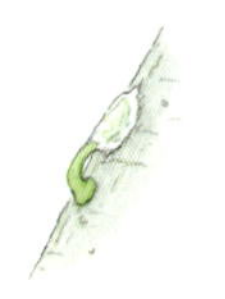

**初夏（3か月後）**
胚軸の先が吸盤のようになって幹に吸いつく。

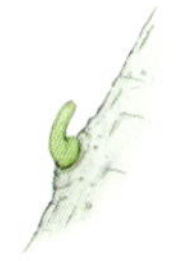

**冬（9か月後）**
寄生相手の道管の中へと根が伸びる。この状態のまま2年半が経過する。

**夏（約3年半後）**
胚軸の基部に芽ができて伸びる。初めて葉が開き、元気よく光合成を始める。

## 宿木 プロフィール

ヤドリギ科の常緑性半寄生植物。日本および朝鮮半島、中国に分布し、落葉樹の幹に寄生して径1mほどの球状に育つ。枝は年に1節ずつ、二叉分枝を繰り返して広がり、厚くなめらかな葉が対生する。雌雄異株で、花は2～3月に咲く。実は晩秋に黄熟し、径6～7㎜。果肉は粘性に富む。鳥のレンジャク類が実を食べ、タネが粘る糞の中に出て運ばれる。実が朱赤のタイプもあり、アカミヤドリギと呼ぶ。

# 臭木

【クサギ】

*Clerodendrum trichotomum* var. *trichotomum*

天然のブローチ

実も花も、鮮やかな色のコントラスト。そのままブローチになりそうです！

## 異臭の葉と芳香の花

明るい野山のあちこちに、クサギは大きな葉を繁らせています。葉をちぎってもむと、ゴマに似た強い異臭。それで「臭木」の名がつきました。空き地ができると休眠していた種子が芽を出し、数年で花が咲くまでに育ちます。鳥が種子を運んでくるので、都会の公園の片隅や線路際などでも見かけます。

欧米では日本生まれの美しい園芸植物としてHarlequin glorybowerの名で親しまれています。一方、その日本ではクサギは雑木扱いで、仲間で中国原産のボタンクサギや西アフリカ原産のゲンペイクサギが園芸用に人気があります。

古くは有用植物として使われました。クサギの若葉はうぶ毛が

▶クサギの葉はハート形で大きく、幅25㎝にもなる。若葉や芽は柔らかく、ゆでて苦み成分を除けば食べられる。昔は飢饉のときに食べた。

密生して柔らかく、ゆでてさらして苦みを抜けば食べられます。茎葉や根は薬用に、藍色の実は「常山の実(じょうざんのみ)」とも呼ばれて染料になり、布を美しい水色に染め上げます。

花は真夏に咲きにおいます。蝉時雨(せみしぐれ)のなか、ほんのり紅を帯びた白い花が、枝の先いっぱいに集まり、次々に開きます。蕾は最初、薄紅色をした5枚の萼に包まれています。そこから白色の花(か)筒(とう)が伸び出て、白い花びらを広げ、雄しべと雌しべを差し伸べます。くさい葉とは裏腹に、花はジャスミンに似たすばらしい芳香を放ちます。

細くて長い花筒には蜜がたっぷり。香りに誘われて、昼にはアゲハ類、夜には蛾が訪れます。夢中で蜜を吸うチョウや蛾の翅(はね)が、長く伸びた雄しべや雌しべに触れて受粉します。花びらが枯れ落ちたあと、萼はホオズキのように実を包んで残り、厚みを増します。

▶夏、枝先に直径10～30㎝ほどの大きな花序を広げて甘く香り、よくアゲハチョウが訪れる。弧を描く白いしべと薄紅を帯びた萼も美しい。

## 赤と藍の対比

秋になって、びっくり。ブローチのように美しい実が現れるのです。

萼はパン粘土細工のように厚くなり、真っ赤に色づくと、星の形に開きます。その中心に宝石の実が光ります。淡い水色から次第に青く染まり、ついには深い藍色に熟してつややかに輝きます。

鮮やかな赤と藍色のツートンカラーは、人に近い色彩感覚を持つ鳥の目にも強烈な印象で飛び込みます。鳥は鮮やかな色のコントラストに誘惑されて、つい実を食べ、タネを運んでくれるというわけです。

対比する二色という視覚的刺激で鳥の注意を引くことを「二色効果」と呼びます。二色効果を狙う実はほかにもあります。たとえば、サンショウやゴンズイでは赤い果皮が裂けて黒い種子がの

▶赤い星形の部分は萼、藍色の玉の部分が実。実は熟すにつれて青みが増し、最後は藍黒色になる。

ぞき、サンゴジュでは赤い未熟果と黒紫色の熟果が枝に交じります。ヨウシュヤマゴボウでは赤い果軸に黒い実が目立ちます。

青い果肉をむくと、1~4個のタネが出てきます。表面はでこぼこで堅く、ミカンの房のような形をしています。

この「タネ」は種子そのものではなく、植物学的には「核」といって堅い内果皮に種子がくるまれたもの。モモの「さね」も同様で、このような構造の実を「核果」といいます。クサギの場合、青い外皮は「外果皮」、果肉は「中果皮」、「タネ」の堅い殻の部分は「内果皮」で、その中に本物の「種子」があります。鳥に食べてもらうために果皮の外側を肉質に太らせる一方で、大事な種子は砕かれないよう果皮の内側を堅く木質化させて厚く防護しているのです。

白と赤の花。赤と藍色の実。悪臭と芳香。鮮やかなコントラストの数々に、人間の私も魅了されてしまいました！

▶クサギの「タネ」。長さは約6㎜。この状態で何年も休眠し、伐採などで地表が明るくなると芽を出す。

## クサギの実の構造

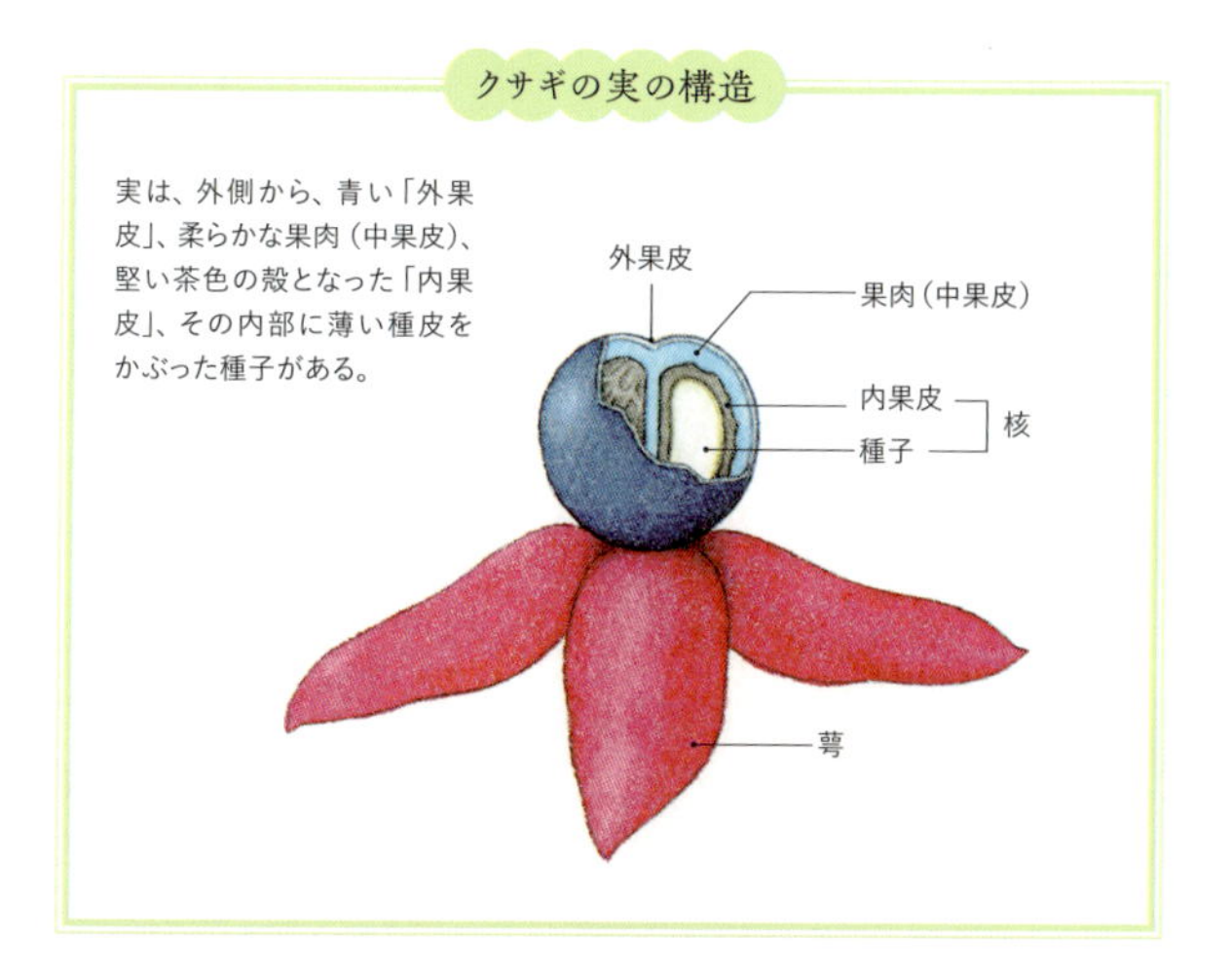


実は、外側から、青い「外果皮」、柔らかな果肉（中果皮）、堅い茶色の殻となった「内果皮」、その内部に薄い種皮をかぶった種子がある。

### 臭木 プロフィール

シソ科の落葉小高木。北海道から琉球諸島、朝鮮半島、中国に分布。明るい林縁に生えて高さ2～4mに育つ。葉はハート形で幅10～20㎝内外、長い葉柄があり、ちぎってもむとゴマに似た強い異臭がある。花期は7～9月、枝先に大きな花序を出し、薄紅色の萼から径2～2.5㎝の白い花冠を突き出して咲きにおう。

果期は10～11月。星形に平開した赤い萼の中心に径6～9㎜の実が藍色に熟す。

# 櫨の木

【ハゼノキ】 Toxicodendron succedaneum

## 燃えるロウの実

▲ ハゼノキの実とタネ
写真はほぼ実物大。タネは非常に堅く、ロウに覆われているため吸水性も低い。そのため、このままでは発芽しにくいが、高温にさらされることで発芽しやすくなり、山火事の跡など、開けた場所を選んで芽を出す。

紅葉の季節。ハゼノキが真っ赤に燃えています。その炎の中に熟すのは、ろうそくの原料となる「燃える実」です。

## 赤く燃え立つ「櫨紅葉」

ハゼノキは本州中部以南、ことに九州や南西諸島に多く見られます。日本から東南アジアにかけて分布する落葉樹で、ロウを採るために江戸時代以降、各地で栽培されてきました。古くから栽培されているため、日本国内での分布は、どこまでが自然分布か、はっきりしなくなっています。

葉は大きな羽状複葉。秋には真っ赤に染まって、火の鳥の羽毛を思わせます。その美しさは特に「櫨紅葉（はぜもみじ）」と呼ばれ、童謡「ちいさい秋みつけた」にも歌われるほど。紅葉を愛でて庭園にも植えられ、都内では毎年11月中旬ごろ、カエデやツタよりひと足早く色づきます。

▶ハゼノキは紅葉が美しいので、庭園によく植えられている。東京都内ではカエデより10日ほど早く、紅葉の見ごろを迎える。11月20日、東京。

## 時間差で効く護身術

ウルシといえばかぶれることで有名ですが、ハゼノキはそのウルシと同属の仲間で、やはり樹液に同じ原因物質であるウルシオールを含んでいます。そのため、枝葉を切ったり未熟果をつぶしたりして樹液に触れると、皮膚に炎症を生じる場合があるそうです。皮膚の弱い人だと、葉に触れただけでかぶれることもあります。

ウルシオールは一種の毒成分、植物の護身術です。うっかり手を出して、かぶれて痛い目にあった人は、次からは注意深く避けて通ることでしょう。動物だって同じです。

困るのは、触れた直後でなく、遅れて1～2日後に症状が出ることです。時間差で攻撃をくらうのです。特徴を覚えて、うかつに手を出さないことです。

▶ハゼノキの花（雄花）。雌雄異株で、ともに黄緑色の小花を円錐状の花序に多数咲かせるが、あまり目立たない。雄花の花序は、雄しべの葯があるために全体に黄色っぽくふさふさして見える。

## 外見より実質の高カロリー果実

花は5～6月に咲きます。雌雄異株で雄株と雌株があります。雌雄どちらも小さな黄緑色の花の集まりで目立ちませんが、甘い香りとたっぷりの蜜があり、ミツバチなどが訪れて花粉を運びます。ハゼノキのハチミツはさわやかな香りがしておいしいそうです。

雌株には径7㎜～1㎝ほどの実がなり、秋にはブドウのように房なりに垂れます。実は灰褐色に熟すと樹上で乾き、厄介な樹液もなくなります。それを待ちかねて、カラスや小鳥がやってきては、まだかとつついてみています。色が地味なのに人気抜群の理由は、果肉の部分に油脂の一種であるロウを含み、冬支度に待望の高カロリー食だからです。

試しに灰色がかった果肉部分をほぐして火を近づけてみると、

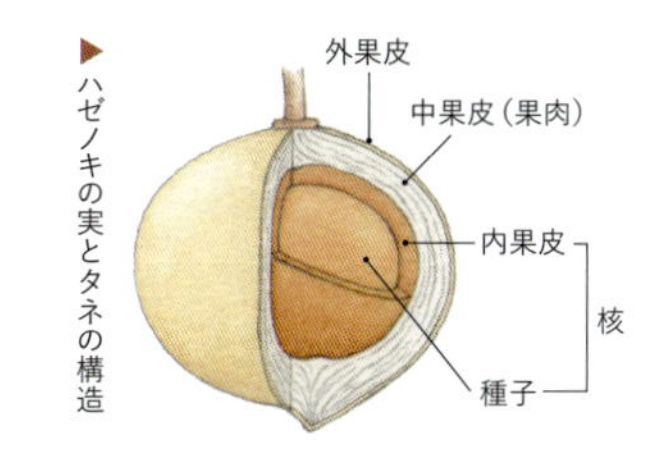


▶ハゼノキの実とタネの構造

ぽおっと明るい炎を上げて燃えました。

中には黄土色の堅いタネが1つ。このタネもクサギ同様、植物学的には種子が堅い内果皮に包まれた「核」にあたります。鳥が飲み込んだタネは、消化管を経て糞に出されたり、消化しにくい繊維質とともに「ペリット」として口から吐き戻されたりして、別の場所に運ばれます。

かつてはこの実を砕いて蒸したものを搾ってロウ（木蝋）を採り、日々の生活に用いました。今もハゼノキは温暖な四国、九州、沖縄地方などで栽培され、ろうそくのほか、相撲力士の鬢付油などに使われています。

赤く燃える紅葉のなか、静かな炎を内に秘めて、地味な実が枝に垂れています。

▶ハシブトガラスは高カロリーのハゼノキの実が大好物。騒がしく群れて食べては、糞（右）やペリット（左）の中にタネを出す。数からいえば、ペリットの中に出されるタネが圧倒的に多い。

## ハゼノキの木蝋でつくった絵ろうそく

ハゼノキの実を搾ってロウを採り、天日にさらすと乳白色の木蝋ができる。この木蝋を溶かし、和紙や藺草（いぐさ）でつくった芯のまわりに何重にも重ねて仕上げるのが和ろうそくである。これは手描きの絵が美しい会津伝統の絵ろうそく。会津地方では、昔はウルシ科の仲間であるウルシの実からロウを採ったそうだ。

### 櫨の木 プロフィール

ウルシ科の落葉高木。別名ハゼ、リュウキュウハゼ、ロウノキ。日本の本州中部以南から東南アジアに広く分布し、ロウの採取および観賞用に栽培される。葉は長さ30cmの大きな奇数羽状複葉で、枝先に集まってつき、秋は紅葉が美しい。雌雄異株で、雌株には秋に多数の実が房状に垂れる。実は径7～10㎜で、果肉にロウを含む。

# 野茉莉

【エゴノキ】 Styrax japonicus

ヤマガラを待つ
ナッツ

公園のエゴノキに緑白色の実が鈴なりです。あれ？　よく見ると実の皮がむけてタネがむき出しになっていますよ。

## 清楚な花の「エゴ」イズム

エゴノキは、花も枝葉も清楚です。公園や庭に植えられますが、本来は雑木林や谷沿いでよく見る山の樹木です。

花は初夏。枝いっぱいにこぼれるように咲き、恥ずかしげにうつむく姿は、白い衣装をまとった花嫁を思わせます。古くから人々に愛され、『万葉集』にも「ちさ」の名で登場します。

うつむく花には事情があります。

花に来るのはハチの仲間。雄しべの束を足がかりに花にぶら下がると、忙しく蜜を集め、花粉を運びます。一方、のんびり屋のハナアブやハエは脚力が弱く、下向きの花にとまれません。花は、花粉を効率よく運んでくれる客を選び、怠け者を排除するために、

▶エゴノキの花の蜜を吸うコマルハナバチ。下向きに垂れて咲く花は、脚力の強いマルハナバチを優遇し、ハエやアブを排除する。

うつむいて咲くのです。

花が終わると、緑白色の実が枝に垂れます。ギンナンを思わせる、かわいい実です。果皮や果肉は刺激性のある発泡成分サポニンを含み、虫や動物から種子を守っています。人が口にすると苦みとえぐみ（のどがいがいがする感覚）があり、そこから「えご」の名がつきました。サポニンには魚毒性もあるので、昔の人は実をつぶした汁を洗濯に使ったあと、残り水を川に流し、浮いた魚を捕りました。というと毒だと怖れる人もいそうですが、果皮は猛烈に苦いしえぐいし、そもそもサポニンはほ乳類の消化管からは吸収されにくいので、誤食や中毒の心配はありません。

▶エゴノキの若い実

## 色づかぬ実のお相手は？

さて、秋がきても実は緑白色のまま。それどころか、果肉が乾いて薄皮のようになって破れ、茶色い種子がむき出しのまま枝にぶら下がっています。なにか不測の事態でも生じたのでしょうか。いえ、これがエゴノキなのです。

ナンテンやクサギなど色鮮やかに熟す実は、鳥の気を引いて食べてもらい、種子を運ばせる作戦ですが、エゴノキは、特定の鳥を相手に、別の作戦を企てています。

相手はヤマガラです。かつてはおみくじ引きの芸もした、頭のいい鳥です。雑食で、ナッツ類や虫を好んで食べます。

エゴノキの種子は、堅い殻の中に油脂に富む中身が詰まったナッツです。ナッツ類が大好きなヤマガラに、種子を露出させて誘っているのです。賢いヤマガラに万人向けの色のサインは不要だし、むしろほかの鳥に目立たないほうが好都合。色づかないのにも皮がむけるのにも理由があったのです。

ヤマガラはエゴノキの種子をくわえると、枝の上で足で押さえてつつき、殻を割って中身を食べます。皮つきの実を運んで、ついて器用に皮をむくこともあります。

▶実は熟すと皮がむけ、堅い種子がむき出しになって枝に垂れる。

ちょっと待って。大切な中身を食べられてしまったら、元も子もないのでは？

大丈夫。ヤマガラは冬に備え、食べきれない分を地面や石の間に1粒ずつ、ていねいに埋めて貯蔵します。大半は食べますが、食べ残された一部の種子が芽を出すのです。しかも、ヤマガラが選ぶのは、エゴノキが育つのに適した開けた場所。これは偶然の一致？　それとも、すべてエゴノキの作戦なのでしょうか。

美しい花にもかわいい実にも、生きるための小さなエゴがのぞいています。

## 働き者のヤマガラが、タネを運ぶ

熟して皮がはげた実をくわえるヤマガラ。

▶ヤマガラはエゴノキのナッツが大好物。くちばしで堅い殻を器用につつき、割って中身を食べる。

▶エゴノネコアシ。初夏によく見られるが、花でも実でもない。エゴノキの芽にエゴノネコアシアブラムシが寄生して生じる虫こぶで、バナナの房かネコの足のように見える。

別の枝に飛び移ってから、足で押さえてつついて食べる。うっかり落としてしまうことも。

冬の間に食べるために、タネをくわえて飛び去り、開けた場所の地面に埋める。

こうして、埋められたり、落とされたりしたタネが芽を出す。

## 野茉莉 プロフィール

エゴノキ科の落葉小高木。北海道から沖縄まで広く分布し、雑木林や谷沿いに多い。別名チサ、チシャ、チシャノキ。花が美しく枝葉や樹形もきれいなので庭に植えられ、欧米でもJapanese snowbellの名で栽培される。花がピンクの園芸品種もある。樹皮は黒っぽい。5～6月、直径約2.5cmの白い花が数個ずつ小さな房になって枝に垂れる。実は長さ1cmで緑白色、10～11月に熟すと皮がむけて堅い種子が顔を出す。同属のハクウンボクの実や種子は一回り大きい。

Column

# タネ図鑑
## 色仕掛けで鳥を誘う

**扉【トベラ】**
トベラ科の海浜植物で庭にも植える。実が裂けて現れる赤い種子は、ねばねばする仮種皮に鳥のごちそうとなる油分を含む。

**吐切豆【トキリマメ】**
野山に生えるマメ科のつる植物。秋においしそうな黒い種子が現れるが、じつは堅くて消化できない豆粒で、鳥はだまされて食べてそのまま糞に出す。

**檀【マユミ】**
ニシキギ科の落葉小高木。ピンク色の果皮が裂けて橙赤色の種子が現れる。種子の表面に果肉状の仮種皮（かしゅひ）があり、これが鳥への報酬。

**紫式部【ムラサキシキブ】**
シソ科の落葉低木。紫色の実が美しく、庭にも植える。鳥を誘う実のなかでも小粒の部類で、体の小さなメジロも楽に飲み込める。

**野葡萄【ノブドウ】**
野山に生えるブドウ科のつる植物。色とりどりで宝石のように美しいが、人間はふつう食べない。タマバエに寄生されると虫こぶができていびつな形に。

**沢蓋木【サワフタギ】**
ハイノキ科の落葉低木。初夏に咲く白い花は秋には鮮やかな青い実となって鳥の目を引く。青く熟す実はあまり多くない。

**瓢箪木【ヒョウタンボク】**
スイカズラ科の落葉低木。別名キンギンボク。2つ並んで咲いた花は、果期には癒合して1個の瓢箪形の実になる。人間が食べると有毒。

**莢蒾**【ガマズミ】

ガマズミ科の落葉低木で雑木林に多い。秋に赤く熟す実は酸味が強いが、霜に当たると甘みが増す。果実酒も美味。

**一位**【イチイ】

イチイ科の針葉樹で、別名オンコ、アララギ。赤い仮種皮はゼリー質で食べると甘くておいしいが、中心の種子は有毒なのでかみ砕かないように。

**山法師**【ヤマボウシ】

ミズキ科の落葉高木。6月にはハナミズキに似て白い花が白頭巾の僧兵を思わせる。秋に赤く熟す丸い実（集合果）は甘くて美味。

**実葛**【サネカズラ】

マツブサ科のつる植物で別名ビナンカズラ、幹の粘液を昔は整髪料とした。雄花と雌花があり、雌花は鹿の子餅のような形の集合果に育つ。

**桧扇**【ヒオウギ】

山の草原に生え、栽培もされるアヤメ科の多年草。実は秋に割れ、黒い種子が現れる。平安文学で黒にかかる枕詞の「ぬば玉」はこの種子のこと。

**藪蛇苺**【ヤブヘビイチゴ】

林縁やあぜ道に生えるバラ科の多年草。赤い実は毒ではないが、食べてもおいしくない。表面のタネにしわがあるのはヘビイチゴ。

**熨斗蘭**【ノシラン】

ジャノヒゲに近いキジカクシ科の多年草で、青く熟す実は同じく種子に相当する。葉や花序は大型で、ラグビーボール形の実は葉の上側に熟す。

Column

# 時代に忘れられた巨大なさや

## 皂莢

【サイカチ】 *Gleditsia japonica*

▲ サイカチのさやは長さ30㎝、平たくて不規則にねじれている。中には長さ1cmの黒褐色の種子が10〜25個入っている。

風や水に運ばれるタネは安泰だ。でも、動物や鳥に運ばれるタネはどうだろう。万一パートナーに先立たれてしまったら、存在も危うくならないか。

そんな実例がある。モーリシャス島特産のタンバラコクTambalacoque（カルバリア）という木は、堅い殻の実をつけて大木になる。しかし1977年当時、島には樹齢300年以上の木だけで若木がなく、絶滅が危ぶまれていた。そのとき一人の学者が300年前のドードー絶滅に思い当たった。もしや、と体格が似た七面鳥にむりやり実を飲み込ませたところ、糞に出たタネが芽を出したのだ。鳥の砂嚢（さのう）でこすられることが必要だったのである。タンバラコクは絶滅を免れ、ドードーツリーと呼ばれるようになった。

日本にもパートナーロスと思われる植物がある。

サイカチはマメ科の落葉高木で、山の沢沿いや水辺で見るが、数は少ない。さやは長さ30㎝と大きく、サポニンを含んで昔は洗濯に使った。集落近くの水場に古い木をしばしば見かけるのは、昔の人が洗濯場の近くにこの木を植えたからなのだろう。

この実の運ばれ方が疑問なのだ。さやはほぼ真下に落ち、種子の多くはサイカチマメゾウムシに食われてしまうのだ。

風ではない。あの形状と重さは風散布種子ではない。沢に流してもすぐに引っかかってしまうから水散布種子でもない。といって鳥も動物も食べやしない。

ＢＢＣの映像が私の疑問を吹き飛ばした。アフリカ象がアカシアの平たくて大きなさやを食べ、糞に出た種子が発芽していた。地面に落ちたさやの種子はゾウムシにやられるが、象が食べれば胃液で駆虫されて無事に芽を出すという。

アカシアのさやはサイカチのそれと酷似する。さやの大きさの割に小さな種子。しかも幹には共通して鋭いトゲ。おまけにサポニン。これだ！　かつて日本でサイカチの実を食べていたのは2万年前まで生きていたナウマン象だったに違いない！　ナウマン象が絶滅したそのときから、サイカチは種子散布が行われず衰退したのではないのか。

これは私の仮説である。でも、いい線いっていると思う。

どんな味かしらと、サイカチの茶色くなる直前のさやの果肉を食べてみた。ほんのり甘い味がした。

いつか、ナウマン象とともにサイカチ種子が出土しないか。動物園の象に食べさせてみたら？　そんなことを今、考えている。

▲ サイカチのマメとサイカチマメゾウムシの脱出痕
地面に落ちていたさやに小さな穴があいていたら、中のマメは食べられている。

▶ 枝からぶら下がる大きなさや。

◀▲ サイカチのトゲと花
偶数羽状複葉と、枝分かれした大きなトゲが、サイカチの目印だ。マメ科のなかでは原始的なグループで、初夏の花もマメ科に見えない。株に雌雄があり、雌株には大きなさやという目印が加わる。

# 猿梨

【サルナシ】 *Actinidia arguta*

どうぞ食べてね、でもたくさんはダメよ

▲ サルナシの断面
親指大の実を切ると、キウイフルーツそのもの。おもしろいことに、全体の大きさは違ってもタネ1粒は変わらない。味も香りも同じ。

実りの秋。山で出会うサルナシの果実は、親指の先ほどと小粒ながら、キウイフルーツにそっくり。同じマタタビ科の仲間と聞けば、うん、納得！

## 日本の山の「ベビーキウイ」

サルナシは野山に生えるつる性の木。林の木々に巻きついて太いつるに成長し、秋には緑色をした楕円形の実がたわわに実ります。柔らかく熟した実は、香りも味も断面もキウイフルーツにそっくり！　そもそもキウイフルーツは、中国産の近縁種であるオニサルナシ（シナサルナシ）を改良したものです。

昔から人々は身近なサルナシをさまざまな用途に利用してきました。徳島県の祖谷（いや）ではシラクチカズラと呼び、太いつるを編んで「かずら橋」をつくりました。北海道ではコクワと呼ばれ、秋の味覚として親しまれています。ひと口サイズで皮をむかずに食

▶花が終わると、枝に楕円形の実がぶら下がる。実の先端に雌しべの跡が残っている。生食のほか、ジャム、果実酒などもおすすめ。

べられるサルナシは、最近、新しいフルーツとして注目されています。

## 究極の戦術！タンパク質分解酵素

学生時代、新潟・長野県境の山で植生調査中に鈴なりのサルナシを見つけ、どっさりテントに持ち帰ったことがあります。ところが、甘い香りに誘われて、クマが連夜のキャンプ訪問。間近に聞く荒々しい鼻息と、牧舎が丸ごとやってきたような強烈なにおい。深い森の闇の中、クマが音もたてずに歩くことを、このとき初めて知りました。

名にたがわず、サルもこの実が大好物。秋の熟期、サルの糞を調査すると、サルナシの黒い種子が多数出てきます。テンやタヌキ、ヤマネなども好んで食べます。

これほどおいしいサルナシですが、食べ進むと舌がちくちくし

▶キウイフルーツ（左）とサルナシ（右）

て酸っぱいだけで甘みを感じなくなり、それ以上食べるのが苦痛になります。私の場合、どんぶり一杯が限度でした。これは、サルナシの実に含まれるタンパク質分解酵素で、舌の表面が溶かされたためです。山の動物たちも、きっと同じ思いをしているでしょう。キウイフルーツ、パパイヤ、パイナップルにも同じ酵素があります。

なぜ、果実は酵素を持つのでしょうか。

これらの果実は、おもにサルやクマなどの大型動物が食べ、糞を介してタネが散布されます。1頭の行動範囲は限られるので、なるべく多数の動物に少しずつ食べられたほうが広範囲に種子を分散できて有利です。どうぞ食べてね、でもたくさんはダメよ、という植物のエゴが生み出した究極の戦術こそがタンパク質分解酵素である、と私は考えています。

▶サルナシの種子

## 実がならない理由は？

サルナシには、花が咲いても実のならない株があります。雄株と雌株があり、雄株の花は雌しべが退化した雄花ばかりなのです。一方、雌株には雌しべと雄しべの両方を持つ両性花が咲いて実ができます。

両性花には多数の雄しべがあり花粉も出ていますが、この花粉は中身のないイミテーションで、雌しべにつけても実はできません。それでも雄しべを切り取った花は結実が悪くなります。もともと花に蜜のないサルナシは、イミテーション花粉を餌にハチをおびき寄せているのです。ちなみに数は多くありませんが、同じ株に両性花と雄花をつける両性株も存在します。

山で見つけた美味フルーツ。さあ、お味見程度に、召し上がれ。

▶花は梅雨どきにひっそりと咲く。雄株には花がたくさん咲くが、実がならない。写真の花は両性花。

## サルナシの雄花と両性花

両性花
両性花には雌しべと雄しべがあり、結実する。しかし、花粉はイミテーションで、機能的には雌花である。

雄花
雄花の雌しべは小さく退化し、実を結ぶ能力はない。もっぱら花粉親として子孫を残す。

### 猿梨 プロフィール

野山に生えるマタタビ科のつる性落葉樹。別名コクワ、シラクチカズラ。北海道から九州、樺太、中国、朝鮮半島にかけて分布し、木に巻きついて育つ。つるは太いものでは径20cmにも達する。6〜7月、径2〜2.5cmの白い5弁花が咲く。株に雌雄があり、雄株には実がならない。晩秋に熟す実は無毛で長さ2〜2.5cm。キウイフルーツと同属で、栽培品がベビーキウイの名で出回る。

# 玄圃梨

【ケンポナシ】 *Hovenia dulcis*

山の奇妙なデザート

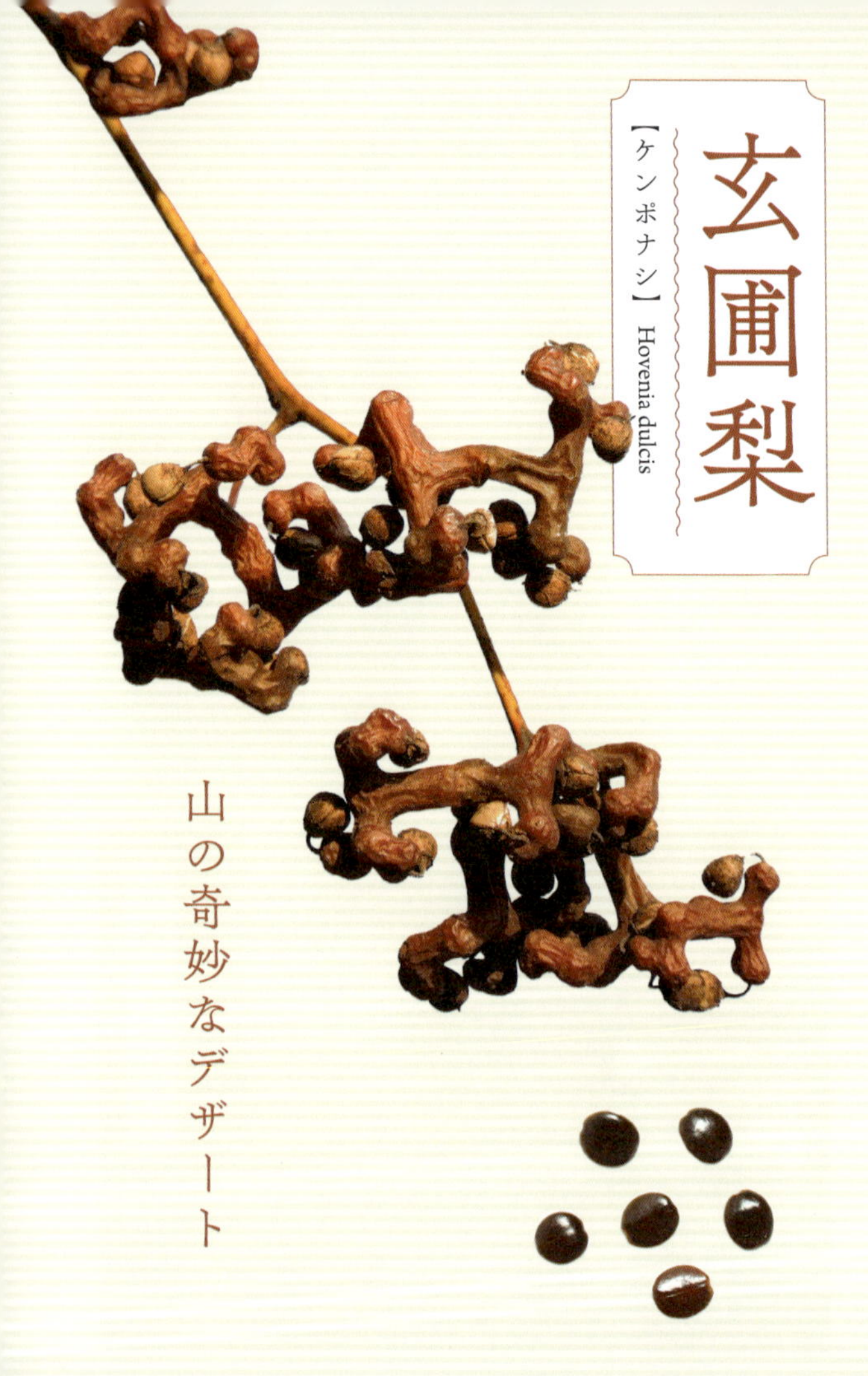

見てびっくり、食べてびっくり！　形は奇妙ですが、甘くておいしい山のフルーツです。

## くねくね曲がったへんてこな実

ケンポナシは日本の野山に生える落葉高木。北海道（奥尻島）から本州、四国、九州と分布域が広いわりに、あまり見かけない木ですが、小石川植物園の正門わきには大きな木があって、へんてこな実を目の前で観察することができます。

なんて奇妙な形なんでしょう！　肉質の棒状のものがくねくねと折れ曲がり、塊をなしているのです。まるでお伽噺（とぎばなし）に出てくる、醜く曲がった魔女の手のようにも見えます。

本州西部や四国の野山には、全体の形はよく似ているものの枝や葉に茶色い毛があるケケンポナシも見られます。

▶枝に実るケンポナシ。写真は11月上旬の小石川植物園。このあと、実は次第に乾き、ドライフルーツとなって降ってくる。

## 梨とレーズン、二度おいしい

でも、どこが「梨」なのでしょうか。じつは熟したばかりのケンポナシはジューシーで、味と香りがナシそっくりなのです。秋に熟れると、棒状の部分が甘い果肉質に変わります。この部分は実そのものではなく、果軸。つまり、実の柄にあたる部分です。初夏に白い小花が枝先に群れ咲きますが、花が終わると柄の部分が肥大し、秋には直径5㎜程度の棒状になります。

よく見ると、果軸の先端に丸いものがちょこんとついています。これが実。でも、乾いてがさがさしていて食べられません。ほぐすと、堅くビーズのように美しい栗色のタネが3粒転がり出てきます。

樹上で熟れたケンポナシは、晩秋から早春にかけて、花序の枝ごと地面に落ちてきます。すでに果軸は乾いてドライフルーツ状

▶ケンポナシの花。写真は6月下旬の小石川植物園。白い花に近寄ってみると雄しべの形がおもしろい。

▲ケンポナシの若い実。果軸がふくらみはじめている。

態になっていますが、じつは、この時期が一番の食べごろ。味も香りもレーズンそっくりになり、糖度が増して驚くほど甘いのです。欧米ではジャパニーズ・レーズン・ツリーと呼ばれ、庭園などに植えられています。

最近、ケンポナシの葉から「味覚修飾物質」、つまり舌の味蕾(みらい)に作用して甘みを感じにくくさせる作用が見つかって、肥満対策への応用が期待されています。また葉の抽出物には口臭やアルコール臭を抑える作用もあり、すでにチューインガムの添加成分に使われています。

▶実は、長い枝ごと落ちてくるので落ち葉の下に埋もれにくく、枝にもよく引っかかる。2月ごろまで拾うことができる。

## 嗅覚と味覚に訴える

山に生えるケンポナシの木の下では、タヌキやテンがデザートが降ってくるのを心待ちにしています。彼らはおいしい果軸と一緒にがさがさした実の部分も飲み込んでしまい、トイレに移動します。堅いタネはそのまま出され、肥料たっぷりの新しい場所で芽を出すというわけです。山で見つけたタヌキのトイレは径1m、高さ20cm。新旧とりまぜた落とし物に、ケンポナシのタネが多数入っていました。

ケンポナシのタネを運ぶのはほ乳類です。色覚が鈍くて嗅覚や味覚が鋭いほ乳類に合わせて、色は抑えて甘い味と香りで誘っています。目立たない実をくねくねした果軸に紛れ込ませているのも巧妙です。タネは堅くなめらかで歯に当たってもつるりと逃げて、のどの奥へと滑り込みます。

ケンポナシは人間もそのままでおいしく食べられます。ドライフルーツ状の果軸をリカーに漬けて果実酒もつくれます。私はジャムとケーキに挑戦してみました。結果は大成功！　香ばしくて風味豊かです。

▶甘い味と香りはほ乳類を誘うため。動物はタネごと飲み込む。

▶春3月、新潟の山で見たタヌキのトイレ。こんもり盛り上がった中に、きらりと光るのはケンポナシのタネ。

## ケンポナシのジャムとケーキ

ケーキのつくり方
ドライフルーツ状の果軸を5㎜角くらいに刻み、ラム酒かブランデーをふりかけておく。刻んだクルミとともにケーキの生地に混ぜて焼く。

ジャムのつくり方
果軸の部分だけを集め、洗って刻む。水を加えて柔らかく煮たら、裏ごしして堅い皮や繊維を取り除く。砂糖を加えてとろりとするまで煮詰める。

## 玄圃梨 プロフィール

クロウメモドキ科の落葉高木。北海道の奥尻島、本州、四国、九州に分布する。最大で直径1m、高さ25mの大木になる。葉は大きな広卵形で互生するが、ときに変則的なコクサギ型葉序（枝に2枚ずつ左右交互につく）になる。花は6～7月、長い柄の先に白い小花が集まって咲く。実は径7㎜の球形で秋に熟すが、かさかさに乾いていて食べられない。花序の軸は花後に肉質にふくらみ、果期には甘くなって食べられる。

# 鬼胡桃

【オニグルミ】 Juglans mandshurica var. sachalinensis

## 森の動物との固い契約

▲アカネズミの食痕
クルミの堅い殻を両側からかじって2つ大穴をあけ、中のナッツをすっかり食べる。たまに要領の悪いネズミもいて、穴が3つもあけられた殻が落ちていたりする。

かちんこちん。クルミといえば堅い殻。なかでも野生のオニグルミの殻は、市販のものより厚くて堅く、叩いてもなかなか割れません。数ある実やタネのなかでもダントツ石頭のオニグルミ。クルミは森の動物たちと、文字通り、固い契約を結んでいます。

## 堅い殻に守られて

食材として市販されているクルミは、ヨーロッパから西アジア原産のカシグルミ（別名テウチグルミ）。殻は比較的薄く、簡単に割ることができます。

一方、オニグルミの殻はテコでもペンチでも割れません。でも、水に浸してから炒って少し口を開かせて割るか、専用の和くるみ割り器を使うと、それはもう、最高のコクと風味。昔は重要な食料で、縄文時代の遺跡からも殻が出てきます。

堅い殻の中には、幼い芽と、それを育てるための栄養分が詰まっ

▶オニグルミの殻と断面。堅い殻の中に脂肪分に富むおいしいナッツが詰まっている。

ています。脳のような形をした部分は子葉で、高カロリーの油脂を蓄えています。クルミ類では、子葉の役割は栄養の貯蔵庫で、発芽後も双葉を広げることなく殻の中にとどまって、芽に養分を送ります。堅い殻はその防御。殻を押し開いて顔を出したオニグルミの芽は、一気に30cmの高さまで幹を立てて最初の葉を広げますが、そのエネルギーはすべて、この貯蔵栄養に由来します。オニグルミの母木は、タネに多量のエネルギーを蓄えることによって、赤ちゃんの芽が自然の厳しい試練に打ち勝てるよう、エールを送っているのです。

## 樹上のクルミはどんな姿？

山の沢沿いや川の氾濫原(はんらん)には、よく野生のオニグルミを見かけます。粗い枝ぶりと大きな羽状複葉の葉。葉の柄の部分にはネバネバの毛が生えています。

でも見上げても、あの堅い実（堅果）の姿はありません。緑色の大粒のブドウ？ があるだけです。じつはクルミの堅い実は、初めは緑色の皮（正確には花床（かしょう）が肥大して実を包み込んだもの）に分厚くくるまれているのです。

皮をむこうとすると、手が黒く汚れてベタベタ。厚い皮はタール状の苦み物質であるタンニンを多量に含み、虫や動物の攻撃に対して強力な防衛態勢を張っています。

▲緑色の若い実は、ゴルフボール大。10数個がブドウのような房に垂れ下がる。

## リスやネズミとの契約

実が完全に熟すのは10月。役目を終えた緑色の皮は茶色くくずれ、堅いクルミの実とともに地面に落ちてきます。

さあ、山の動物たちの出番です。ちょろちょろっ。走ってきたのは森の住人アカネズミ。ささっ。今度はリス。こんなに堅いオニグルミをかじれるのは、彼らの鋭い歯だけです。用心深く実を

▲皮に包まれた状態（左）、皮を半分はいだ状態（中）、中身（右）。緑の肉質の部分は、タンニンを含み、つぶすと薬臭いにおいで手が黒くベトベトになる。

運び去ると、器用に殻をかじり、おいしいナッツにありつきます。殻をきれいに2つに割るのはリス、殻の両側から大穴を2つあけるのはアカネズミです。

彼らは蓄えも忘れません。次々に運んでは地面に埋め、厳しい冬に備えます。隠し場所を覚えていて、冬の間に少しずつ掘り出しては食べるのです。

そして春。食べ残されたり忘れられたりしたオニグルミは、芽を出します。リスやネズミが埋めた深さは、まるで申し合わせたみたいに、オニグルミにとっても芽を出すのに最適な深さなのです。

オニグルミと、森のリスやネズミたち。堅い防御と、それを打ち破ることを許された動物の間には、母なる自然の固い契約が成り立っています。

▶オニグルミの雄花。花は4～5月ごろ。雄花は多数が集まって長い穂に垂れ、花粉を風に飛ばす。

▶オニグルミの雌花。花びらはない。雌しべの赤い柱頭が大きく口を開き、風に飛んでくる花粉を受ける。

森のごちそう、オニグルミを運ぶリス

リスは地面に穴を掘って1個ずつクルミを埋めて蓄える。

## 鬼胡桃 プロフィール

クルミ科の落葉高木。北海道から九州に分布し、湿った川沿いなどに生える。大きな羽状複葉が目印。花は4～5月。風媒花で雄花と雌花があり、雄花は多数が集まってひも状に長く垂れる。雌しべの柱頭は赤い。実は径3～5cmの卵形で、ブドウのような房に垂れ、分厚い緑色の外皮の中に堅い殻のタネが入っている。

# 無患子

【ムクロジ】 Sapindus mukorossi

不思議なシャボン玉

公園に植えられたムクロジの大木。その木の下で、骨董品のランプかポットを連想させる、不思議な実を見つけました。

## 泡立つ曇りガラス

晩秋、葉が散ったムクロジの木の下に、琥珀(こはく)色の実が落ちています。エミール・ガレのガラス工芸のように光が透ける、不思議で美しい実です。皮のあめ色は半透明で、光にかざすとタネの丸いシルエットが浮かび上がります。振ると、中のタネが転がって、コロコロコロコロと音がします。

かつて、この実を大事に拾い集めた時代がありました。

ムクロジの実の皮には、天然の界面活性剤である「サポニン」が約10%も含まれています。皮をむいてしばらく水に浸しておくだけで、洗剤液ができ上がります。昔の人は、これを実際に洗濯や洗髪に使ったので、水場の近くにこの木を植えたものでした。

▶秋、ムクロジの丸い実が枝先に点々と集まって実る。一斉には落ちず、3月ごろまで少しずつ風の強い日に落ちてくる。わざとばらばらに落ちて、いろんな場所に運んでもらいたいらしい。

病よけや魔よけの木としても信じられ、寺社に植えたりもしました。

洗剤液を濃いめにつくれば、シャボン玉遊びもできます。空に飛ばすのは困難ですが、ぶくぶく泡立てたり、ストローの先にシャボン玉をつくったりして遊べます。

▶ムクロジのシャボン玉

## 厳重に守られたタネ。お味は？

さて、実の中には黒くて丸いタネが1個。どこかで見たような色と形、と思ったら、お正月の羽根つきの玉でした。このタネにキリで穴をあけ、鳥の羽を差し込んでつくります。でも怪我しないようにご用心。なにしろ非常に堅く、割るには80〜160kgもの力が必要だとか。磨いて数珠の玉にも使われます。

果皮のサポニンは、昆虫には有害成分として働きます。さらにタネの殻も非常に堅い。これだけ厳重に守るからには、きっとタ

▲タネは直径約1cm。真っ黒でとても堅い。追い羽根の玉に使う。

ネの中身はおいしいに違いありません。

金づちでタネを割って食べてみました。少し苦いけれど、コクのあるナッツの味。調べてみると、油脂分を豊富に含み、昔は炒って食べたとか。なるほど、守りが固いのも道理です。調査によると、山ではネズミやリスが冬の食糧にとタネを運んでいます。食べ忘れたりして残ったものが発芽します。

## 謎のふたの正体

ところで、ムクロジの実で、ポットのふたのように見える部分は何なのでしょう？

説明は、花の季節にさかのぼります。ムクロジには雌花と雄花があります。そして雌花には、将来実に育つはずの袋が3つ用意されています。でも実際に実に育つのは通常1つだけ。あとの2つはしぼんでつぶれ、柄の傍らに小さな痕跡となって残るのです。

▶ムクロジの実とタネ

▶開花期は6月。枝先に小さな花が多数集まって咲く。雄花と雌花が入り交じって咲くが、雌花の数は少ない。

これが、謎の「ふた」の正体です。

ちなみに、フウセンカズラやライチもムクロジ科の植物です。そういえば袋状の実だったり、中に丸くて堅いタネがあったりと、共通点があります。トチノキもムクロジ科で、ゴルフボール大の実の中に堅くて大きなタネが入っています。プロペラつきの実で空を飛ぶカエデやモミジもムクロジ科。

共通のルーツをもつ仲間でも、空を飛んだりリスやネズミに運んでもらったり、食べておいしい果実だったりと、タネの旅支度はさまざまですね。

ムクロジとその仲間の実からは不思議がしゃぼん玉のようにわき出してきます。

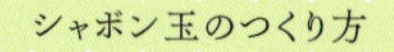

水を半分ほど入れた小さい容器にムクロジの皮だけを1〜2個入れてはしでつっつく。

粘性が低いので、細いストローを使って、静かに吹くとうまくいく。

## 無患子 プロフィール

ムクロジ科の落葉高木。本州中部以南の暖地に自生し、寺社や公園にも植えられる。大木に育ち、長さ50cmもある大きな偶数羽状複葉を広げる。花は6月、黄緑色の小花を円錐花序に咲かせる。果期は秋から冬。径2〜3cmの丸い実は袋状で、中の種子が透けて見える。種子は径1cm、黒くて堅い。

Column

# 殻と渋みの損得勘定

ドングリの仲間

ドングリころころ、どんぶりこ。ドングリは重力に従い、斜面を転がって移動します。でも、これじゃ下にしか行けないよ。上に登るには、動物の力も借りないと。

## 森の動物たちが運んで食べる

どっさり実るドングリは、森の動物の大切な食糧。冬眠前のクマはドングリを食べて皮下脂肪を蓄えます。サルやシカ、イノシシ、タヌキ、それにオシドリやアオバトなどもドングリを食べます。でも、こうして食べられたドングリは粉々に破壊されてしまうので、芽を出すことはありません。

その場で食べるだけでなく、別の場所に運んで蓄える動物もいます。リスやネズミ、それに鳥のカケスもドングリを運び、土の中に隠します。こうして親の木から遠くに運ばれ、埋めてもらったドングリは、安全に芽を出します。

▲ 発根したコナラのドングリ
秋、コナラのドングリは地面に落ちると、すぐ根を出す。ここで失敗すると、冬の乾燥でドングリは死んでしまう。急いで根を張らなくてはならない。

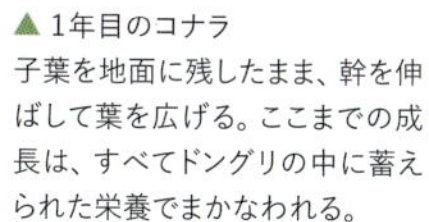

▲ 1年目のコナラ
子葉を地面に残したまま、幹を伸ばして葉を広げる。ここまでの成長は、すべてドングリの中に蓄えられた栄養でまかなわれる。

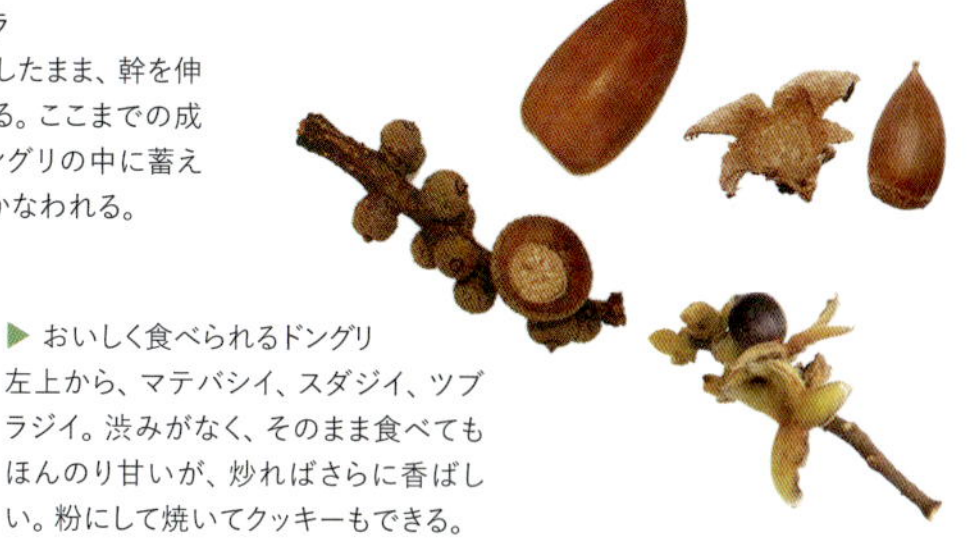

▶ おいしく食べられるドングリ
左上から、マテバシイ、スダジイ、ツブラジイ。渋みがなく、そのまま食べてもほんのり甘いが、炒ればさらに香ばしい。粉にして焼いてクッキーもできる。

## ドングリでつくったコマ

ドングリに楊枝を刺してコマづくり。クヌギは特に殻が柔らかくて細工しやすく、よく回る。子どもたちにも「太っちょドングリ」と大人気だ。

ドングリは、ブナ科植物がつける堅い殻の実の総称。親植物はコナラ属、マテバシイ属、シイ属の樹木で、広い意味ではブナ属とクリ属も含まれる。落葉性のものと常緑性のものがあり、前者は冷温帯から暖温帯、後者は暖温帯から亜熱帯において、ともに森林を構成する重要樹種となっている。

## でも食われすぎては困る

コナラなどのドングリは秋のうちに発根し、春に芽を伸ばします。一般のタネと異なり、ドングリは子葉を広げません。子葉は地下貯蔵庫として、幼木が最初の葉を広げるまでの養分を蓄え、地下にとどまります。これは食害防止に役立ちます。動物に狙われる子葉を、最後まで堅い殻で守れるからです。

ミズナラなどのドングリは猛烈に渋い味がします。渋の成分は有害なタンニンで、運搬人のアカネズミさえ食べ慣れないと中毒死します。でも慣れるとおなかに共生菌がふえるから大丈夫。ネズミも苦労して食べています。

ドングリは何年かに一度、大量に実ります。この「なり年」現象も植物の戦略です。毎年たくさん実らせると、ドングリを食べて動物がふえ、結局、ほとんど食われてしまいます。でも実り具合を不定期に変動させれば、不作年のあとには動物が減り、そこで大量に実らせれば大半が食われずに生き残れるというわけです。

動物に食われることはマイナスなのかプラスなのか。微妙な損得勘定をしつつ、ドングリは難題の山を登ります。

Column

# 実物大ドングリコレクション

日本のおもなドングリを、お椀の部分（殻斗）の形状で4つに分けてご紹介します。

## 殻斗がうろこ状

【マテバシイ】

暖地生まれの常緑樹で、公園や並木に植えられる。殻は堅いが中身はおいしく食べられる。

【ウバメガシ】

西日本の沿岸地に多く、街路樹や生け垣に植えられる常緑樹。ドングリはお尻がすぼむ。

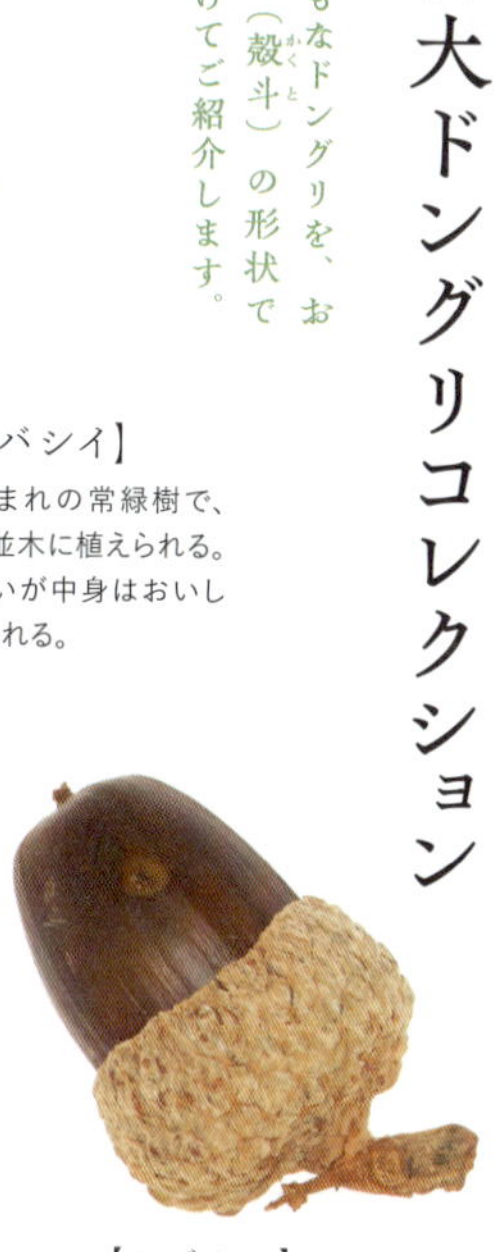

【ミズナラ】

北国や冷涼な山地の落葉樹。葉柄が短い。殻斗が厚く、ドングリも重量感がある。

【コナラ】

雑木林の落葉樹。細長いのや丸いのやドングリの形はいろいろ。

# 殻斗がしましま

【オキナワウラジロガシ】

日本最大のドングリ。奄美大島、徳之島、沖縄県に分布する。ドングリ愛好家の憧れ。

【ウラジロガシ】

暖地の山の常緑樹。白い葉裏がヒント。ドングリは細長い感じでやや尻すぼみ。殻斗は深め。

【シラカシ】

常緑の葉は細長い。関東に多いドングリで、秋に風が吹くと、どどどーっと落ちてくる。

【アラカシ】

常緑の葉は大きくて縁に粗い鋸歯がある。そのわりにドングリは小ぶりで丸くてかわいい。

【アカガシ】

カシやシイは常緑の仲間。アカガシの葉は大きくて鋸歯がないのが特徴。殻斗は横縞で毛がふかふか。

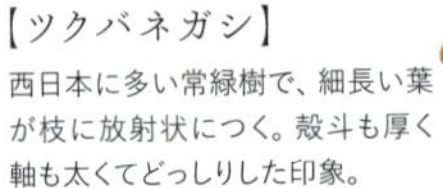

【ツクバネガシ】

西日本に多い常緑樹で、細長い葉が枝に放射状につく。殻斗も厚く軸も太くてどっしりした印象。

# 殻斗がチューリップ状

【ブナ】

冷温帯の森の主役・ブナもドングリの仲間。3稜の実は、毛だらけの殻斗(かくと)に包まれて育つ。

【ツブラジイ】

シイの仲間は殻斗が袋状で実を包む。ドングリはスダジイよりも小さく、別名コジイとも。

【スダジイ】

単にシイとも呼ぶ。日本の照葉樹林の主役。ドングリは渋みがなく、そのまま食べられる。

# 殻斗がトゲトゲ

【クヌギ】

モップ頭の太っちょドングリ。雑木林の落葉樹で、樹液はカブトムシやクワガタに大人気。

【カシワ】

落葉性。大きな葉を塩漬けにして柏餅に使う。赤毛の帽子をかぶった丸っこいドングリ。

# 大葉子

【オオバコ】 *Plantago asiatica*

踏まれて踏まれて
タネをまく

どんなに踏まれても、へこたれない。たくましい雑草のオオバコは、タネにも粘り強い仕掛けが。

## たくましさのヒミツ

オオバコは身近な雑草です。道ばたや空き地、グラウンドなど、硬い地べたに葉を広げてがんばっています。

なにしろ、踏まれ強いのです。葉には太い筋が通っていて、踏まれてもちぎれません。丈夫な繊維が電気コードのように維管束（いかんそく）を包んでいるのです。花茎もしなやかで、踏まれたって折れません。根も四方に広がり、踏まれても蹴られても抜けません。

そんなに踏まれてばかりじゃかわいそう？　でも、踏まれなくなると背の高い草が生えてきて、オオバコは負けてしまいます。踏まれることには強くても、競うことには弱いのです。踏まれる場所で、競争を避けて生きるのが、オオバコの選んだ道なのです。

▶人に踏まれる場所で、地面に葉を広げる。葉や花茎は強くしなやかで、踏まれ強い。花茎を絡ませて引っ張り合う遊びが「オオバコ相撲」。

# 女性上位？の花

花の穂は春から秋まで次々に伸びて、長い間咲いています。でも、虫を誘う必要がない風媒花なので、地味で目立ちません。よく見ると4つに分かれた花びらがあるのですが、緑色で小さく退化し、蜜もありません。雄しべと雌しべがメインのシンプルな花です。風が吹くと雄しべがちろちろ揺れて、花粉を風に飛ばします。

1個の花は、まず雌しべを伸ばし、数日後に今度は雄しべを伸ばします。オオバコの花は穂の下から順に咲くので、1つの穂の上のほうに咲き始めの花（雌性期の花）が並び、下のほうに咲き終わりの花（雄性期の花）が並びます。これなら花粉が雌しべの上に降りかかることもありません。自分の花粉で受粉しないための工夫です。

雌性期の花
雄性期の花
1個の花
雌しべ
雄しべ
退化した花弁

▶オオバコの花のつくり
一つ一つの花は小さく目立たない。花はまず雌しべを出し（雌性期）、そのあとに雄しべを出す（雄性期）。

## カプセル入りのゼリー種子!?

受粉を終えた花は、順に実を結びます。実は長さ約3～5㎜のカプセル型。穂にぎっしりと並びます。

おもしろいことに、実は踏まれたりすると、上半分がふたのように、ぱかっと外れます。そして、下半分のカップの中に4～8個のタネが顔をのぞかせます。

じつはこのタネ、種皮の表面が食物繊維の被膜に覆われています。この成分は、紙おむつの中身や寒天と似た構造で、水を吸うと体積が数十倍にふくれ上がって、ぷるぷるとした透明なゼリー質になります。

この性質を利用したダイエット食品も市販されています。原料はインドオオバコ（オバタ種）の種皮。水を吸ってゼリー状にふくれた食物繊維で満腹感を得るという理屈です。

▶オオバコの実は、熟すと上半分がふたのように外れる。実のカプセルの中には4～8個の種子が入っている。

雨や露にぬれたタネは、ゼリー質に包まれてぺたぺた粘り、歩く人の靴や車のタイヤにくっつきます。こうして人間の行く先々に、タネが運ばれるという仕組み。

オオバコ属の学名のPlantagoは「足の裏」を意味するラテン語に由来し、中国名の「車前草」も車道によく生えることに由来します。もし山で迷っても、オオバコを見つけてオオバコをたどれば無事に人里に出られる、ともいわれます。

ただ踏まれ強いだけでなく、人に踏まれることを逆に利用して子孫をふやす。やっぱりオオバコは、たくましい！

▶種子はぬれるとふくらむゼリー質に包まれ、踏みつけた人の靴や車のタイヤにへばりついて運ばれる。乾いた状態（右）と水を吸ってゼリー質がふくらんだ状態（左）。

## 人が歩くところにオオバコあり

人が歩き回ると、靴底のタネが、今度は地面にくっつき、いろいろな場所に運ばれる。

雨にぬれ、ゼリー状になったタネがぺたっと靴底にくっつく。

### 大葉子 プロフィール

オオバコ科の多年草。日本各地からアジアに分布し、道ばたや空き地、グラウンドなど、人や車に踏まれる場所に生える。葉は地面に低くロゼット状に広がり、踏まれることに強い。花期は4〜10月、地際から高さ5〜30cmの花序を立てて咲くが、風媒花で目立たない。種子はぬれると粘液質になる多糖類の外被に覆われている。薬用植物として利用される。

# 大犬睾丸

【オオイヌノフグリ】 *Veronica persica*

## 青い目の王子の世界旅行

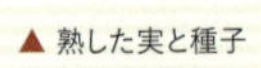

▲熟した実と種子

青い瞳を思わせるつぶらな花。オオイヌノフグリは早春の風物詩として親しまれていますが、本来は日本の花ではありません。明治時代にヨーロッパから入ってきました。

## 早春に咲く花の工夫

オオイヌノフグリは他に先駆けて咲く小さな草です。ハコベやナズナなどと一緒に、よく道ばたや畑に咲いています。雑草ながら、青い花はとてもきれいです。以前はゴマノハグサ科でしたが、新しい分類ではオオバコ科に含められています。

花びらは4枚に見えますが、よく見ると4つ同じ大きさではなく、大小があります。花は夕方に閉じ、翌日もう一度開いてから、ほろりと散ります（初日で散る花もあります）。散った花を見ると、花びらの基部がつながっていることがわかります。

花の真ん中に立つのは雌しべ。その左右に雄しべが1本ずつ。

▶オオイヌノフグリの花は径1cm。右の花では雄しべが雌しべに接して花粉を出している。

雄しべは湾曲していて、これまたよく見ると、雄しべが雌しべに接していることがあります。こうして自分で花粉をつけたりするので、実を結ぶ率はとても高く、虫が少ない早春でも95%くらいの花がちゃんと実を結びます。

## 「ふぐり」って…？

ところで、「ふぐり」ってなあに？　恥ずかしいのですが……タマタマ。えいっ。書いてしまおう。睾丸、キンタマです。大きな犬のキンタマ。うわぁ。

まずは日本在来の近縁種「イヌノフグリ」の説明が必要です。イヌノフグリは全体に小さく早春にピンクの花を咲かせます。かつては日本中どこにでも見られる雑草でしたが、外国生まれの青い目の王子様に体格でも成長の早さでも負けて住む場所を奪われてしまい、今では山村の石垣などにわずかに見られるにすぎませ

▶在来のイヌノフグリの花は径2～3㎜と小さく、色はピンク。

ん。

このイヌノフグリの実がまさにタマタマなのです。球を2つくっつけたような形で、ごていねいにうぶ毛まで生えています。一方、オオイヌノフグリの実はちょっと平たいハート形。元祖イヌノフグリがいなかったら、別の名前になっていたことでしょうに、気の毒なこと。

花が終わると実ができます。1個の花から1個の実。オオイヌノフグリは茎を伸ばしながら晩春まで次々に花をつけ、実をつくり続けます。花のわきに1枚の葉がつき、実が熟すまで栄養を確保します。

▶イヌノフグリの実

## 土と一緒に運ばれる

実は熟すと裂けてタネがこぼれます。1個の実に20粒ほど。風に飛ぶわけでもなく、その場にぽろぽろ。アリも無関心です。あまり分散力もないようなのに、どうやって海外旅行ができるのでしょうか。

秘密は、タネの表面にあります。ルーペでのぞくとしわが多く、裏面が大きくへこんで椀状になっています。とにかく表面積が多く、土に混ぜてみるとじつによくなじみます。地面に落ちたタネは、人が歩くと土と一緒に靴の裏にくっつき、行く先々に運ばれます。

春が過ぎれば小さな草はタネを残して露と消え、秋に再びタネからスタートします。オオイヌノフグリはタネを着実につくって巧妙にばらまくことによって、世代をつなぎ、旅をして、着実に存在を世界に広げていくのです。

▶花が終わると次々に実が熟し、タネをこぼす。

## イヌのふぐり

犬の「ふぐり」

イヌノフグリ（実）
実は球を2つ並べた形。まさにタマタマ。

オオイヌノフグリ（実）
実はやや平たく、先が少しとがったハート形。

タチイヌノフグリ（実）
実は平たいハート形で上向きにつく。これも同じ仲間で、茎は高さ10〜25cm。青い花は径3mm。

## 大犬睾丸 プロフィール

オオバコ科の越年草。中近東から地中海沿岸原産とされ、世界各地に帰化。日本へは明治時代に渡来し、空き地や道ばたの雑草として全国に見られる。秋に発芽して冬に緑葉を広げ、早春に径1㎝の青い花を開く。実はやや扁平なハート形で、幅8㎜、大きな萼に包まれて育ち、熟すと裂けて多数の種子をこぼす。種子は長さ1.5㎜の長卵形で、裏面は椀状にくぼむ。

# 雄生揉

【オナモミの仲間】 Xanthium spp.

写真はオオオナモミ

秋の野山を歩いていたら、あらら、服も靴下も、いつのまにやら草の実だらけ。

## 人を利用する「ひっつきむし」

秋の草むらを歩くと、服に無数の草の実がついてきます。まとめて「草じらみ」とか「ひっつきむし」と呼ぶタネたちに、私たち人間はすっかりアッシー君として使われているようです。

タネたちはそれぞれ忍び道具を持っています。引っかけるかぎ針、刺さると抜けない逆さトゲ、挟み込むヘアピン、ネバネバ粘着テープ。タネたちはヒッチハイクのチャンスが到来するまで、まるで忍者のように目立たない色で、こっそりと身（実?）を潜めています。

ひっつきむしの仲間たちは、枯れても丈夫な茎で直立して、じっと乗り物が通りかかるのを待っています。丈の高さは日本自生の

▶オオオナモミの花は風媒花で目立たない。虫媒花の多いキク科のなかで、オナモミ類は草原環境に適応して風媒花に戻ったと考えられている。枝先の丸いのが雄花。基部のトゲトゲが雌花。

種類だとだいたい1mくらいまで。大きくてもシカやクマサイズ、というわけ。北アメリカ原産のオオオナモミの草丈が最大2mと巨大なのは、生まれ故郷にバッファローなど大型の動物がいたからでしょうか。

## 鋭いかぎ針

日本のひっつきむしのなかで最も豪壮なのがオナモミの仲間です。一番よく見るオオオナモミの実は長さ1.5cmくらい。名に何もつかないオナモミは在来種で、小ぶりの実の表面に白い毛が生えています。昔はこれが普通種でしたが、今では外来種に圧倒されてほとんど見ることができません。毛むくじゃらのイガオナモミは北アメリカ原産の新参者の外来種で、実は長さ2.5cmもあります。オナモミ類の実は、総苞(そうほう)がつぼ状に発達して実を包み込んだもので、正式には「果苞(かほう)」といいます。トゲの一つ一つは総苞片が変

▲イガオナモミ(左)とオオオナモミ(中)、オナモミ(右)

化したものです。

触れると、痛っ！　トゲの先は鋭くとがり、服どころか皮膚にも刺さって血が出ます。ルーペで見ると精巧なかぎ針。な～るほど。服の繊維に絡まるわけです。動物もたまったものではないでしょう。

でも、単に引っかけるだけなら、こんなに痛くなくてもよさそうなもの。ここまで痛く刺さるからには、運ばれるためだけでなく防衛の意味もありそうです。もしかして中身がおいしいのでしょうか。

## オナモミの用意周到

痛い実をなんとか割りました。するとヒマワリのタネに似たタネ（本当は実）が、あら、２つ。

取り出して食べてみると、うん！　いけます。味も食用に売っ

▲オオオナモミのトゲの先端は鋭いかぎ針。衣服の繊維や動物の毛に引っかかる。

ているヒマワリのタネにそっくり。調べてみると、中国では食用油の原料として栽培されているとか。そうか、中身がおいしいからネズミなどから守っているんだ。

2個のタネは、大きさや皮の厚さが少し違います。そして不思議なことに、芽を出すタイミングも違います。皮の薄い大きなタネが先に芽を出し、皮の厚い小さなタネはたいがい1~2週間遅れて芽を出します。オナモミの仲間が住んでいる空き地や水辺などは環境の変化が激しく、芽を出しても確実に育つとは限りません。2番手のタネは、1番手が事故にあったときのための保険なのです。

ヒッチハイクと時限発芽装置。トゲの実に鋭い知恵が詰まっています。

▶オオオナモミの実の断面。オナモミ類は1つの実にタネが2つある。2つのタネは大きさや皮の厚さ、それに発芽時期が違う。

▶双葉を出したオオオナモミ

## 面ファスナーの表面

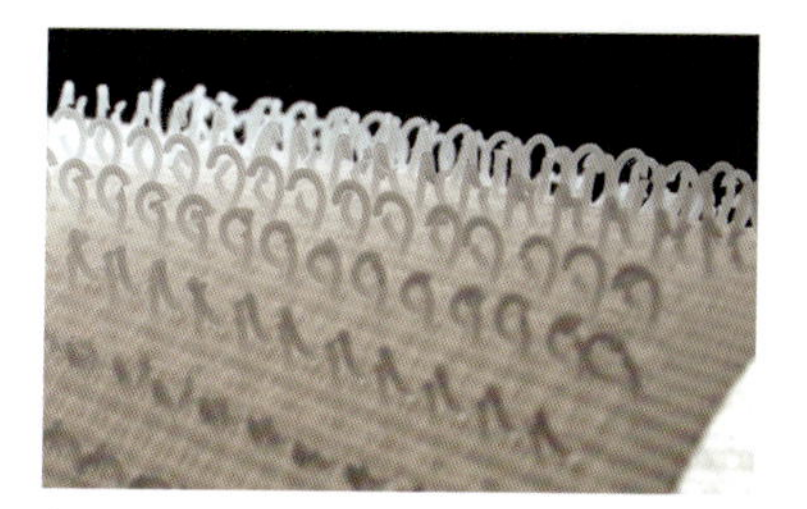

布どうしを貼り合わせる面ファスナー（通称バリバリテープ）の表面。オナモミのトゲのように、先がかぎ針状になっている。じつは面ファスナーは、こうした植物をヒントに考案された。

### 大雄生揉 プロフィール

キク科の一年草で、空き地や河川敷に生える雑草。草丈は30cm～1mほどで、3裂する葉とトゲトゲの実が特徴。日が短くなると花をつける短日植物だが、花は風媒花で目立たない。実は鋭いかぎ針で人や動物に付着する。仲間に在来種のオナモミと、新しい外来種で実の大きなイガオナモミがある。

Column

# ひっつきむし図鑑

▲ 実の柄には鋭い逆さトゲが多数。さらにざらざらした長い剛毛が10数本。これらが「返し」となり、動物の毛や人の服に深く刺さる。

## 力芝
【チカラシバ】

野道や原っぱに生えるイネ科の多年草。高さ60～80cmと大型の雑草。踏まれる場所に根を張り、力を込めても引き抜けないので「力芝」。夏から秋に高さ30～80cmの花序を立て、試験管ブラシに似た穂を出す。実には逆さトゲと長い剛毛があり、服や靴下に深く刺さると引っ張っても取れない。護穎（ごえい）の中のタネだけが落下する仕掛け。

## 猪子槌、牛膝
【イノコヅチ】

野原や林縁に生えるヒユ科の多年草。茎は高さ50～80cmになり、赤くふくれた節から、やじろべえのように左右対称に枝が出る。明るい場所に生えて毛深いヒナタイノコヅチと、林下に生えてほっそりしたヒカゲイノコヅチ（写真）の2変種に分けられている。実の形はほとんど同じ。たやすくくっつくが、たやすく落ちる。でも、落ちるのも作戦の一つ。

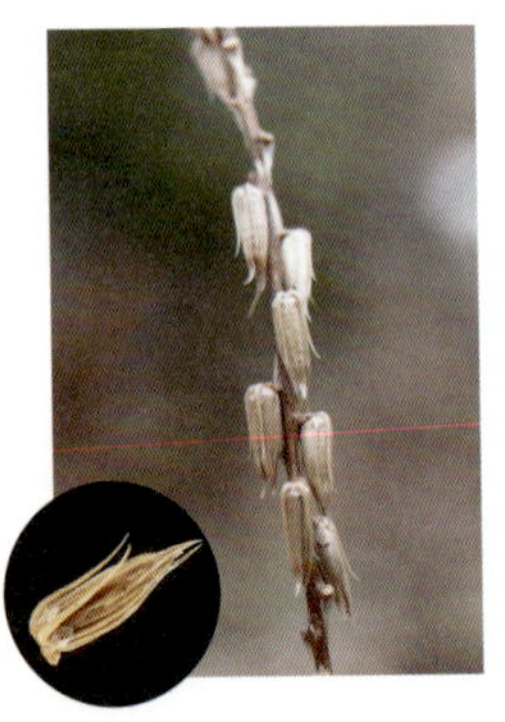

▲ タネは長さ5～6mm。ルーペで観察すると、ヘアピン状の堅い苞が2本ついている。ここに動物の毛が挟まってくっつく仕組み。

## 豨薟

【メナモミ】

キク科の一年草で里の道端に生え、高さ60 〜120 cmになる。トゲトゲのオナモミに対し、こちらはネバネバ。黄色い頭花から突き出る5本の総苞片や鱗片に粘液を分泌する腺毛がある。タネが熟したころに人や動物が触れると、総苞片や鱗片がそれぞれタネを抱きかかえる形でばらばらになってひっつく。粘液が乾く前の、総苞片がまだ緑のうちに運ばれる。

▲ 頭花から総苞片が突き出た様子はヒトデの触手を思わせる。頭花の直径は2cmほどで、花茎に開出毛が多い。小柄で毛がほとんどないのは別種のコメナモミ。

---

▲ 実の表面は玄関マットのように細かい毛がびっしり。さらに拡大すれば毛先がかぎ状に曲がっているのだが、それには顕微鏡が必要。

## 盗人萩

【ヌスビトハギ】

野山の林縁に生えるマメ科の多年草。茎の下半分に3枚一組の葉をぐるりとつけ、上部に花や実のつく枝を広げる。花はピンク。実はサングラスかブラジャーのような形で2つにくびれ、それぞれにタネが1個ずつ入っている。2個セットの実の形を、足袋（たび）を履いた盗人が足音をたてないようにつま先立って、抜き足差し足で歩いた足跡と見た。

## 金水引【キンミズヒキ】

明るい野山に生えるバラ科の多年草。夏から秋に黄色い小花を細長い花序に咲かせる。実は円錐形の萼筒（がくとう）にすっぽり包まれたかたちで径4mm、長さ6mm。萼筒の縁にぐるっと多数のかぎ針があり、これで動物や人を引っかける。

萼筒：萼がくっつき合って筒状になったもの

## 水玉草【ミズタマソウ】

野山の湿った木陰に生えるアカバナ科の多年草。夏から秋に白い小花をつつましい穂に咲かせ、白い毛が密生した径約2.5mmの丸い実を結ぶ。実の表面を覆う長さ1mmの白い毛は、先がかぎ針状で、動物や人にくっつく。

## 小栴檀草【コセンダングサ】

海外から来たキク科の一年草で、道ばたや河原に多い。秋に花びらを欠く黄色い頭花を枝先に点々とつけ、順次実を結ぶ。実は約50個ずつイガ状に集まり、0.8～1.5cmの棒状で、先端に2～4本のトゲがある。このトゲに細かい逆さトゲが多数あり、刺さると抜けない。全体の形は魚を捕るヤスに似る。

## 雄藪虱【オヤブジラミ】

野原や道ばたに生えるセリ科の一年草。葉は細かく分かれてニンジンに似る。初夏、薄紅がかった白い小花を枝先に小さく集めて咲く。実は長さ6mm、表面に赤っぽい毛が密生する。毛は先が軽く曲がり､動物や人にくっつくのが名の由来。仲間のヤブジラミの実は長さ3mmと短い。

## 大根草【ダイコンソウ】

野山の林縁に生えるバラ科の多年草。根際に広がる大きな葉がダイコンの葉に似た形なのでこの名がある。夏に咲く花は径2cmの黄色い5弁花で、花後に多数の雌しべが育って径約1.5cmの集合果となる。秋に熟すと、実のかぎ針が下向きになり、毛や繊維に引っかかる。

## 亜米利加栴檀草【アメリカセンダングサ】

キク科の一年草。北アメリカ原産で空き地や道ばたに生える。頭花は黄色く、周囲を細長い葉が囲む。実はイガ状に集まってつき、2本のトゲがあり、全体で長さ1.2cm。トゲには逆さトゲが多数あり、刺さると抜けない。

Column

# 世界のタネ

誰を引っかける巨大なかぎ爪
地上60mからの大ジャンプ
無風でも飛べる超軽量グライダー
一歩足を踏み出して、
ぐるっと世界を見渡せば、
なんて不思議なタネだろう。
ところ変われば、
森のかたちも住人も違う。
それぞれに異なる世界だから、
タネもそれぞれ個性的なのだ。

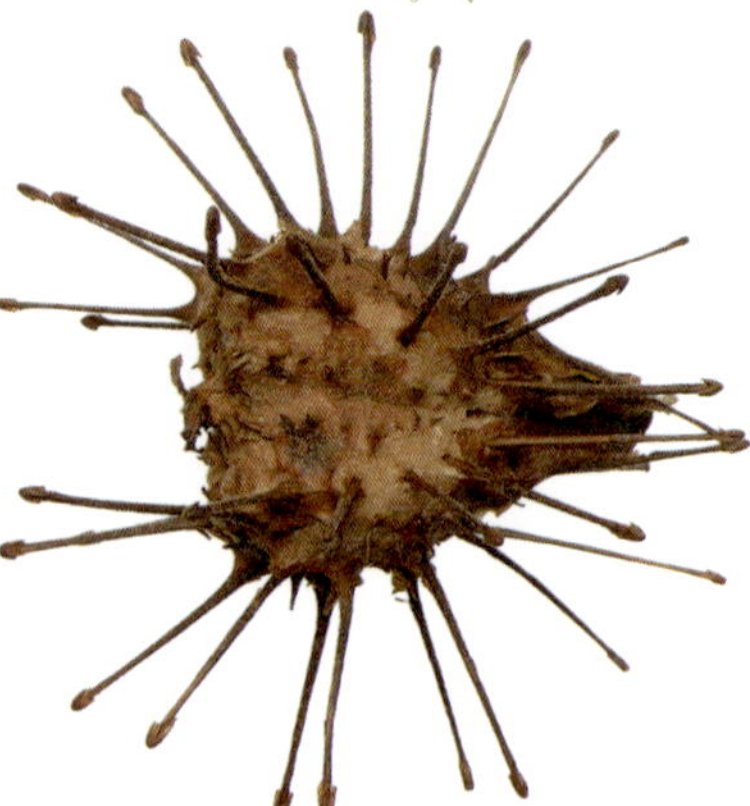

【ウンカリーナ】
ウンカリーナはマダガスカル島に産するゴマ科の樹木の仲間で、乾燥した気候に適応して茎や葉は多肉質。属名の「ウンカ」は鉤という意味で、硬いとげの先はフック状で刺さると抜けずに動物も人も痛い目に遭う。写真はグランディディアリ種の実で、とげまで含めると直径6cmにもなる。特大サイズのひっつきむしだ。

【ツノゴマ】
アメリカ大陸原産のツノゴマ科の一年草。角の長さは12cm。地面に上向きに転がる実を野牛やエルクが踏むと、2本の角が足にがっちりしがみついて離れない。動物の移動に乗じて種子をまき散らす。別名は「悪魔の爪」。一方で若い実は翡翠（ひすい）のまが玉のようで「ユニコーン・プラント」と呼ばれ、野菜になる。

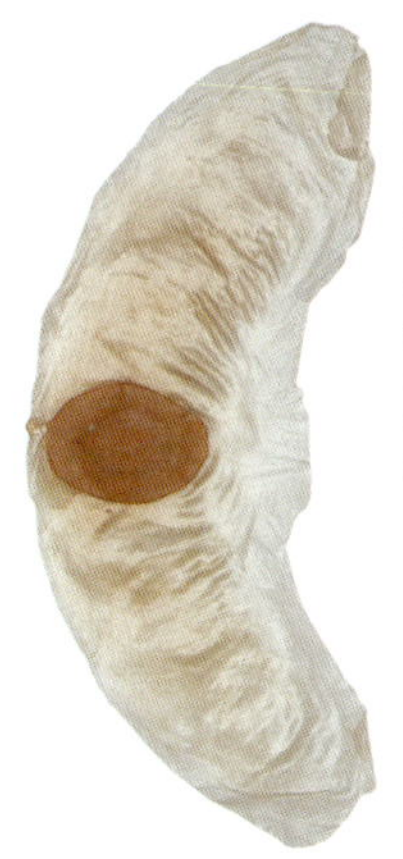

【アルソミトラ・マクロカルパ】

別名ヒョウタンカズラ。熱帯アジア原産のウリ科のつる植物。樹上の実はヘルメット状で、熟すと下部が口をあけ、超軽量のグライダーが1枚ずつ、最大1kmも滑空して飛ぶ。無風状態でも飛べるつくりなのは、そこが風の通らない熱帯雨林だから。航空力学的にも理想的な無尾翼機である。このタネは翼のさしわたし13cmあった。

【フタバガキ】

フタバガキ科の高木で、アジアの熱帯雨林では多くの生物をはぐくむ重要な存在。2枚の翼をつけた実はくるくる回りながら、高さ60mの樹冠から舞い降りる。翼は5枚の萼片のうち2枚が発達したもの。堅い果皮に守られた種子は植物油脂を含み、菓子原料にも使われる。翼の長さは種類により異なるが、10〜20cmほどになる。

【ビルマウルシ】

東南アジアの山地に生えるアナカルディ科の樹木で、樹液はウルシと同様に塗料として利用されている。赤い花弁は、花後に発達して5〜7枚の翼となり、長さ1㎝ほどの柄を介して偏球形の実につく。投げ上げてみるとヘリコプターのように回転しながら落ちてくる。

第3章

# みずからタネを飛ばす植物たち

動けない植物でありながら、みずからの力で動くタネたちもあります。実が動いてタネを飛ばしたり、タネ自体が動いたり飛んだりするのです。

動けないはずの植物がどうやって動くのでしょう。動いて飛ぶタネは、大きく分けて2つの原理、すなわち、乾湿運動か膨圧運動を利用しています。

乾湿運動は、植物組織が干からびた状態にあるときに、湿ると伸びて、乾くと縮む、というセルロー

ス繊維の性質を利用して、実やタネの形を変化させて運動するものです。ゲンノショウコの実、フジのさや、タチツボスミレの実は、この原理でタネを飛ばします。カラスムギのように、タネみずからが運動して土にもぐり込むものもあります。

膨圧運動は、植物の細胞に水が出入りすると、風船のようにふくれたりしぼんだりすることを利用して、実やタネの形を変化させて運動するものです。ホウセンカやツリフネソウの実はこの原理でタネを飛ばし、カタバミはタネ自体がはじけて飛び散ります。

動けないはずの植物たちも、巧みに物理法則を応用して、タネを未来へと送り出しているのです。

最終章では、みずからの力で動いたり飛んだりするタネたちを紹介します。

# 方喰

【カタバミ】 Oxalis corniculata

## 振動を感知して
## みずから飛ぶタネ

ちっぽけな雑草も、精巧なハイテク技術を駆使しています。ハートの葉っぱのカタバミも、そんなハイテク植物の一つです。

## 開閉自在の3つのハート

庭や道ばたに、カタバミが愛らしいハートをちりばめています。葉はハートを3つ寄せたような形で、昔から家紋に使われます。

おもしろいことに、夜に見ると葉は傘のようにたたまれています。寝る子は育つといいますが、葉は「眠る」ことで夜冷えを防ぎ、成長を促します。葉にはタイマーつきの自動開閉装置が備わっているようです。開閉はハートの葉の基部にある細胞の膨圧運動によって起こります。

日射が強すぎたり土が乾いたりする日は逆に軽く閉じて「昼寝」もして、葉の温度や水の蒸散を調節します。「かたばみ」の名も、葉が閉じると片側が欠けて見えるからだといいます。

▶夜に見ると、葉をぴったり閉じて眠っている。葉の片側が欠けたように見えるところから、方喰（かたばみ）の名がついたのだという。

葉や茎をかむと酸っぱい味がします。全体にシュウ酸を含むためで、漢名も「酢漿草」。シュウ酸は多量に食べると体に有害ですが、逆に植物にとっては動物や虫から身を守る武器。この葉の汁で古い十円玉を磨くと、酸の作用で新品みたいにピッカピカに輝きます！

## 振動感知型の発射装置

花も晴れた日の午前中にだけ開きます。光を感じるセンサーが花には内蔵されているようです。花は一日花で、翌日にはもう小さな実ができかけています。

実はロケットみたいな形をして、まっすぐ天を向いて立っています。それを指でつまむと、ピピピンッ！　タネが勢いよく飛び出して、うわっ、びっくり！

タネを飛ばす仕掛けはとてもユニーク。仕掛けは実にではなく、

▶花期は春から秋。花は黄色く、径約1㎝。朝開いて午後に閉じる一日花である。花が終わると、ロケットの形をした実ができる。

意外にもタネそのものに施されているのです。

実の内部で、タネは最初、ゴムボールのような白い袋に包まれています。でも育つにつれて袋の内側の細胞が水を吸ってぐんぐん膨らむために、袋の形を保つのに無理が生じ、裏返ろうとする力が強まります。そして指が触れた瞬間、袋は一気に反転し、その反動で中のタネがはじき飛ばされるのです。いわば振動感知型の発射装置。

うまくできていることに、タネが熟す時期になると、ロケット形の実には、タネが外に飛び出していけるように、ちゃんと割れ目が縦に開きます。その割れ目から、風で揺れただけでも、ピピンッ！　タネが四方に飛び散ります。

タネが飛んだあと、白く残っているのは裂けて裏返った皮の部分です。タネそのものは、目にもとまらぬ速さで発射され、数十cmから1mくらいの飛距離に達します。

それだけではありません。見ればタネが数個、手や服にくっつ

▶タネが熟すと実には縦に裂け目ができ、中のタネが顔をのぞかせる。タネが飛んだあとには、タネを包んでいた白い袋が裏返ったまま残っている。

いています。じつは、袋には接着剤のような液も入っていて、飛んだタネを人間や動物につけて、さらに遠くへ運ばせる作戦なのです。うーん、遊んでいたはずが、してやられました！

そういえば、子どもが宝物にしているメカロボットもボタンを押すとミサイルが飛び出したりするけど、カタバミも巧みさや楽しさでは負けないぞ！　楽しく遊んでね！

## タネが飛ぶ仕組み

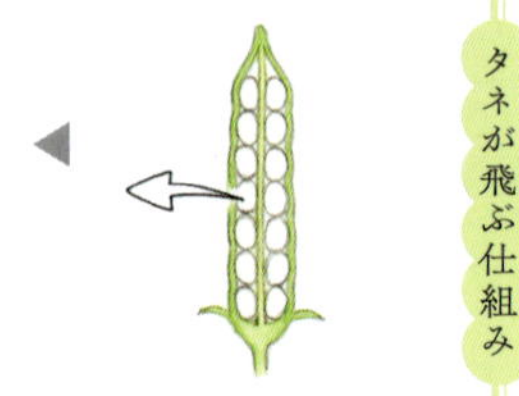

半透明の皮（種皮）に包まれたタネが並んで入っている。

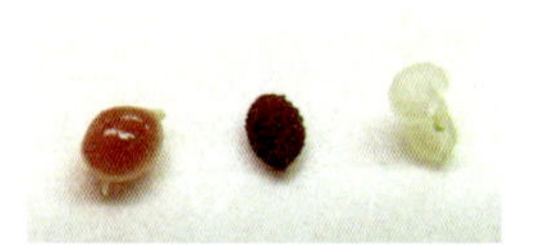

▲ タネは長さ約1㎜。白くて半透明の皮に包まれている。皮が反転することにより、種子が飛ばされる。

飛ぶ直前のタネはまわりの皮が水分を含んでぱんぱんにふくれている。無理がかかり、もう裂ける寸前。
皮は一気に裂けて裏返り、その勢いでタネを一直線に飛ばす。タネが飛び出したあとには、裂けて裏返しになった皮が白く残る。
風で揺れたり指でつついたりすると、その瞬間、タネが一斉に目にもとまらぬ速さで飛ぶ。

方喰 プロフィール
カタバミ科の小さな多年草。庭や畑、道ばたの雑草として、熱帯から温帯に広く分布する。ほふく枝を伸ばしては3つのハートからなる葉で地を覆い、黄色い花を次々に咲かせてはタネを散らしてよくふえる。葉の色は緑から赤紫までいろいろ。下の写真は葉が赤紫色のタイプで、花の中心も赤みを帯びる。

# 現の証拠

【ゲンノショウコ】 Geranium thunbergii

元気にはじける
びっくり神輿

おなかの薬として古くから重宝されてきたゲンノショウコ。じつは花も実もかわいい野花です。野原に繰り出したミニミニ祭り神輿、見〜つけた!

## 現の証拠にぴたりと止まる

医薬が発達していなかった時代、薬草は貴重な存在でした。なかでも、近くの野原ですぐ手に入るゲンノショウコは、大いに助かるおなかの薬でした。

干した茎葉を煎じて飲めば、効果てきめん、「現の証拠」に下痢が治まるというので、それが名前になりました。薬用成分はゲラニインと呼ばれるタンニンの一種で、現在も医薬に使われています。

▶ゲンノショウコの実ができるのは9〜11月ごろ。ロケットを思わせる実は熟して乾くと裂けてまくれ上がり、タネを飛ばす。

# 東西で源平合戦？

夏から秋、愛らしい花が空を見上げて咲きます。5弁の花びらには細い線が描かれ、非常に繊細な印象です。

よく見ると、花の真ん中に雄しべが点々と目立つ花と、先が5つに割れた雌しべが目立つ花があります。あれ、同じ花なのに、なんで違うのでしょう。

雄しべが目立つのは咲き始めの花。雄しべが花粉を出しきったあとに、雌しべが伸びて先が開き、花粉を受け取ります。雄しべと雌しべの成熟時期をずらすことによって、自分の花粉で受粉する事態を避けているのです。

花には紅と白の2タイプがあります。そして、おもしろいことに、源平合戦さながら、西日本には紅花が、東日本には白花が多く見られるのです。中間地帯にあたる近畿地方や東海地方などで

▶紅花株は西日本には多いが、関東地方以北ではほとんど見られない。最近は移植されるケースも多いのか、東日本でも紅花を見る機会がふえてきた。

は、しばしば紅白が混生し、中間色の淡いピンクも見られます。標高の高い山には白が多く、低地には紅色が多いという傾向もあるようです。花色の違いは遺伝的なもので、花びらで赤い色素のアントシアンがつくられるかどうかで決まります。

希少品をありがたく思うのが人の心理。かつて東日本では、数少ない紅花株のほうが薬効が高いとされ、争って採取したそうです。そして、西日本ではその逆が。それが現在の分布にも関わっているのかもしれません。薬効に差はないはずなのですが……。

▶東日本には白花が多い。花びらの紫色の筋は、虫を蜜へと誘導するガイドマーク。雄しべは10本、葯は紫色をしている。

## カタパルト方式でタネを飛ばす

花が終わると雌しべの柱はぐんぐん伸び、ロケットそっくりに天を向きます。その間、基部のふくらみの中ではタネが育ちます。

実は秋に熟します。晴れてよく乾燥した日、皮が裂けて瞬間的にくるるんと巻き上がり、そのはずみで基部に抱え込まれていたタネが1つ、ぽーんと勢いよく飛ばされます。古代ギリシャ軍が使用した投石機、カタパルトとよく似た仕組みです。タネは最大1mほど飛んで、親元を離れます。

5個のタネがすべて飛び去ると、裂けて皮がまくれた実が残ります。これがびっくり、お神輿にそっくり。特に屋根のカーブは絶妙で、それで別名「みこしぐさ」。

秋になれば、野原は小さな神輿でにぎわいます。もしかしたら、野の小人たちの秋祭りに出くわすかも!?

### ゲンノショウコの花と実の育ち方

◀ 咲き始め。濃い紫色の葯をつけた雄しべが、まず伸びる。雌しべはまだ閉じている。

◀ タネが飛ぶ仕掛け

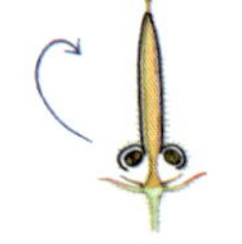

実の基部の部分は、丸くひしゃく状になっていて、その中にタネがすっぽり収まっている。

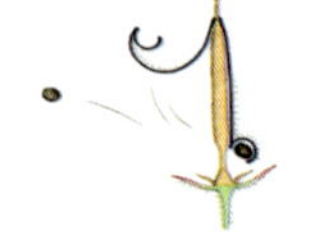

実の皮は乾くと、縦に裂けると同時にくるりとまくれ上がり、タネがびゅーんと投げ飛ばされる。

▲ ゲンノショウコのタネは直径2mm程度。表面はつるつるしていて空気抵抗が少ないので、遠くまで飛ぶ。

雌しべが伸び、赤い柱頭が5つに分かれて広がり、虫が運んできた花粉を受け取る。

雌しべの花柱はぐんぐん伸びてロケットの形に。萼はそのまま残る。実の基部は丸くふくらむ。ふつう、1つの実に5個のタネができる。

実が熟すと基部が軸から離れて、発射の準備が整う。あとは晴れた日を待つだけ。

秋の晴れた日、実が乾いて縦に裂け、タネが発射される。

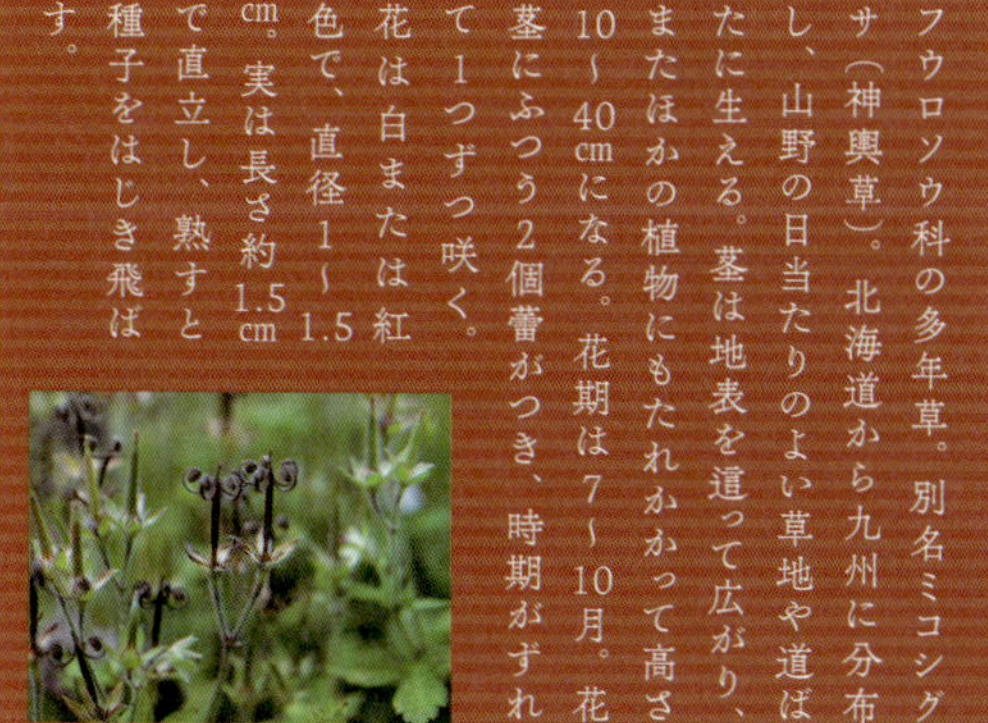

## 現の証拠 プロフィール

フウロソウ科の多年草。別名ミコシグサ（神輿草）。北海道から九州に分布し、山野の日当たりのよい草地や道ばたに生える。茎は地表を這って広がり、またほかの植物にもたれかかって高さ10〜40cmになる。花期は7〜10月。花茎にふつう2個蕾がつき、時期がずれて1つずつ咲く。花は白または紅色で、直径1〜1.5cm。実は長さ約1.5cmで直立し、熟すと種子をはじき飛ばす。

# 藤

【フジ】 *Wisteria floribunda*

さやともに
はじけ飛ぶ
自然の円盤

フジは日本生まれの美しいつる植物。野山にも町にも、4月から5月の新緑の季節には、美しい藤色の花が長い房に垂れて咲き、ほのかに甘く香ります。

## 栽培は万葉時代から

花の時期に列車の窓から眺めていると、あちこち藤色の花の滝がかかっています。これが野生植物かと驚くばかりの美しさ。昔の人々も感動したのでしょう。『万葉集』には庭に咲くフジを詠(よ)んだ歌があり、そのころすでに栽培していたことがうかがえます。平安時代には貴族の間で「藤見の宴(うたげ)」という優雅な遊びも流行しました。一方で、丈夫なつるや樹皮の繊維は縄や布の材料として利用されるなど、一般の人々の生活の中でも大切な植物でした。

樹木としても長寿の部類で、日本各地に樹齢数百年を超す古木があり、花どきには見物客でにぎわいます。別名のノダフジも、

▶これは野生のフジの花。野生株では花の房の長さは30㎝程度だが、園芸品種には1mを超すものもあり、花色も藤色から白、ピンク、濃紫と多彩。

大阪の野田界隈が古来、フジの名所であったことにちなみます。

## どっさり咲いてクマバチを呼ぶ花

花にクマバチが飛んできました。大きく黒い体でちょっと恐く見えますが、大丈夫。蜜を吸いに来ただけ。おとなしいハチです。

花には巧みな仕掛けがあります。ハチが蜜を吸おうと脚を踏ん張った瞬間、花びらに隠れていた雄しべや雌しべが飛び出し、腹に花粉をくっつけるのです。

ハチによって受粉した花は、長さ20cmもある大きなさやの実に育ちます。ところが不思議。あれほど多くの花が咲く花序に、さやはせいぜい2～3個。重いさやを細い軸で支えるには、それが限界なのでしょう。ということは、多数の花の大半は、最初から実る予定のないあだ花。それをあえて咲かせるのは、体の大きなクマバチを呼ぶために、多数の花と多量の蜜が広告として必要だ

▶花はマメ科特有の「蝶形花」で、外から見ても蜜や花粉は見えない。花の仕掛けを知っているハチだけが花びらを押し分けて蜜を吸うことができる。雄しべや雌しべは下側の花弁の間に収納されている。

からなのでしょう。

## よじれて飛び散るさや

冬、葉が散ったフジのつるに、茶色く熟したさやが旅立ちを待ってスタンバイしています。風に吹かれて乾いたさやは、よく晴れた日、バチッ！　突然、大きな音をたてて裂け、タネとともに飛び散ります。タネは径1.5cmほどの平べったい円盤形。びゅーんとフリスビーのように、最大で10m以上も空を飛びます。

破裂は、さやの内部で層をなす繊維が乾燥につれて斜め方向に縮み、形を保つのに無理が生じることで起こります。限界に達した瞬間、さやはよじれながら2つに裂け、反動でタネをはじき飛ばすというわけです。藤棚の下にはタネと一緒によじれたさやも散らばっています。

平たいタネは堅くすべすべ光ります。たくさん拾えば、懐かし

▶フジのさやは晩秋に堅く熟す。

いおはじき遊びに使えます。さやの表面も柔らかな毛が密生し、ここちよいビロードの手触り。

花だけでなく、花のその後も楽しんでみませんか？

**フジのタネが飛ぶ仕組み**

乾燥でさやの繊維が斜め方向に縮む。

▶フジのタネ。平たい円盤のような形をしていて、表面はなめらか。

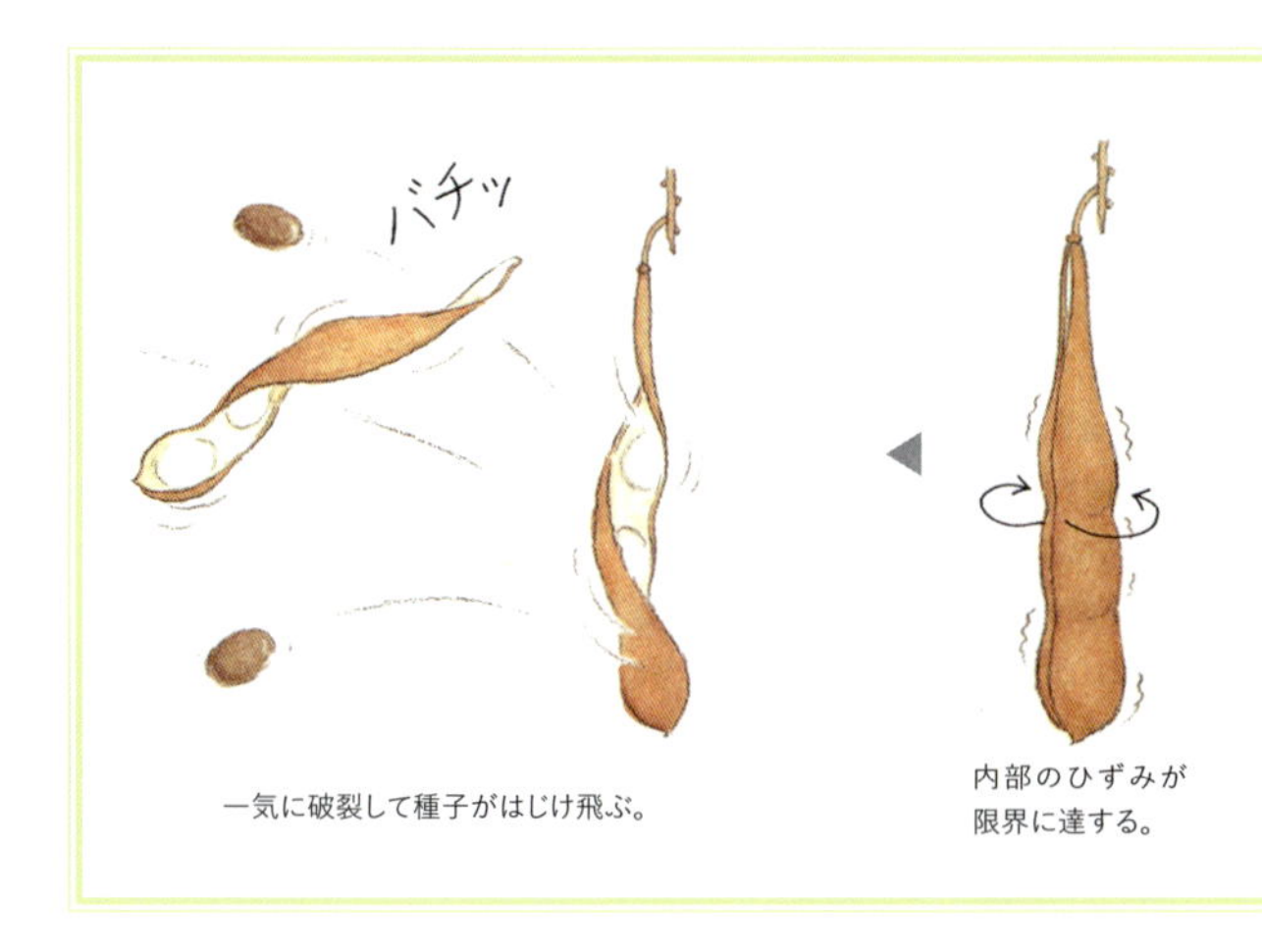
バチッ
一気に破裂して種子がはじけ飛ぶ。
内部のひずみが
限界に達する。

藤
プロフィール
マメ科のつる性落葉樹。別名ノダフジ。日本特産種で本州から九州の野山に自生し、観賞用に栽培される。つるは左肩上がりに巻きつき、太く育ってほかの樹木に覆いかぶさる。4～5月、淡紫色の花が長さ20cm以上の房に垂れて咲く。秋には長さ20cm程度のさやが垂れ下がり、冬にはじけて種子を飛ばす。ヤマフジは西日本に多い別種で、つるは逆方向に巻き、花房が短い。

# 烏麦

【カラスムギ】 *Avena fatua*

自然が生んだ
ミニドリル

こより状に
よじれている

金色に熟れた麦畑の横で、カラスムギも実りの季節を迎えています。大きなカマを振り上げたようなこのタネ、じつは不思議な能力の持ち主です。

## 食用にされない麦畑の厄介者

カラスムギは麦畑の雑草です。麦と同時期に実が熟すので、麦に交じって世界各地に散らばりました。日本へも有史以前に侵入して麦畑の厄介者となっています。

花は晩春に咲きます。とはいえ、イネ科の花は風で花粉が運ばれる風媒花。花自体は目立たず、花の集まり（小穂〈しょうすい〉）を包む2枚の「苞穎〈ほうえい〉」が目につきます。やがて、伸びた穂が頭を垂れて、涼しげに風に揺れます。苞穎はタネが熟すころには白くひらひらと乾き、すてきなドライフラワーになります。

▶花期のカラスムギ。白く垂れているのが雄しべの葯。この時期にはノギはまっすぐに伸びている。実が熟す時期になるとノギは折れ曲がる。

## 熟すとバラバラ落ちるタネ

カラスムギのタネは、熟すそばからばらばら落ちます。この性質を「脱粒性(だつりゅうせい)」といいます。タネが成熟すると基部にすき間ができ、自然に落ちるのです。動物の食害を避けて早く安全な地面の中に逃れられるので、野生植物には有利な性質です。でも人間側から見れば、まとめて収穫できないので栽培には向きません。

野生穀物を栽培化するにあたっては、この脱粒性をなくすことが最大のポイントです。カラスムギから栽培化されたマカラスムギでは、脱粒性は消失し、タネは熟したあとも親の元にとどまります。稲にも同様の歴史があります。昔の人々は脱粒性のない変わりだね（野生植物としてはできそこない）を選び出して、栽培化してきたのです。

大きなノギも穀物としては扱いに邪魔です。マカラスムギでは

▶カラスムギの穂。大きな苞穎と長いノギが目立つ。実は5～6月に熟し、散ったあとはドライフラワーになる。

ノギも消失しています。

## ノギが回って地にもぐる

カラスムギのタネには、大きな「ノギ」があります。全長4cmもあり、中途でカマのように折れ曲がっています。

このノギに秘密があります。水でぬらすと、みるみる動いて回転を始めるではありませんか。回転につれてノギの曲がりは次第に伸び、まっすぐになると回転も止まります。

驚くことに、ノギは乾くときも回転します。しかも逆回りに。同じ数だけ回転して、乾ききって止まると元のカマの形に戻っています。まるで形状記憶合金！

回転の秘密は、カマの柄の部分にあります。乾いているときにルーペで見ると、こより状によじれています。こよりをぬらすとよじれが戻るのと同じ原理の、いわば自動ゼンマイ仕掛けという

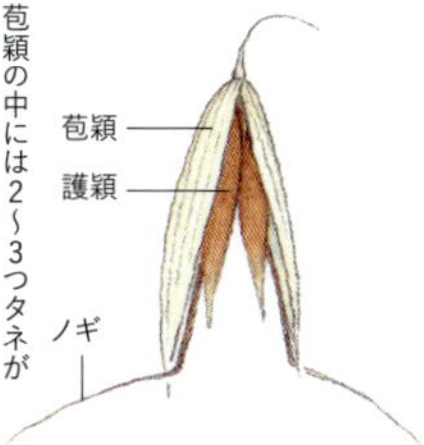

▶苞穎の中には2〜3つタネがある。3つ入っている場合は、真ん中のタネにノギがない。

わけ。

何かにぶつかってノギの回転が妨げられると、タネ自体が回ります。すると、先端がドリルとなり、土にもぐり始めます。先端の逆毛が逆戻りを防ぎ、ぬれたときも乾くときも、土にぐんぐんもぐります。

堅い殻（護穎）の中には、米粒大の穀粒が守られています。雑草とはいえ、ネズミや鳥にはごちそうです。地表にとどまったタネはたちまち彼らに食べられてしまいますが、うまく土にもぐったタネは無事、翌年に芽を出します。

ゼンマイ仕掛けのミニドリル。雑草の知恵に脱帽！

▶植木鉢にタネを置き、もぐらせてみた。ノギの回転が遮られるようにすると、ドリルが回ってタネはみずから土にもぐる。写真は春に芽を出したところ。ノギの曲がりがまっすぐに伸びている。（写真：矢追義人）

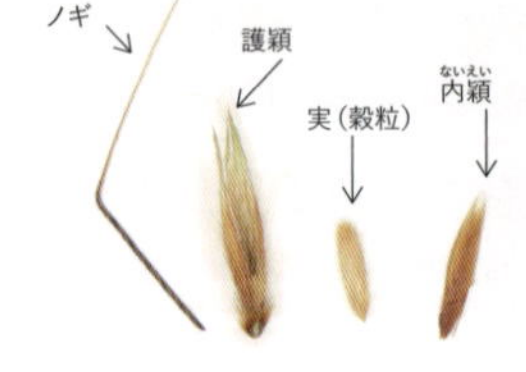

▲1粒のタネを分解すると…

## ノギが回転する様子

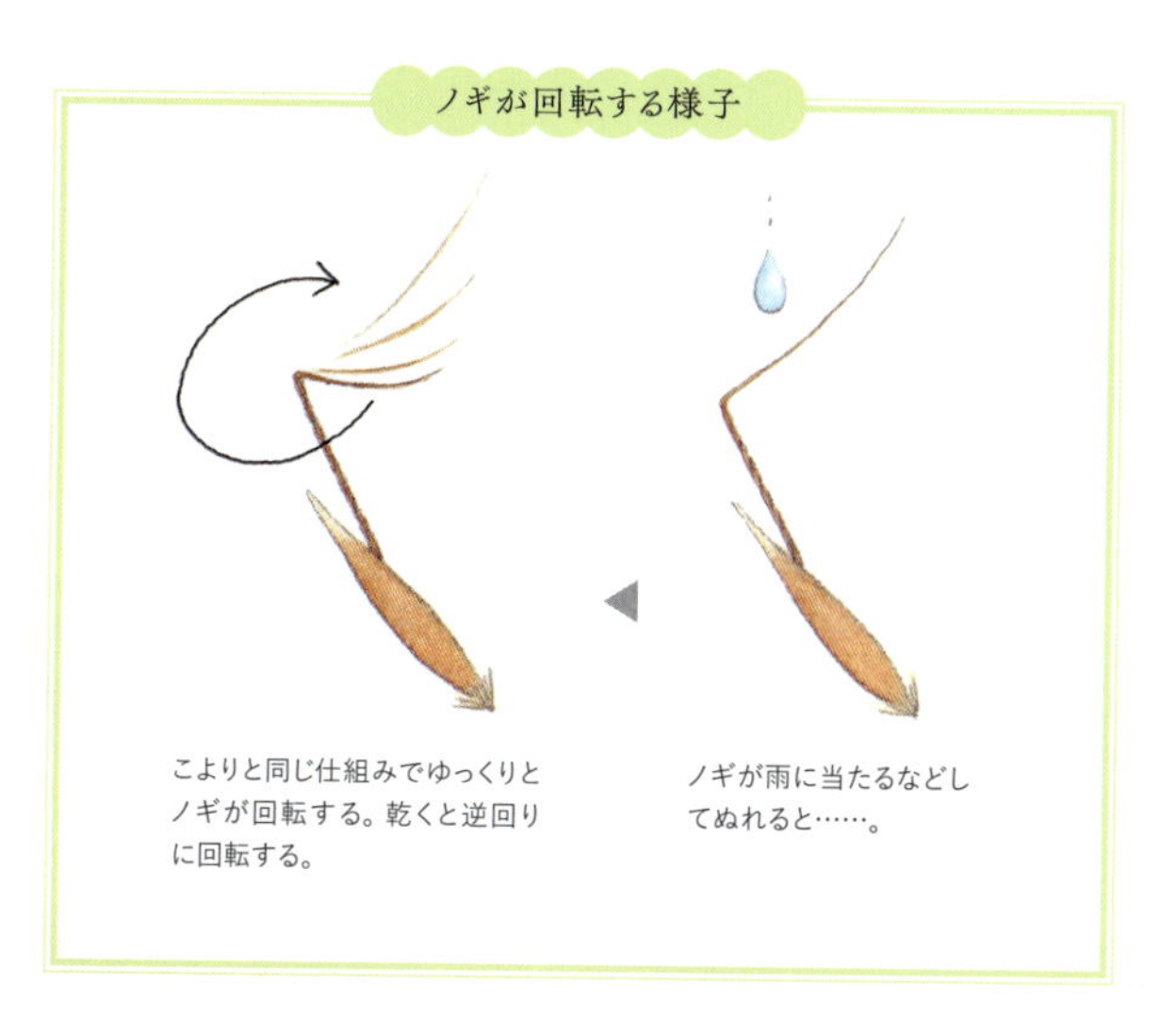

ノギが雨に当たるなどしてぬれると……。

こよりと同じ仕組みでゆっくりとノギが回転する。乾くと逆回りに回転する。

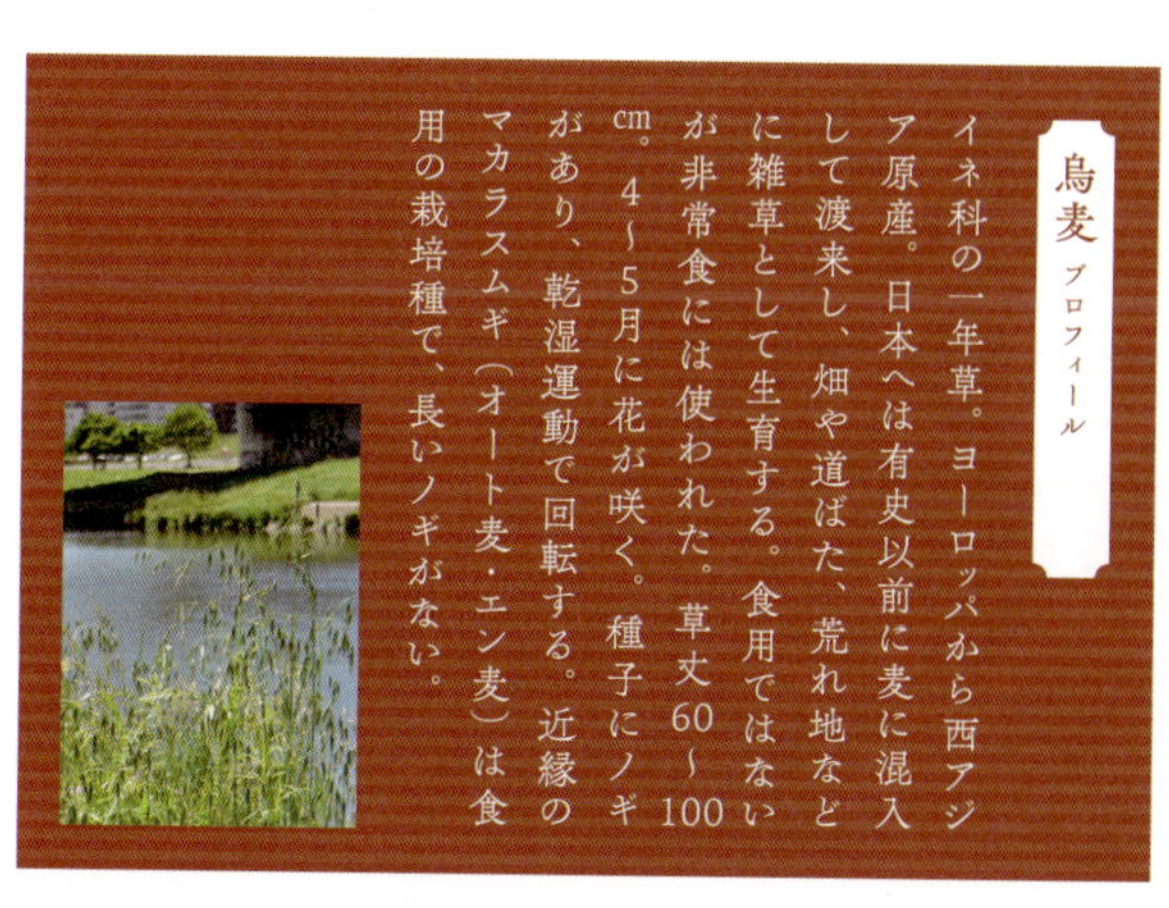

### 烏麦 プロフィール

イネ科の一年草。ヨーロッパから西アジア原産。日本へは有史以前に麦に混入して渡来し、畑や道ばた、荒れ地などに雑草として生育する。食用ではないが非常食には使われた。草丈60〜100cm。4〜5月に花が咲く。種子にノギがあり、乾湿運動で回転する。近縁のマカラスムギ（オート麦・エン麦）は食用の栽培種で、長いノギがない。

# 立壺菫

【タチツボスミレ】 *Viola grypoceras*

## タネの旅は<br>ダブル保証

春の妖精、スミレの花。でも、なぜか春から秋まで実がなって、熟すと、ピンッ! タネを飛ばします。そのタネに、アリがきた!?

## 春の花と「蕾」の花

日本に野生のスミレ類は50種以上、変種も含めれば200種類に及びます。

なかでも身近な種類がタチツボスミレ。野山でも公園の片隅でも、春早くから薄紫色の花とハート形の葉を広げます。

花を横から見ると、後方に天狗の鼻のような突起があります。これは「距(きょ)」といって、中に蜜をためて虫を誘うと同時に、横向きの花のバランスをとる重りになっています。下側の花びらには線状の模様があり、虫を蜜へと誘導します。虫がさし入れた口に花粉がついて運ばれて、花は実を結ぶ仕組みです。

▶花の中心の朱色が雄しべ、後方に伸びる突起が距。ハナバチ類やビロードツリアブが訪れるが頻度は低く、調べると、咲いた花のうち受粉、結実に成功したのは30〜40%だった。

ところが不思議、花は春に咲くのに、夏から秋にも実ができてきます。なぜでしょう?

花の季節が終わると、茎が立ち上がってきて、背が高くなります。それで名前も「立ち」つぼすれみ。そんな時期にもよく見ると葉のわきに小さな蕾が。じつはこれも花。蕾の形に閉じたまま実を結ぶ「閉鎖花」で、花びらは退化し、内部で雄しべが雌しべに接して自らの花粉でほぼ100%結実します。閉鎖花はコストが少なくてすみ、春から晩秋まで次々につくられます。

閉鎖花に対し、春に咲く花を「開放花（かいほうか）」と呼びます。こちらは美しい花びらを広げるためコストがかさみます。

2タイプの花は質的に異なるタネを生み出します。開放花のつくるタネは、虫が別の株の花粉を運んでくるので、親とは異なるさまざまな性質を持っています。いわば新天地を開拓する冒険家。一方、閉鎖花のつくるタネは親の性質を受け継いで、その場所を確実に引き継ぎます。

▶蕾に見えるがこれが閉鎖花で、長さ約3㎜。春の花後から晩秋まで、茎が立つのにつれて葉のつけ根から次々と伸びて実を結ぶ。

▶閉鎖花の内部。花弁は退化し、雄しべの数も少なく、花粉も最低限しかつくられない。雌しべの柱頭と雄しべが接して同花受粉が行われる。(写真:田中肇)

## はじけて、アリに運ばれて

実は紡錘形。その先端につく雌しべの柱頭の痕跡が長いのが開放花の実、短いのは閉鎖花の実です。

熟すと実は上を向き、3つに裂けて広がります。そのボート形の裂片に、5〜6個ずつタネが乗っています。でも乾くにつれてボートの幅は狭まり、タネの乗組員は1つずつ、ピンッ！　とはじき出されます。

どれくらい飛ぶのか、家で一番大きな部屋の真ん中に実を置いて調べてみました。実が裂け始めてからすべてのタネが飛ぶまで35分。最大飛距離は195㎝。もっと飛ぶのかもしれませんが、確かめるには部屋が狭すぎました。

タネの冒険は続きます。野原で見ていると、地面に落ちたタネに、おや、アリが寄ってきました。

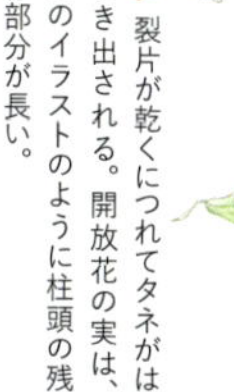


▶裂片が乾くにつれてタネがはじき出される。開放花の実は、このイラストのように柱頭の残存部分が長い。

タネの端にはアリ用のおまけがセットされています。端の白い部分(エライオソーム)は糖や脂肪酸が豊富な甘いゼリー菓子なのです。アリはタネを巣に運び、おまけだけをかじり取ると、タネ自体は巣の近くに捨ててしまいます。でも、それこそがスミレの思うつぼ。巣の周囲の軟らかい土は、小さなタネにとって絶好の苗床になるのです。

2タイプのタネの2段階の旅。これならダブル保障で安心です。もっと遠くに確実に。タネの旅は続きます。

閉鎖花の実が開く様子

◀うつむいていた実は、種子が熟してくると真上を向く。閉鎖花の実は柱頭の残存部がごく短い。

▶閉鎖花由来の種子を運ぶアリ。通りかかったアリが見つけて、すぐさま巣へと運んでいった。

▶タチツボスミレの種子。白い部分がエライオソーム。

果皮が裂けて種子がのぞいた。エライオソームは果皮との接続部分にあるため、この状態では見えない。

果皮が完全に3つに裂けた。やや未熟な白い種子も含めてこの実には10個の種子が入っている。

裂片が水平に開く。すでに2個の種子がはじけ飛んでいる。果皮が裂け始めてから約35分ですべての種子が飛んだ。

## 立壺菫 プロフィール

スミレ科の多年草。日本全国に分布し、明るい林や野原などによく見られる。名の「壺」は中庭を意味する古語で、人家の近くにも多く見られることによる。花期は3〜5月、花は薄紫色で直径1.5〜2㎝、距は長さ6〜8㎜。花後には茎が立って高さ約20㎝になる。

Column

さらに遠くへ！

# アリの宅配便

タチツボスミレのタネは、いったんはじき飛ばされたあと、さらにアリによって運ばれる。タネの端に「エライオソーム」というアリ専用のごちそうがくっついているのだ。

エライオソームは、タネに付属している白や気白色をしたゼリー質の塊で、脂肪酸や糖などを含み、アリをひきつけて運ばせる役割を果たす。

スミレの仲間は、どれもタネにエライオソームを用意している。なかでもアオイスミレのものは特大サイズ。タネと同長かそれ以上あり、アリもいそいそと運んでいく。

おもしろいことにアオイスミレの実はほかのスミレ類と異なり、熟してもタネをはじき飛ばすことをしない。地面に転がった

▶アオイスミレの実は熟してもタネをはじき飛ばさず、地面で口を開く。タネの端の白いものがエライオソーム。

まま「ぱかっ」と口を開き、ひたすらタネがアリに運ばれるのを待っている。タネは100%、アリに移動を頼っているのである。

アリにタネを運んでもらう植物はけっこう多い。特に春から初夏にかけて林の下や草むらの底で実をつける小さな草に多い。それには理由がある。草木が勢いよく繁る中では、風は通らないし、鳥にも見つけてもらえない。そもそもこの時期は鳥も子育てで昆虫食中心のメニューを食べている。そんな状況で、それこそ草の根を分けても小さなタネを見つけてくれる小さな勤勉者に頼りたくなるのは、スミレだけではないということだ。

カタクリ、エンレイソウ、カンアオイ、スズメノヤリ、ニリンソウ、フクジュソウ、エンゴサクの仲間、キケマン、ムラサキケマン、ヤマブキソウ、クサノオウ、タケニグサ、イカリソウ、オドリコソウなど、日本にこうした「アリ散布植物」はさまざまな科にわたって計200種以上が知られている。

都会の片隅でも、ごちそうつきのタネを運ぶアリの姿を見るこ

▶アオイスミレの大きなエライオソームは人気絶大。タチツボスミレのタネのときとはアリの熱意？も違うようだ。

▶イカリソウの種子とエライオソーム。エライオソームの大きさや形状は、植物によってさまざまだ。イカリソウも自力でタネをはじき飛ばしたあと、さらにアリに運んでもらっている。

とができる。

我が家のプランターに生えてきた小さな雑草のホトケノザ。これもアリ散布植物で、タネの端に白いキャップ状のエライオソームをくっつけている。見れば小さなアリが何匹も来ていた。まだ実の中に収まっているタネを引っ張り出してはせっせと巣へと運んでいく。じっと見ていると、およそ5分に1個の速度で、タネはアリに運ばれていった。

タネの端っこに白い塊がついていたら、それはたぶん、エライオソーム。アリの目の前に落としてみたら、さて、何が起こるかな!?

▶ホトケノザのタネを運ぶアリ。ホトケノザはシソ科の小さな雑草。都会の片隅でもタネとアリの関係を見ることができる。

## おわりに

植物は大地に根ざし、動けません。その代わりタネという精巧なマイクロカプセルに生命の機密情報を詰めこむと、新天地をめざす旅へと送り出します。母植物を離れて、大地の束縛から解放された無数のタネは、風や水や動物に便乗して、新しい場所をめざします。空間移動だけではありません。タネは生活に適さない季節をぐっすり眠って飛び越えたり、環境が好転するのを何年も何十年も待ったりして、時を超え、未来にむけた旅もするのです。

しかし旅に成功したとしても、目を覚ましたタネや芽生えには、さまざまな試練が待ち受けています。厳しい環境、激しい競争、そして襲い来る敵の数々。根を下ろして再び地に縛りつけられた幼い植物たちは、忍耐と命がけの戦いを強いられます。

でも、それが植物の生き方。憐憫は無用です。私たち動物とは体の構造や機能、栄養の獲得方法が異なるだけでなく、動物とは全く異なる生き方をしている生き物なのです。タネだけでなく根や茎や葉や花など、その体のどこにも人類が誇る最先端技術のその先を行く構造や機能があることに気がつきます。こうして植物は、環境の厳しさや変動に対応しながら、はるかな時を生きてきたのです。

私たちに身近な植物たちにも、巧みなしかけや能力が備わっています。タネの旅は植物たちの冒険の小さな始まり。どうぞ、彼らのその後も温かく、そして科学的好奇心をもって見守ってください。

本書は、『身近な植物に発見！種子たちの知恵』（ＮＨＫ出版：２００８年）に新たな内容や写真を加え、オールカラーの文庫本としてリニューアル出版したものです。初出は『趣味の園芸』（ＮＨＫ出版：２００５年〜２００７年）の連載「この植物にこのタネあり」で、当時からは20年近く経過していますが、自分で読み返しても斬新な視点や内容だと我ながら感心しています。この間に自宅の実やタネのコレクションは数も占有スペースも相当なものになりました。

写真は白背景写真も含めて私の撮影ですが、数点は植物仲間の北村治さん、田中肇さん、筒井千代子さん、矢追義人さんにお借りしました。イラストは江口あけみさんで、優しくて正確なイラストをこのたびオールカラーで掲載できてうれしいです。出版にあたり、NHK出版編集部の上杉幸大さん、そして山と溪谷社編集部の井澤健輔さんに心から感謝いたします。

思えば、友人や自然観察仲間、大学の恩師や研究室のメンバー、家族、そして読者の方々、みなさんに支えられて、この本ができました。それから植物たち、動物たちにも。どうもありがとう！

40ページ紹介のガガイモの論文は以下の通り。
田中肇・秦野武雄・金子紀子・川内野姿子・北村治・鈴木百合子・多田多恵子・矢追義人. 日本のMilkweedガガイモ(ガガイモ科)における花の雄花両性花同株性表現と昆虫による花粉塊授受、とくに花の形態との関係. Plant Species Biology (2006) 21, 193-199
http://kita-k.life.coocan.jp/ga/gaga_betu1.html
インターネットで、田中肇、ガガイモ、と検索すると全文が日本語で読めます(2024年8月現在)。

本書は二〇〇八年五月に発刊されたＮＨＫ出版『身近な植物に発見！種子たちの知恵』を再構成し、加筆修正のうえ、文庫化したものです。

著者略歴

多田多恵子（ただ・たえこ）
東京都生まれ。東京大学大学院博士課程修了、理学博士。植物生態学者として植物の繁殖戦略、虫や動物との相互関係などを調べている。ナチュラリストとしてフィールド観察会などでも活躍し、NHKラジオ子ども科学電話相談、NHK・Eテレ「趣味どきっ！『道草さんぽ』」などにも出演。著書に『道草ワンダーランド　まちなか植物はこうして生きている』（NHK出版）、『美しき小さな雑草の花図鑑』（山と溪谷社）、『びっくりまつぼっくり』（福音館書店）、『ようこそ！葉っぱ科学館』（少年写真新聞社）など多数。写真撮影も手がける。植物科学の普及への功績により二〇二一年松下正治記念賞、二〇二二年日本植物学会特別賞を受賞。

イラスト　江口あけみ
写真・情報提供　北村治、田中肇、筒井千代子、矢追義人
装丁・本文デザイン　田中聖子（MdN Design）
編集　単行本　上杉幸大（NHK出版）
文　庫　井澤健輔（山と溪谷社）

# 旅するタネたち　時空を超える植物の知恵

二〇二四年十月一日　初版第一刷発行

著者　多田多恵子
発行人　川崎深雪
発行所　株式会社　山と溪谷社
郵便番号　一〇一―〇〇五一
東京都千代田区神田神保町一丁目一〇五番地
https://www.yamakei.co.jp/

■乱丁・落丁、及び内容に関するお問合せ先
山と溪谷社自動応答サービス　電話〇三―六七四四―一九〇〇
受付時間／十一時～十六時（土日、祝日を除く）
メールもご利用ください。
【乱丁・落丁】service@yamakei.co.jp【内容】info@yamakei.co.jp
■書店・取次様からのご注文先
山と溪谷社受注センター　電話〇四八―四五八―三四五五
ファックス〇四八―四二一―〇五一三
■書店・取次様からのご注文以外のお問合せ先
eigyo@yamakei.co.jp

印刷・製本　大日本印刷株式会社
定価はカバーに表示してあります

Printed in Japan ISBN978-4-635-05005-0

# 人気配信者たちの<br>マネージャーになったら、<br>全員元カノだった

著：柊咲<br>イラスト：さかむけ

GCN文庫

# プロローグ　物語の再開

——どうして、こんなことになってしまったのだろう。


「……先輩、すっごく興奮してますね」

寝室に移動した俺と彼女。

ベッドに腰掛けた俺へと、彼女は四つん這いになって近づいてくる。

Tシャツの胸元が垂れると、その先に見えた豊満な谷間へと無意識に視線が釘付けになってしまう。

「あっ、おっぱい……気になりますか？」

俺の視線に気づいた彼女は隠すことなく不敵な笑みを浮かべ、さらに深くまで見えるようにTシャツの襟もとを指で下げる。

純白で柔らかそうな乳房に黒の生地に花の刺繍のブラ。それらを見た瞬間、俺は目線を逸らした。

彼女は目の前まで這い寄ってくると、勢いよくTシャツを脱ぎ捨てた。

「いいですよ、もっと見て。むしろ見るだけじゃなく、触ってください。……付き合ってたときみたいに、めちゃくちゃにしていいですから」

「いや、だが」

断ろうとした俺は彼女の後ろに視線を向ける。

そこにはいつも彼女が配信で使っているイスと机、それにパソコンが置かれていた。

パソコンの壁紙には彼女のもう一つの〝顔〟であるキャラクターが設定されている。そのキャラクターには世界各国に多くのファンがいる。本気で彼女に恋をするファンも、人生を捧げて応援するファンもいる。

そんな世界中から愛されたキャラと同一人物である彼女は、俺以外には誰もいないこの部屋で下着姿になっていた。

誰も知らない本当の彼女。

そんな彼女がめちゃくちゃにしてと頬を赤く染めながら誘ってくる。そのことを意識すると、自分の中にある醜い一面が昂(たかぶ)っているのがわかった。

「あっ、くすくす」

あの頃と何も変わらない、独特な笑い方をする彼女は俺の視線に気づくと、視界を奪うように跨(また)がって座った。

熱を帯びた肌が重なり、俺の身体に押し付けられた豊満な胸の柔らかさ。それら全てが懐かしく――あの頃の消し去ろうとした思い出が蘇ってくる。

「付き合ってた頃のこと、思い出してたんですよね？」

「なんのことだ。俺はただ」

「くすくす、忘れちゃったんですか？　じゃあ、思い出させてあげますね」

彼女は俺の手を掴むと、自分の背中へと誘導する。

微かに汗ばんだ肌に触れ、ブラジャーのホックに手を触れる。

溢れ出す唾を飲み、苦しいほど速くなった鼓動を抑える。

「……外してください」

耳元で囁かれ、何の意識もしていないのに指先が勝手に動いた。

背中の留め具が外れたことでブラジャーがお辞儀をして、肩紐が細い腕を滑る。

豊満な乳房と突起した乳首が露わになっても彼女は慌てない。それどころか密着させていた身体を離し、俺の両肩に手を置く。

「乱暴に触っていいですよ？　乳首をつねってもいいですよ？　先輩の好きなように、めちゃくちゃにしてください」

彼女は跨った腰を前後に揺らす。

「意地張らないでください、先輩。メイと一緒に、あの頃に戻りましょう……？　メイの心も身体もめちゃくちゃにしたあの頃に」

「いや、俺は！」

「忘れられるわけないじゃないですか。だって先輩は悪い人なんですから」

くすくす、と。

彼女は俺の本性を見透かすように、消そうとした過去を甦(よみがえ)らせようとする。

「普段は真面目で優しい先輩。だけど消せない、隠せない裏の顔がある。ねえ、先輩？」

彼女は俺の唇に自分の唇を近づけると、寸前で止めた。

「だって先輩は、人気者の女を自分に依存させて心も身体もぐちゃぐちゃに壊して興奮するような、正真正銘のクズ野郎なんですから」

「やめろ、俺はもう……」

「だけど心配しないでください。そんなクズな先輩でも、メイはずっと側にいますから。それに誰よりも昂らせてあげます」

――だから。

彼女は俺を引き寄せ後ろに倒れる。

小柄なのに破壊力のある大きな双丘が揺れると、彼女は両脚を開いて濡(ぬ)れた秘部を俺に晒(さら)す。

「あの頃みたいに、またためちゃくちゃに犯してください……。きてっ、先輩」

気付くと俺を止めていた枷(かせ)は壊れていた。

「――メイッ！」

ズボンのチャックを下ろすと、怒張して苦しそうにしていた肉棒を取り出す。その瞬間、彼女の表情は満開に咲き誇る花のように明るく輝いた。

「あんッ♡　は、はい、いいですよ♡　もう、こんなにぐっしょりと濡れてますから♡　遠慮しないでそのまま、一気に——あ、んあああぁ……っ♡」

勃起した肉棒は血管が浮き出て、今すぐ目の前の女を犯したいと叫んでいるようだった。

こんなにも痛いほど勃起したのはいつ以来だろうか。俺はそのまま彼女の両脚を持ち、愛液を漏らす膣穴へとペニスを押し当て——一気に奥まで挿入した。

その瞬間、嫌なことも悩んでいたことも不安だったことも全て、快楽の波に飲まれて消えた。

——どうして、こんなことになってしまったのだろう。そう、あれは数日前のことだった。

# 第一章　元カノとの再会

「研修が終わったら事務所に行く、だったよな」

午前中の研修を終えた俺は、昼食をとるために訪れていたファミレスから出て伸びをする。

研修は座学のみで眠気との戦いだった。だけどご飯を食べて、午後の内容を思い出して気持ちが上がる。

「これから俺が担当する配信者さんとの顔合わせか」

俺は事務所のあるビルへと向かって歩き出す。

ごく普通の人生を送ってきた俺――橘恵(たちばなけい)は大学を卒業して、動画配信サイトなどで活動する配信者をサポートする事務所『ルートスター株式会社』に就職した。

主な仕事内容は配信者への様々なサポートだ。

女優とか俳優とか、そういった有名人のスケジュール管理をするマネージャーに近いが、テレビに映る有名人と動画配信サイトなんかで活動する配信者は違う。それは午前中にあった研修ではっきりと理解させられた。

「この会社、コンプライアンス研修長すぎだろ」

研修で念を押されて、コンプライアンス違反にだけは気を付けてと言われた。それはたぶん、俺がこの会社に就職する前に起きた、とある事件が理由だろう。

「とはいえ、今はそこまで気にする必要ないか。それより」

担当する配信者さんとの二人三脚がこれから始まる。俺は気を引き締め、事務所へと入っていった。

「失礼します」

扉を開けると、静かな事務所に俺の声が響く。

あれ、午前中にここへ来たときはこんな静かじゃなかったような。それに人の姿がない。

俺は時計を見る。12時55分。やっぱり時間は合っている。

外で待っていたほうがいいのだろうか。そう思い事務所を出ようとすると――。

「――ちょっと、どうしてそんなことしたのよ!?」

事務所の奥から女性の声が聞こえた。

面と向かって会話をするときとは違った声量、それに怒りの感情のこもった声。相手からの返事はない。それから少し間が空いて。

「仕事のことじゃなくても何かある前に相談してって、あれほど言ったじゃない!」

また同じ人の声が聞こえた。おそらく電話で話しているのだろう。

俺は恐る恐るといった感じで声のあった方へと近付く。

女性が受話器を耳に付け、その周囲を他の社員が囲む。周囲の人たちは頭を抱えたり呆れたようにため息をつく。そんな表情を見てすぐ何か問題があったとわかった。

「あっ、橘くん」

声をかけていいものなのか。そんなことを考えていると、困り顔の小太りの男性が俺の存在に気が付いてくれた。

午前中の研修をしてくれた相良さんという社員の方だ。

「ご、ごめんね、じゃあ行こうか」

周りに聞こえないほど小さな声。

俺は相良さんの後をついていくように事務所のドアを出て、長い廊下へ移動する。

「はあああああ、まいったよ」

「何かあったんですか？」

聞いていいことなのかわからなかったが、ここまで気になる反応をされて聞かないという選択はできなかった。

「いや、所属タレントがやらかしちゃってね」

「やらかした？」

タレントというのは、ルートスター株式会社に所属している配信者の呼び方だ。

駐車場へ出ると、相良さんは車のドアを開けた。

おそらく社用車ではなく自分で所有している車なのだろう。何かのアニメキャラクターのぬいぐるみがいくつも置かれていた。

ハンドルを握った相良さんは車を走らせる。

「やらかしたというのは何をですか？」

「……ファンの女の子と、やっちゃったんだよ」

「えっ!?」

ファンの女の子とやった、と言われて思いつくことなんて一つしかない。

「その相手の子、未成年だったらしいんだ」

「あー」

言葉にしなくても、お互いに理解した。

「うちに所属する男性タレントが言うには、出会ったとき相手の女の子は『21歳です！』って答えたらしいんだ」

「要するに騙(だま)されたってことですか？」

「みたいだね。ホテルに入ってから本当の年齢を聞かされたらしい。そこで止(や)めておけば良かったのに……その時にはもう止められなかったって」

「それで、欲望のままにしちゃったと」

「どんだけ女に飢(う)えていたんだよ、クソがあああ！」

ハンドルを握る手に力が入っていたが、すぐに相良さんは我に返る。

「ご、ごめん、取り乱しちゃった」

「いえ、大丈夫です。それで、その男性配信者はどうなるんでしょうか？」

「まあ、契約解除だね。ただ、担当していた彼女――加藤さんもどうなるか」

「監督責任みたいなことでしょうか？」

相良さんはコクリと頷いた。

「橘くんも、これから担当する所属タレントのプライベートは逐一把握しておいた方がいいよ」

「ですが、プライベートなとこまで首を突っ込まないでほしいとか言われたりしませんか？」

「まあ、言ってくる人はいるね。だけどそこで気を遣って放置していたら、いつの間にか不祥事を起こしていた……なんてこともあるから。特に異性関係は不祥事の宝庫だから要注意だよ。小さな噂がネットの波にたった一日揺られただけで大きな噂に変わっていた、なんてこと多々あるから」

相良さんはそこで区切り、深いため息をつく。

「何か問題を起こして詰むのは当人だけでなく、管理しているこちらもだからね」

どうして担当するタレントのプライベートを把握しておかなければいけないのか、それは午前の研修で嫌というほど聞かされた。

このルートスター株式会社は俺が内定を貰(もら)ったその日、所属タレントが大きな不祥事を起こしたことで大炎上した。

内容としては男性から大人気の女性配信者に恋人がいることが発覚したのだ。

恋人がいただけで炎上？

何も知らない人は不思議に思うだろう。それに所属しているタレントたちはアイドルのように〝恋愛禁止〟というわけではなかった。

それでも恋愛についてはかなり厳しく見られてしまう配信者も中にはいる。それは〝ガチ恋勢〟と呼ばれる、配信者に本気で恋をしている者たちをファンに持つ配信者だ。

そういったファンを持つ配信者が恋人の存在が明るみに出て炎上した、というのはよくあること。ファンがぶち切れ、多方面に莫大な損害を与え――酷い場合、当人たちの個人情報まで特定されたなんてケースもある。

配信者は恋愛をしてはいけない、なんてアイドルじゃないのだから強制もできない。なので、もしするなら絶対にバレるなということだ。

そして担当する配信者に問題を起こさせないようにと、研修中に何度も釘をさされた。

「よし、着いた」

相良さんは近くの有料駐車場に車を停めると、マンションへと向かった。

嫌な話を聞いた後だから少し足取りは重いが、そうも言ってはいられない。一階でインターホンを鳴らしロックを解除してもらい、エレベーターで八階まで向かう。

　部屋の前に到着すると、相良さんがインターホンを鳴らす。

『……はい』

「お疲れ様です、相良です」

　相良さんの明るい声とは違い、インターホンから聞こえてきた女性の声は疲れたように小さかった。

　少し経ってから、ドアが開けられた。

「お疲れのところ、すみません。今日は前にお話ししていた引継ぎの件でお伺いしました」

「……そう、でしたね。入ってください」

　相良さんから少し離れた位置にいるから顔は見えないけど、かなり素っ気ない態度に感じられる。

　たぶん疲れているのだろう。そういえば朝まで配信していたって相良さんが言っていたか。

　相良さんに手招きされて、俺も家の中へと入っていく。

「昨日の配信も凄かったですね。同接二万人超えでしたよ」

「ええ、嬉しくて予定以上に長く配信してしまいました……」

「まあ、体調管理だけは気をつけてください。あっ、橘くんを紹介しますね」

　リビングに案内され、俺は初めて彼女の顔を見た。

「これから担当させていただきます、橘恵と申します。よろしくお願いしま——」

ふと、言葉を詰まらせた。彼女の顔に見覚えがあったからだ。

彼女も疲労が見えた表情から一変、同じく目を大きく見開き驚いていた。

彼女は俺の幼馴染(おさななじみ)であり中学生のときに初めてできた彼女——早瀬彩奈(はやせあやな)だった。


『——ごめん、恵。私たち、別れよう』

放課後。中学校の教室。

夕焼けの光が窓から差し込み、外からは野球部の怒号に近い掛け声が聞こえてくる。

『東京に行くこと、決めたのか?』

少し前から彼女にそう言われる予感はしていた。ただ実際に言われると、全身から嫌なほど変な汗が溢れ出てくる。

『ごめん、なさい……。やっぱり、モデルになりたいって夢を諦(あきら)められない』

『そっか』

『本当に、本当にごめんなさい』

涙を流しながら彼女は何度も頭を下げた。

彼女とは家が隣同士で家族ぐるみの付き合いという、よくある幼馴染の関係だった。最初は友達で、異性としてお互いを意識し始めたのは中学に入学してから。

俺から告白して、彼女も同じ気持ちだと言ってくれて付き合うことになった。

期間は一年とちょっと。付き合う前から一緒にいることが多かったけど、恋人になってからは、違った形で毎日が楽しかった。

『別に謝ることなんかないって。モデルになりたい。彩奈の小さい頃からの夢だって知っているから』

俺たちが住む街から東京へは、飛行機に乗らないといけないほど遠く離れていた。

遠距離恋愛。という選択肢が頭に浮かんでも、それにお互いが堪えられる自信はなかった。

もし堪えられたとしても、このまま付き合っていたら俺という存在が彼女の夢の邪魔をする気がして、その選択肢を言い出せなかった。

『だけど！　……だけど』

『俺はお前の夢を応援しているから。だから、泣かないで』

彼女の泣き顔を見ていると、俺の頬にスーッと涙が垂れる。

それを拭って笑おうとすると、余計に涙が溢れてくる。

『と、とにかく、俺は応援しているから！　だから行ってこい。なっ、彩奈』

『恵……。ありがとう。私、頑張るから。絶対にモデルになるから』

彼女は涙でぐしゃぐしゃになった顔のまま、無理に笑ってみせた。

幼馴染であり、中学生のときに初めてできた彼女——早瀬彩奈。

そして数日後、彼女は小さい頃からの夢だったモデルになるため、一人東京へと引っ越した。


中学生のときは腰辺りまで伸ばしていた黒髪は肩ぐらいまでに切り揃(そろ)えられていた。目鼻立ちが良く、切れ長な目は可愛(かわい)いというよりも綺麗(きれい)な大人びた印象を受ける。

背丈は165センチほどと高く、すらっとした体型。久しぶりに再会した彩奈は、本当に綺麗な女性に変わっていた。

「えっと……」

お互いに目を合わせたまま固まった。

「あれ、もしかして知り合いでしたか？」

相良さんはオドオドとしたまま俺と彩奈を見る。

「もし気になるようであれば引継ぎは止め、このまま自分が担当を——」

「——いえ、知り合いじゃないので大丈夫です」

彩奈は、はっきりとそう言った。

当然ではあるけれど、透き通った今の声は、中学生のときの幼い声から変わっていた。

「そうでしたか。彼は今日から彩奈さんの担当になる橘恵くんです」

視線を下げ、自分の腕を掴む手にギュッと力を込める彩奈。

そして彼女は俺を見ると、頭を下げた。

「早瀬彩奈と申します。今日から、よろしくお願いします」

他人行儀の挨拶。どこか余所余所しい言葉。

「彼女は女性向けの配信をメインにしていて――」

「相良さん、後は自分で説明しますので」

「え、でも……」

「担当していただく方には、自分で説明したいんです」

彩奈の言葉を聞いて、何も知らない相良さんは「そうですね」と手を叩く。

「わかりました、では後のことはお任せしますね」

相良さんは来て早々に部屋を出て行った。

◆

リビングに俺と彩奈の二人っきりになると、彼女はソファーに腰掛ける。

「……久しぶり、恵」

「俺のこと、覚えていたんだな」

「当たり前よ。忘れるわけないじゃない」

彼女に促されて、俺は近くにあったイスに座った。

「まさか新しい担当さんが恵だなんて思ってもみなかった。恵も私のこと、何も聞かされてなかったんでしょ？」

「まあね。出発前に色々あって相良さん忙しそうだったから。忘れていたんだと思う」

「大事なことなのにね」

苦笑いを浮かべる彩奈だったが、俺も彼女も、本当にしたい話は違うのだとわかっている。

ただその話をしていいのかわからず聞けなかった。

お互いに沈黙が続く。だが、聞かないと始まらないと気付く。

「モデルになるって夢、どうだったんだ？」

彩奈は何も言葉を返さなかった。

きっと聞かれたくないことなのだろう。そんな話をせず、仕事だけの関係になればいいんだと思うけど、彼女の口から聞きたかった。

「……諦めちゃった」

配信者として活動しているのだから、そうなのだろうとは思っていた。

「夢を見て東京に来たのに、一度もモデルとして仕事することなく諦めちゃった。恵に応援してるって、背中を押してもらったのに」

彩奈は流した涙を隠すように、抱えた膝に顔を埋めながら言った。

「私、ダメダメだった。世の中には私よりも凄い人がたくさんいて、どんなに努力をしても駄目だった。何度オーディションを受けても落ちて、養成所に通うお金が必要だから何時間もバイトして、頑張っていたけど、心が先に折れちゃった」

小さい頃から彩奈はモデルになりたいと口にしていた。

努力家だということも、幼馴染である俺は知っていた。そんな彼女が途中で心が折れてしまったというのなら、相当な辛い経験をしたのだろう。

「相談してくれてもよかったじゃないか」

「そんなの――」

顔を上げた彩奈は目元を涙で濡らしていた。

「そんなの、できないよ。私の我が儘で別れたのに、辛いからやっぱりモデルになる夢を諦めるなんて言えるわけない。あなたのことを苦しめたのに、相談なんて」

「俺は付き合ったことも、別れる選択を受け入れたことも、後悔なんてしてない。俺は彩奈と付き合えた一年は楽しかった。その考えは今も変わってない」

「恵……」

「だからさ、彩奈のファン一号である俺に相談してくれてもよかったんじゃないのか？　まあ、相談してもらって何かできるわけじゃないけどさ」

俺は笑いながらそう伝えた。

正直いえば、モデルになれなかったことは薄々だが知っていた。彼女が東京へ旅立ってから、俺はずっと早瀬彩奈というモデルの名前をネットで検索し続けた。だけど引っかかることはなかった。それに彩奈の両親からも上手(うま)くいっていないことは聞いていた。俺から連絡を取ろうかとも思ったけど、連絡してなんて声をかけていいかわからなくてできなかった。

「ありがとう、恵……」

「気にするなって。それに今は、別のことで頑張っているんだろ？」

新しく自分のやりたいことを始め、その努力が実を結んだ。

「その手伝いを今度は隣でできる。次は彩奈を一人にさせないから、何かあったらなんでも相談してくれよ？」

そう問いかけると、彩奈は涙を拭(ふ)いて笑みを浮かべた。

「うん！」

その表情が変わらず綺麗で見惚(みと)れてしまった。誤魔化すように話題を変えようとするも、

「あー、えっと、あれ、今日何しに来たんだっけ」

ここへ何しに来たのか飛んでしまった。そんな俺を見て彩奈は口元に手を当て笑う。

「もう、仕事でしょ。しっかりしてよね、マネージャーさん？」

「わかってるって。ただ空気を明るくしようとしてボケただけだから」

「はいはい。じゃあここ座って」

二人でソファーに座り、彩奈からチャンネルページを見せてもらう。

【彩奈ちゃんねる】

彩奈のチャンネル名で、配信内容は主に美容やメイク、ファッションなんかをメインに取り上げているチャンネルだ。

視聴者の男女比は九割が女性。残りの一割も美容やファッションなどを勉強するために視聴している男性で、顔出しをしているが〝異性として好き〟という感情を持つ男性視聴者はほとんどいないらしい。

――が、女性ファンから向けられる感情の中には〝異性以上に愛おしい存在〟といった、まるでお姉様に向けるような感情を抱えるファンもいる。

美しい女性への憧れ、尊敬、といったものだろう。

それに関して彩奈も不満はなく、そういった感情を向けてくれるのは素直に嬉しいそうだ。

「ただ、少し過激なファンの人も中にはいるの」

配信内容や配信を行う時間帯などを確認していると、彩奈は難しそうな表情を浮かべながら自分のスマホを俺に見せる。

それはSNSのメッセージ画面だった。表示されていたのは軽い挨拶から始まり、自分がどれだけ彩奈のことが好きかを書き記した後――自分の願望を押し付ける内容だった。

「えっと『今後、オフ会を開く予定はありますでしょうか？』『普段はどんな服装をしてますでしょうか？』『どこに住んでいるでしょうか？』か」

今では有名人と同等の扱いをされる職業となった配信者。ただ有名人より身近に感じられる存在だからこそ、こういうメッセージを貰うことぐらいはあるかなと思っていた。

「こういったのは、まだかわいい方で……」

彩奈は他のファンから貰ったメッセージを見せてくれた。

それは本気で彩奈を慕っているファンからのものだった。

どこが好きとか、あなたの配信を見て元気が出ましたとか。読んでいくと、ああ、こんなメッセージをファンから貰ったら嬉しいだろうなと感じた。だが、メッセージを読み進めていくにつれ、内容がかなりおぞましいものに変わっていった。

『昨夜の配信の34分12秒でスマホが鳴っていました。配信では仕事のメールと言っていましたが、本当でしょうか？　お付き合いしている男性ではないのでしょうか？　もしそうなら悲しいです。もちろん異性とお付き合いするのは彩奈様の勝手ですが、それを隠したということは、やましいことがあるということですよね？　もしそうならお別れすることをオススメします。それと最近は咳をすることも増え、少し表情も疲れているように感じます。それも交際している男性との――』

と、長々と文面は続いていた。しかも前半のかわいらしいファンとしてのコメントよりも、後半のおぞましい内容の方が文字数は多い。

「これは、きついな」

「一回や二回なら、まだいいんだけどね。他にもこんなのが」

「うわ。もしかして、この手のメッセージって何度も送られてきているのか？」

彩奈は小さく頷いた。

こんな内容のメッセージが何通もか。

「これ、相良さんに相談は？」

「した。だけど無視してって。言い返せば余計に酷くなるから」

この人の文章を見るかぎり、彩奈のことが大好きで心酔している感じがした。それが悪化して妄想癖まで付いているような気がする。そんな相手に反論すれば余計な勘繰りをして妄言をSNSで発信しそうだ。

お付き合いしている異性はいません。そう返しても、このメッセージを送ってきたファンは『お付き合いしている男性にそうやって言えって脅されているんですよね!?』と、新たな想像を口にして、かといってそのメッセージを無視すれば違う手段を使ってくる可能性が高い気がする。

だからたぶん、相良さんも無視するように言ったのだろう。

「人気が上がるにつれて、こういうファンも増えてね……。最近、少し疲れてきちゃった」

活動を応援してくれる。モチベーションを上げてくれる。そんなポジティブな人物だけがファンではない。中には自分の考えや欲望を押し付けてくるファンだっている。しかも相手が嫌がっていると聞かされるまで自分のしていることが〝良いこと〟だって、自分は彼女のために〝アドバイスしてあげているだけ〟だと思って押し付けてくる。

「彩奈、もう一度だけその送ってきた相手のアカウント見せてくれないか？　それと、他にもこういうことを送ってくるアカウントとかあったら見せてくれ」

「え、いいけど、どうするの？」

「まあ、対処できたらなって。無理かもしれないけど、言われっぱなしだとストレス溜まるだろ？」

「そうだけど、大丈夫？」

大丈夫なのか、というのは、そんなことして問題にならないか、という意味だろう。

「対処できるかはわからないけど、やれるだけやってみたいんだ。こういうメッセージをもらって困らない人はいないから。彩奈だってそうだろ？　それに、頑張っている人が泣き寝入りするなんてバカげてる」

「恵……」

「これからは二人三脚で頑張っていくんだから。何かあったらすぐ言ってくれ」

そう伝えると、彩奈は大きく頷く。

俺は彼女の隣に座り、彩奈宛に届いた悪意のあるメッセージを見せてもらった。

先程のようにファンから届くメッセージもあったが、中には絶対にファンではないであろうアンチからの誹謗中傷のメッセージも多く送られてきていた。すると、彩奈と目が合った。

「よく、こんなメッセージを一人で受け止めていたな」

「だって、相良さんに相談しても事務的なことしか言ってくれないから。……他に相談できる相手なんていないもの」

「そうか。だけどこれからは俺を頼ってくれ。これでもそこそこの大学を出たから、そこそこの学はあるからな」

「ぷっ、なにそれ。そこそこしかないじゃん」

「そこそこあればいいんだよ」

この家へ来たときよりも、少しだけ彩奈の表情は明るくなった気がする。おそらく、これまで配信者として活動していく中で味方になってくれる者は誰もいなかったのだろう。

マネージャーである相良さんも、この件に対応すれば絶対に大事になると考え、問題を起こしたくなくて、彩奈にこの件は無視するようにと言い聞かせたのだろう。

その対応を彩奈は〝事務的〟だと感じた。

だから彼女は〝自分は一人ぼっちなんだ〟と思ってしまい、ずっと一人で悩みを抱え続け苦しんでいたのだろう。

「恵って、昔と何も変わらないね」

「え、何が？」

「優しいところ。恵が側にいてくれて、なんだか安心する」

彩奈は俺の肩に頭を乗せる。

微かに感じる甘い香りと、彼女の熱。

「ストレスを溜めてきたんだな。休みの日とか何しているんだ？　趣味とかは？」

「ううん、ない。東京に来てから、モデルになるためのレッスンとオーディションばっかかで、空いている時間はずっとバイトだったから。友達もいない」

「そうか。じゃあ、配信を始めてからもずっと一人で？」

「うん。辛くても、ずっと一人で頑張ってきたの」

そして、少しの沈黙が生まれ。

「私からも、質問。恵って、今さ……付き合っている人とか、いるの？」

「いや、いないよ」

彩奈に聞かれ、俺はすぐに答えた。

「へえ、そうなんだ……」

彩奈はその後のことは何も言わなかった。

ただ表情は少しだけ嬉しそうにしているようだった。

◆

「それじゃあ、これからよろしくな」

「うん、よろしくね。あ、あと、その」

彩奈は頬を赤く染めながら目線を下げ、

「また、家に遊びに来て。仕事とかじゃなくて、その……」

俺は「ああ、わかった」と答えて彩奈の暮らすマンションを出た。

「少し、あいつに相談してみるか」

スマホを取り出すと、俺は大学時代に知り合った男へとメッセージを送る。

あいつがすぐに返事をすることはないだろう。スマホをしまい、最寄り駅に向かって歩き出す。

『彼女はいるの？　ねえ。あれは確実に俺とよりを戻したいって意味だよな』

近くには誰もいない。けれど声がする気がした。

『中学以来か。久しぶりに再会したら、彩奈もすっかりいい女になってたな』

自宅へと帰る途中、自分の中に潜む醜い一面が勝手に話し始める。

『休みの日は出掛けない、趣味もない。東京に来て友達もいないってことは彼氏も当然いない。

親しい異性の友人もいない。彩奈は簡単に堕とせそうだな？』

「……黙れ」

『それを知るために聞いたんだろ？　いまさら聖人アピールすんなよ。それに、彩奈は〝超人気者の女〟だ。そんな女を裏で——』

「黙れッ！」

誰もいない歩道で叫んでしまった。

ハッ、と我に返り、周囲に誰もいないことを確認して俺は早足に駅へと向かう。

もう、あの頃の自分には戻らない。

もう、あんな最低な男になんて戻らない。

彩奈の仕事を手伝う。優しくて、頼りがいのある幼馴染の俺が。そして、そして——

『あの女みたいに、お前無しでは生きられないよう依存させるんだろ？』

「——ッ!?」

心臓が大きく跳ねると同時に、スマホが鳴る。

額に流れる汗を拭い、スマホを取る。相良さんからの着信だった。

「も、もしもし、橘です」

『あっ、橘くん。申し訳ないんだけど、君に頼みがあって』

相良さんは詫びを入れてから本題に入った。

『実は君に、もう二人だけ所属する女性タレントさんを担当してほしいんだ』

「もう二人ですか？　わかりました、自分で良ければ」

『本当かい、ありがとう。それで――』

スマホを耳に当てている自分が〝今どんな顔をしているのか〟、それを知るのが怖かった。

◆

「橘くん、こっちこっち！」

時刻は19時を少し過ぎた頃。相良さんから連絡を貰ってからすぐに合流する。車に乗り、目的地に向けて走り出す。

昼間にも見た車内にある何かのアニメのキャラクターが目に留まる。幼女の身体に反してぶかぶかな巫女装束を着た少女。大きな耳と尻尾があって幼女の狐キャラだとは思うけど、髪や尻尾の毛色が銀なので少し雪女にも見える。

と思ったら、似たような雰囲気だけど大人の姿のもあった。同じキャラなのか気になったので、それを相良さんに聞こうとしたら、

「悪いね、こんな遅い時間に」

先に話しかけられたので後回しにした。

「いえ、大丈夫です。ただ相手の方は良かったのでしょうか？」

今回は単なる顔合わせではなく引継ぎという業務だ。

玄関先で「どうも、これから担当する橘恵です。それじゃ」みたいに、一分や二分で終わるわけではないだろう。俺は別にいいけど向こうの、それも相手は女性と言っていたから嫌がられないか不安だ。

会ったとたんに嫌われるのはごめんだ。

「二人のうち一人は明日の午前ってことになったんだけど、もう一人の方はどうしても今日がいいって言うんだ」

「そうなんですか」

「引継ぎ業務はめんどくさいので早く終わらせたいんだってさ」

予定なんかはさっさと済ませたいタイプの人なのか。まあ、俺も二人の引継ぎ業務をどちらも後日にするよりも、片方は今日中に終わらせた方が楽だからいいか。

「自分が担当するのって、元は相良さんが担当していた方々なんですか？」

「いや、彩奈さんは僕が担当していたんだけどこれから紹介する二人は僕の担当じゃないんだ。お昼に事務所で揉めていた彼女、加藤さんっていうんだけど、わかるかい？」

「担当している男性配信者が未成年のファンの子としちゃった、っていうあの」

「そうそう。実はこれから会う二人の担当は加藤さんだったんだけど、今回の件で彼女が研修を受けることになってね。少しの期間だけ担当業務を外れることになったんだよ」

要するに、問題を起こした配信者の担当だったから、コンプライアンス等の研修を受けないといけないということだろう。

その間、マネージャー業務ができない——もしくは、責任を取って替えられるということだろうか。

なんで俺みたいな新人にいきなり三人も任せるのか。

入社してすぐ、所属タレントの三分の一しか社員がいないことが気になって、それとなく相良さんに聞くと「マネージャーなんて形ばかりでそんなに人はいらないんだよ」と言われた。

実際、研修を受けてみてマネージャー職の仕事ってそこまで忙しくないんだなと感じた。というのも、うちの会社に所属するタレントの多くは既に配信活動をしている人なので、あらためてマネージャーが配信のイロハを教えることはない。

マネージャーがすることといえば、プライベートな相談に乗ったり、配信以外の仕事なんかのスケジュールを管理することだけ。

そういった業務は別に一人のタレントに対して一人のマネージャーが付くほどの仕事量でもない。むしろマネージャー職よりも広報など、タレントと直接的に関わらない社員の方が多い。

ただ、今回の一件で加藤さんが抜けたことは少々痛手じゃないかなとは思う。

「元の予定では橘くんは僕と一緒に彩奈さんのマネジメントをして、加藤さんと一緒に今から会いに行くタレントのマネジメントをするはずだったんだ。僕たちの側でマネジメント業務を覚えてから引継いで独り立ち……って感じだったんだけどね」

「加藤さんが抜けて予定が変わっちゃったんですね」

「そういうこと。予定が大きく変更になっちゃったけど、何か困ったことがあったら相談してね」

「わかりました。それで、これから担当するお二人ってどういう方なのでしょうか？」

「ああ、そうだった。明日、会う予定の方は明日の午前中に説明するよ。それで今から会う方については口頭での説明で申し訳ないんだけど。〝ＡＳＭＲ配信〟をしている女性タレントさんなんだ」

「ＡＳＭＲ、ですか？」

「そう、配信サイトとかにあるんだけど、聞いたことある？」

「一応ですけど、あります。砂を包丁でざくざく切るとかいうやつですよね？」

ＡＳＭＲ配信は、主に聞いていて心地よく感じられる癒やしの音声を提供する配信だ。音フェチに向けた配信で、俺も疲れたときに聞いていた時期があった。

「だけど、女性ってことはもしかして」

俺が相良さんの表情を見ると、少し難しい顔をしていた。

「まあ、想像通りだよ。ヒーリングミュージックみたいに小鳥のさえずりや小川のせせらぎの音を流すわけでも、心地のよいモノを切ったりといった配信でもない。女性の声がメインなんだ」

「なるほど」

ＡＳＭＲには自然な音や作り出された音ではなく、人の声のものもある。

「橘くんは、女性のＡＳＭＲ配信とか聞いたことあるかい？」

「すみません、あまりなくて」

「そうか。彼女は〝完全男性向け〟のＡＳＭＲ配信者なんだ」

「完全、というのは……？」

よく女性のＡＳＭＲ配信で聞くのは「今日もお仕事頑張って偉いね！」とか「生きていて偉いね！」とか、褒めてくれたりする配信だ。それは男性向けではあるが完全にというほどでもなく同性だって聞くこともある。だから疑問に思って尋ねた。すると相良さんは何か言おうとして止め、また口を開いてという動作を繰り返す。

「男性を、その……性的興奮状態にする感じなんだ」

「性的、って、えっ!?」

ＡＳＭＲの一部には、そういったＲ18のものもあるって聞くけど。

「でもそれって、配信サイトの規約的に大丈夫なんですか？」

Ｒ18ものはいわゆるそういった作品として、アダルトコンテンツとして有料で売られている。

だから世界中で、ましてや全年齢が視聴できる配信サイトで流していいのか疑問だった。

「もちろん、喋ってはいけない言葉……淫語だったりは口にはしていないんだ、彼女の配信。それでも、その、ねっ」

ハンドルを持つ相良さんが、急にもぞもぞしだした。

「相良さんも、もしかして……」

「僕もリスナーなんだよね。だ、だだだ、だって彼女は他のＡＳＭＲ配信者とは段違いの実力なんだ！　決してエロい言葉じゃないのにエロく聞こえる言葉！　緩急をつけた男を誘惑する吐息！　そして、そして……多種多様なシチュエーション！　橘くんも一回聞いてみなよ、飛ぶよッ!?」

こんな相良さん、見たくなかった。

「は、はあ。とりあえず完全男性向けというのは理解しました。でもそれって配信サイト的には問題ないのでしょうか？」

「えっと、実は彼女……四度ほどＢＡＮされた経験があってね」

「それ、大丈夫な方なんですか？」

ＢＡＮ、ということは、アカウントを削除されたということだろう。しかも四度って、それはもう永久追放なのでは？

「それに関しては問題ないよ。彼女、元々は個人でやっていたんだけど、これ以上はＢＡＮされたくなくてうちと契約したんだ。うちが間に入って上手くやっているから。最近の作品だとね——」

相良さんは少し、いや、かなり熱の入った作品紹介を始めた。

ただしてくれるのはリスナー目線の紹介ばかりで、正直なところ、俺が欲しかったその人の性格や俺たちマネージャーに何を求めているかといった仕事関係の話はしてくれなかった。

まあ、明日会う女性タレントさんも、そのＡＳＭＲ配信をする女性タレントさんも、相良さんの担当じゃないから、どんな性格なのかとかは加藤さんしか詳しくわからないのだろう。

ただ一つだけ。バタバタした今日一日の中で、相良さん伝いで元担当だった加藤さんからメモ紙の伝言を貰った。

『最近は頻度も減りましたが、ふと歯止めが効かなくなる瞬間があります。気分が乗って、というより、誰かを思い浮かべて興奮しているような感じです。彼女は「凄くいいのができました」と言いますが、そういう場合の彼女の動画は基本的にボツにしてください、必ず規約違反になるので。私みたいに研修地獄になりたくなかったら、動画チェックは念入りにすることをオススメします』

先輩からのありがたいお言葉だった。

「よし、着いたよ」

不安を抱えたまま高層マンションに到着する。

車は駐車場に停めるとかではなく、マンションの前に停まった。

「実は、これから橘くんが担当する彼女からのお願いで、一人で来てほしいそうなんだ」

「えっ、自分だけでですか？」

「彼女、担当者以外には素顔も個人情報も知られたくないみたいで、家にも入れたくないみたいなんだ。じゃ、そういうことで！」

相良さんはそう言うと車を走らせ行ってしまった。

「この会社、本当に大丈夫なのか……？」

新人を現地に送り届けて先輩は帰るって普通の会社じゃないよな。引継ぎが終わるまで待っていてくれると思ったんだけど。

「もしかしてこの会社、めちゃくちゃブラックなんじゃ」

それか教育担当の相良さんが適当なだけか。もしかして使えない先輩だったりして。

「いや、入社初日で無粋な考えは止めておこう。きっと疲れているんだ」

俺はそう思いマンションへと向かい、一階のインターホンを押す。

「夜分遅くに申し訳ありません。ルートスター株式会社から来ました、橘恵です」

誰が聞いているかわからないため、相良さんから教えてもらった彼女の活動者名義もチャンネル名も口にせず挨拶をする。

すると、インターホンからの返答はなかったけど、オートロックの扉が開く。

「入れ、ということだよな」

返事すらもらえないとは思ってもみなかった。かなり性格に難があるのでは、そんなことを考えながら相良さんから聞かされていた部屋の前に到着する。

インターホンを鳴らすと、ガチャ、というカギを開ける音が聞こえた。

「どうぞ」

扉の奥から女性の声がした。たった三文字の言葉なのに、相良さんの話を聞いたからか、大人のお姉さんといった印象を受ける。

でも、あれ……。この声、どこかで聞いたことが。

「失礼します」

扉を開けると声の主は既に玄関にいなかった。

靴を脱ぎ、彼女が待つであろうリビングへと向かう。

「夜分遅くに申し訳ありません。本日より担当させていただく、橘恵と――」

リビングのソファーに座った彼女に下げた頭をゆっくりと上げる。すると目が合った彼女は、笑みを浮かべて俺に手を振っていた。

「ふふ、久しぶり」

「え、あ、ど、どうして、燈子(とうこ)さんが!?」

そこに座っていたのは、俺が高校生のときに付き合っていた大学生の先輩であり――三人目にできた彼女の加賀燈子（かがとうこ）さんだった。

いや、確かにさっき聞こえてきた声に聞き覚えはあった。だけどまさか、これから担当するASMR配信者——夜草燈火（よぐさとうか）さんが、あの燈子さんだとは思わなかった。

「あれから大学を辞めてね。少ししてから、配信者としての活動を始めたのよ」

俺の二個上の先輩で、今年24歳になる加賀燈子さん。

色白の艶（つや）やかな肌、胸元まで伸ばした茶色の巻き髪。

あの頃と変わらない、見つめられたらなぜか逸らせない切れ長の目。

ぽってりとした厚い唇と、その左下にある黒子（ほくろ）。

男性を性的な意味で誘惑する要素を多く持つ彼女だが、脳にすんなり届くこの声も、あの頃と変わらない。

「そう、だったんですね」

「ごめんなさい。せっかく同じ大学を選んでくれたのに」

燈子さんは申し訳なさそうに言うと、俺をソファーに座るように促す。

「コーヒーでいいかしら？」

「あ、ありがとうございます」

激しく鳴り続ける鼓動を抑え、無意識に溢れ出てくる汗を拭う。俺はソファーに座ったままキッチンに立つ燈子さんに視線を向ける。

彼女は俺の視線に一瞬だけ気付いた素振りを見せたが、すぐに視線を下げ、コーヒーの用意を続けた。

「相良さんも、加藤さんも、教えてくれていたら……」

もし夜草燈火さんが加賀燈子さんだと事前に知っていたら、俺はここに来なかった。来るはずがない。彼女の顔を見ただけでも、声を聞いただけでも、あの日のことを思い出すんだから。

「私が恵くんには内緒にするように言ったの」

「えっ？」

コーヒーカップを二つ持ってきた燈子さんは隣――だけど人一人分のスペースを空けて座った。

「はい、コーヒー」

「ありがとうございます。それで、内緒にするよう言ったっていうのは……」

「私の新しい担当になる方の名前が橘恵だって前もって加藤さんから聞いていたの。それで、もしかしたらあなたじゃないかしらって。だから私の個人情報は伏せてもらったの」

「どうして!?」

身を乗り出す勢いで反応すると、燈子さんは目を伏せた。

「私だとわかれば、あなたは来てくれないんじゃないかと思ったから」

「それは……ええ、たぶん担当になることを拒んでいたかもしれないです」

「だから内緒にしてもらったの。こうして、また二人で会うためにね」

燈子さんはコーヒーカップをテーブルに置くと、俺をジッと見つめる。

「私のこと、恨んでる……？」

その問いに、俺は少し間を空けてから答えた。

「俺の前から何も言わずに消えたときは。だけど今は、燈子さんがどうしてあんなことをしたのか理解できているので、恨んでいません」

その言葉に嘘偽りはない。

「私のこと、嫌い……？」

「い、いえ」

「そう。じゃあ、私から提案があるの」

いつもは鋭い燈子さんの眼差しが困っているように見えた。

だけどすぐに気合を入れたかのように、強く俺を見つめる。

「恵くんが高校生、私が大学生。付き合って、色々とあって離ればなれになっちゃったけど、これからは恵くんと一緒に頑張っていきたいと思っているの。二人三脚で、一緒に」

燈子さんの言葉を受けて俺はすぐに言い返したかった。

色々ってなんですか、って。

燈子さんが何も言わず俺の前から姿を消した。それから俺がどれだけ苦しかったか。色々というたった漢字二文字には収められない絶望感を味わった。

それなのに再会した彼女は、まるで過去の関係をなかったことに——関係をリセットするかのように言った。

「燈子さん」

「……はい」

頭が真っ白になって苦しむ俺に、燈子さんは優しく微笑(ほほえ)む。

まるで俺が苦しむのを見て楽しんでいるような、そんな表情に映った。

俺は冷静さを取り戻し、笑顔を作って頷く。

「もちろんです。俺は燈子さんに出会って救われました。だから今度は俺が、燈子さんの力になりたいです。まあ、こんな俺に何ができるんだって感じですけど」

不細工な笑顔で伝えると、燈子さんは間を空けてから言う。

「ありがとう、恵くん。これからは一緒に頑張りましょう」

「はい、よろしくお願いします。それじゃあ——」

それから俺と燈子さんは、彼女の配信内容や配信時間、それからプライベートのことなども相談を受けた。

これから一緒に頑張ろう、仕事上の関係で。俺はそう心に決めた。はずだった。

◆

燈子さんの家を出て自宅へ帰ってくるなり、俺は両耳にイヤホンを付け、スマホで夜草燈火のチャンネルを確認した。

彩奈の〝彩奈ちゃんねる〟のチャンネル登録者数は80万人だ。

80万人もの人がチャンネル登録する。これほどの人を集めている配信者は一握りしかいない。

これはもの凄い記録だが、燈子さんの運営する〝夜草燈火〟というチャンネルの登録者数は250万人を超えていた。

ASMR配信は他の配信ジャンルに比べて数字を取りやすいと聞くが、これは四度のアカウントBANをされた上での数字だ。

アカウントをBANされたということは、集めたリスナーが0人になりながらも、またこうして250万人にチャンネル登録してもらっているということになる。

誰もが認める、大人気配信者なんだろう。

「……」

俺は彼女のチャンネルにある数多くの配信の中から、一つの動画を選択した。

失恋した〝後輩〟を慰める〝先輩〟という、よくあるシチュエーションだった。

そのタイトルを見た瞬間、俺は再生ボタンを押していた。

学校のイメージ画像のような静止画に、様々な音声がイヤホンを通って流れてくる。

いいマイクを使っているのか、通勤用で使うだけの１９８０円のイヤホンでも綺麗に音が流れてくる。

外したネクタイを投げ捨て、目を閉じる。

『……そんなに辛そうな顔して、どうかしたの？』

普通に会話するよりもはっきりと聞こえる吐息と、あの燈子さんの声。

『失恋、か……。辛いよね』

演技だとわかっていても、声を聞くだけでまるで燈子さんが俺に投げかけてくれているような気がした。

それに情景も、目を閉じていても容易に想像できる。

次第に場面は進み、失恋した後輩を先輩が慰める。その手段として、自分に堕ちるよう誘惑する。まだ他の女性のことを好きな後輩は抵抗するが、それを先輩が言葉巧みに誘う。

シチュエーションとしては無理があるかもしれないが、男なら一度はこういう妄想をしたことがあるだろう。

それに直近で失恋を体験した者が聞けば純粋に慰めてくれるＡＳＭＲ配信となり、体験していない者からすれば痴女めいた先輩に誘惑されるＡＳＭＲ配信となる。

どちらにしろ、そういった疑似体験を得られる。

言葉の選択や間の取り方、耳の奥をくすぐる吐息。決して直接的な淫語を使っているわけではないのに男を興奮させるのが上手い。

人気が出るのも頷ける。

「燈子さんって知らなければ、きっと俺も純粋なファンになっていただろうな」

これからは仕事相手として、二人三脚で頑張っていくと約束した。だが燈子さんの家にいたときも、このＡＳＭＲ配信を聞いているときも、ずっと俺の中に潜む醜い自分が囁いていた。

囁いて、背中を押して。気付くと俺は、自分の中で囁かれた言葉を口に出していた。

『燈子さんを、自分だけの女にしたい。あの澄ました顔をめちゃくちゃに――』

「なに言っているんだ、俺は……」

ふと我に返り、首を振る。

だが思ったことを口にすると、気持ち悪いほど興奮した。

◆

――次の日の朝。

「おはようございます」

三人目に担当する配信者の自宅へ向かう前、相良さんと合流するため事務所を訪れた。

「あっ、おはよう。出発前にちょっとテーブルの資料に目を通して待っていてくれるかい」

会議室に案内されると、そこにはいくつかの資料が置かれていた。

俺は言われた通り資料を手に取る。すると、すぐにとあるキャラクターが目に留まった。

「あれ、これって相良さんの車の中にあった」

名前を確認すると、このキャラクターはVTuberの〝弧夏カナコ〟というらしい。

ここにこの資料があるということは、俺が担当する三人目というのは彼女なのだろう。

「ふっふっふ。ついに、この日が来たね」

会議室の扉を開けた相良さんは不敵な笑みを浮かべる。

「ついに、ついに……。生カナコたんと会えるッ！」

「え、相良さん？」

「いやあ、長かった。ほんと長かった！」

相良さんは座るなり、置かれた資料を手に取る。

「彼女は弧夏カナコさんで、うちに所属しているVTuberの中で一番人気なんだ」

「そ、そうなんですね」

「あれ、反応が薄いな。もしかして橘くん、VTuberとか興味ない？」

「いえ、そんなことはないですよ」

俺はこの会社に入社するにあたって、所属する配信者を一切調べてこなかったわけではない。

ただ一般の人と同じ程度で、理由としては仕事に私情を挟みたくないから見るのを避けてきたからだ。

「すっごくいいんだよ、カナコたん！」

本気でこの配信者を好きになり、応援するようになってしまったら、今の相良さんみたいになっていたかもしれない。そうなれば当然、その人の画面越しに見える綺麗な部分だけでなく、見たくない裏の顔を知ることにもなる。

もしも表では純粋キャラで売っていたのに裏では遊びまくっていたりしたとき、最初から仕事と割り切っていれば気にもしないが、ファンであったならば計り知れないダメージを受けるだろう。だから自分の会社に所属するタレントの配信を見たのは、昨夜の燈子さんが初めてだ。

「彼女はずっと加藤さんが担当していたんだ。だけど今回の件があってね。担当が替わることを伝えたら、次の担当も女性がいいって言っていたんだよ」

「女性を？　えっと、それなのに自分が担当になって大丈夫なんですか？」

「正直なとこ、かなり揉めたんだけどね。だってほら、うちの社員って男性の方が割合多いでしょ？　だから男性になるかもって。そしたら彼女、契約を解除したいって言い出して」

男性が苦手なのか、それとも何か裏があるのか。そう疑ってしまうほどの拒否反応っぷりだ。

「で、加藤さんが、うちに所属するマネージャーの名簿を見ながら相談していたら、なんと」

相良さんは俺を指差す。

「彼女、君ならいいって」

「え？」

どうして？

俺はそう思い首を傾げた。

「本来なら新人には任せられないような大物だけど、今回は向こうからの指名だから特別に。いやあ、イケメンはいいいな。羨ましいぞ、カナコたんのマネージャーをできるなんて！」

「は、はあ……」

「でも加藤さん、彼女に送る用の君の顔写真とか持っていたのかな？」

相良さんが不思議そうに唸りだす。

履歴書の顔写真があるから、それと一緒に話した可能性は十分にある。だが、話を聞くかぎりだと相当な男嫌いか男と仕事をすることを拒んでいた彼女。

それが俺ならいいって。何か嫌な予感がする。

「おっと、遅れたらマズイね。それじゃあ行こうか」

相良さんが香水を身体に振りかけながら会議室を出る。その後を追うように俺も出る。

「まさか、な……」

彩奈と、燈子さん。偶然、二人のマネージャーになった。

まさか、あの子なわけないよな。それだけは、絶対にごめんだ。

◆

「ふう、緊張してきたよ」

目的地であるマンションに到着するなり、相良さんは自分の服の匂いを何度も嗅ぎはじめた。

まあ、所属タレントである前に大ファンの配信者だからな。

しかも話を聞く限りだと、相良さんは一度も彼女の顔を見たこともないし会ったこともないらしい。車での移動中も、ずっとそわそわしてめちゃくちゃ楽しみにしていたのが見てわかった。彩奈や燈子さんに会いに行くときには見せなかった反応だ。

マンションの入口にあるインターホンを鳴らす。

「ど、どどど、どうもおはようございます！　ルートスター株式会社の相良です！」

かなり緊張していて少し不審者っぽいけど、俺が代わって言うのも変だよな。

門前払いされないでくれよと願いながら待っていると、小さく『はい』と聞こえ、オートロックのドアが開く。

おでこをびっしょりと濡らすほどの汗を拭った相良さんと共に、弧夏カナコさんの部屋へと向かう。

それにしてもここ、かなりいいところの高層マンションだ。俺のボロアパートとは大違いだ。

まあ、それだけ稼いでいるってことか。

「じゃあ、押すよ」

扉の前で相良さんは大きく深呼吸する。

それから少しして、扉の内から微かに声が聞こえた。だが、なかなか扉が開かない。

かなり用心深いのか、そんなことを思っていると。

『……すみません、新しい担当さんのお顔を見せてもらっていいですか？』

覗き穴からこちらを見ているのか。相良さんは了承すると、少し離れて俺に目で合図を出す。

俺は扉を開けられるだけのスペースを空け、挨拶をした。

「はじめまして、ルートスター株式会社の橘恵と申します」

軽く頭を下げると、中からガチャガチャと慌ててチェーンやカギを開ける音が聞こえた。

扉が微かに開けられ、彼女と目が合う。薄暗い隙間から見えた大きな瞳。

「え……？」

言葉を発する間もなく、勢いよく彼女に腕を引かれ中へと連れ込まれた。

「……会いたかったです、先輩」

閉められた扉に背を付ける格好で、俺の胸元までしかない小柄な彼女の体重が乗りかかる。

背伸びをした彼女は俺の唇にキスをした。一瞬にして頭が真っ白になる。

彼女は重ねた唇を開けると、舌を俺の口内へと侵入させた。ヨーグルト味のアメの匂いと味わい。懐かしい感覚。拒むのを忘れて、気付くと俺も受け入れていた。

「んちゅ……。くすくす、おひさしぶりです、先輩♡」

絡められた舌と、重ねられた唇を離した彼女は、にっこりと笑みを浮かべた。

『えっ、あれ、橘くん!? どうしたの!? 何があったの!?』

俺の背にある扉の向こうでは、突然の事態に理解が追い付いていない相良さんが困惑した声を発していた。

ただ彼女はキスをしながら、家のカギとドアチェーンをかけたから扉が開くことはない。

「えっと、相良さんだっけ？ 来てもらったのにごめんね、これから新しい担当さんと二人でお話しするから」

『え、ええ!?』

「連れて来てくれて、ありがとうございました～」

相良さんにそれだけを伝えて、彼女は俺の手を握って部屋の奥へと誘う。

相良さん、あんなに会いたがっていたのに。という同情を一瞬だけしたが、この部屋に相良さんを呼ばなくて正解だとすぐに理解させられた。

「ああ、先輩だあ♡ 先輩、先輩、先輩。メイの大好きなご主人様♡」

リビングまで連れて来られると、そのままソファーに押し倒される。

彼女が俺の膝の上に跨った。

俺の好きな匂いの香水を付けて。

俺の好きなデザインと色の服を着て。

俺の好きな物を部屋中に置いて、俺の好きな飲み物を飲み。

俺の好きな、俺の好きな。

俺の俺の俺の俺の俺の俺の俺の俺の俺の俺の俺の俺の俺の俺の俺の俺の俺の俺の俺の俺の俺の俺の俺の俺の俺の俺の俺の俺の俺の俺の俺の俺の俺の俺の俺の俺の俺の俺の俺の俺の俺の俺の俺の俺の俺の俺の俺の俺の俺の俺の俺の俺の俺の俺の俺の俺の――。

「あれ、メイのこと忘れちゃいました？」

頬を赤く染めながら、瞳に♡マークを付けた彼女は息を荒くさせる。

「もう、仕方ない人ですね、先輩は……じゃあ、また一から調教してください。そうしたらすぐ思い出せますよね？　先輩の所有物だった、奈子（なこ）メイのこと♡」

彼女は俺のネクタイを緩めて、ゆっくりと俺の服を脱がそうとしていく。

「ちょ、ちょっと待ってくれ、メイ！」

ネクタイを外され、上着を脱がされて、ようやく俺は彼女の手を止めた。

「どうして君がここに!?」

「ん？　どうしてって、先輩がメイの担当様だからですよ？」

「いや、それは」

「もう、仕事の話は後で。今は久しぶりに、ねっ？」

ボタンを外され、メイは愛おしそうに俺の胸板に手を当てる。

「待ってくれ。あのとき言ったはずだ。もうお互いに関わるのは止めようって」

そう伝えると、メイの手がピタリと止まった。

１５０センチほどと小柄な彼女。

髪色は染めたであろうピンク色で、丸顔の輪郭に沿わせたふんわりとした髪型。

顔付きは19歳という年齢よりも幼く見えるが、引き締まったお腹に大きすぎる胸、触り心地のいいお尻は、顔には似合わず暴力的だ。

そんな彼女——奈子メイは、俺を見つめながら首を傾げる。

「はい、聞きました。でも、メイは納得してないですよ？」

「それは、そうだけど。俺が悪いのは理解している、申し訳ないとも思っている。だけどまだやり直せ——」

「もう、先輩。謝ったらダメですよ」

俺の口を塞ぐように突き出した人差し指。

「先輩と付き合ってるとき、すっごく楽しくて、幸せで、気持ちよくて。メイはあの日に戻りたいんです」

「俺と付き合っていたら、絶対に駄目になる。メイもわかっていたはずだ」

「はい、わかってます。先輩と付き合ってるとき、先輩以外のことはなんにも考えられなかったですもん」

「だったら――」

「――それの何が悪いんですか？」

　メイはさも当然かのように俺に問いかける。

「起きたらまず先輩のことを考えて、化粧をするときに『先輩このメイク、気に入ってくれるかな？』って考えて。ご飯を作ってるときは『先輩に作った手料理、喜んでくれるかな？』って考えて。ベッドでえっちなことしてるときも『ああ、先輩、気持ちよさそうな顔してくれてる』って、嬉しくて、幸せで……くすくす、メイ、あの頃が人生の中で一番幸せだったんです」

　おそらく俺と付き合って、同棲していたときのことを言っているのだろう。

　それに関しては俺も同じだ。なにせ彼女は――〝男の理想を具現化したような彼女〟だから。

　彼女といるのが楽で、満たされて、他の全てを捨てていいとまで思った。実際にメイは――大切だったものを捨てた。

「俺がメイの人生を狂わせた。大人気アイドルだったメイを、俺の、俺の――醜い欲望と復讐に巻き込んで、引退させた」

「もう、アイドルを引退したのはメイの意思ですよ？　もっと先輩との時間を作りたかったから勝手に辞めたんです」

「そう思わせたのが駄目だったんだ。だから」

「もちろん、先輩がこれ以上自分と一緒にいたらメイがダメになるって、メイを思って離れたことも知ってます」

「だったら」

「――だけど、ダメ♡」

メイの舌が、首筋をツーッと這い上がっていく。

全身がゾクッと震える。彼女はそのまま俺の耳元で伝えてきた。

「もう、先輩なしの生活に戻れない身体になっちゃったんですから。先輩がメイの前からいなくなってから、苦しくて苦しくて……ずっとここ、疼きっぱなしだったんですよ？」

腰を前後に動かしながら、敏感な部位を刺激してメイは俺を誘う。

俺がどうしたら興奮するか、どう誘えば欲情するか、完全に熟知している彼女。

「あぁ、ん……っ♡　先輩だって、ほら、もうこんなにおっきくなってる♡」

「メイ、やっぱり」

「もう、仕方ないですね。真面目で意固地な先輩に一つご報告があります」

メイはそう言うと、俺の両頬に手を触れながらジッと見つめてくる。

「実は少し前から――神宮寺徹先輩に脅されてるんです」

「じん、ぐうじ……？」

出てきた名前に、不意を突かれたように俺の頭の中が真っ白に染まる。

「はい、あの神宮寺先輩です。『もしも俺の女にならなかったら、お前と橘恵の過去をネットにばらすぞ』って」

「どう、して……」

「メイが弧夏カナコとして活動しているのに勘付いて脅してきたんです」

壊れた人形のように、その憎い名前を何度も口にする。少しずつ鼻息が荒くなり、全身が怒りによって震えているのがわかる。

するとメイは優しく俺の身体を抱きしめた。

「先輩、このままだとメイ、悪い男に弄ばれちゃう」

「神宮寺」

「それと、今も神宮寺先輩は神崎まどかとも関係を持っているそうですよ」

「神崎、まどか……？」

神宮寺、神崎。

その名前を聞いただけで吐き気がするほど気分が悪くなってくる。

俺の人生を狂わせた二人。

俺の人間性を狂わせた二人。

俺が殺したいほど憎んでいた、あの二人。

「先輩、どうしよ」

助けてほしい、じゃなく、あの頃に戻って。

メイの表情には脅えや不安は一切なく、付き合っていたとき、俺にめちゃくちゃにしてほしいときにするいつもの顔だった。

「大丈夫ですか、先輩？　とっても苦しそう。汗も、こんなに」

息が荒くなっているのが自分でもわかる。それに全身から流れ出る汗も止まらない。

メイは俺のＹシャツを脱がすと立ち上がった。

「苦しそうな先輩。かわいそうな先輩。嫌な記憶を思い出させちゃった悪い子のメイが、一生懸命に癒してあげますからね……。はい、立ってください。ベッド、行きましょ」

手を引かれながら、俺は別の部屋へと向かった。そこは彼女の寝室だった。

力無くベッドに倒れると、メイは俺の足下で四つん這いになる。

「先輩はなにも考えないで、ただ目を閉じていてください。メイが嫌なこと、全部忘れさせてあげますから……ねえ、先輩♡」

彼女は俺のズボンに手をかけると、にこりと笑みを浮かべた。

俺は一切抵抗しなかった。

チャックからペニスを取り出すと、メイの嬉しそうな声が熱を帯びた肉棒に触れる。

「もう、こんなに大きくなってる……っ♡」

小さな手が優しく肉棒を握る。

全身がゾクッと震え、彼女の舌が根本からゆっくりと舐め上げてくる。

「れぇろっ♡　れろっ、ちゅ……っ♡　あの頃と変わらない、いやらしい匂い♡　それに大きさも硬さも、メイの大好きなおちんぽのまま♡　ん……はあ♡　素敵♡」

愛おしそうに何度も亀頭にキスをするメイ。

ねっとりとした舌が肉棒全体を舐め、彼女は嬉しそうに微笑む。

「先輩……っ♡　今、メイが気持ちよくしますね♡　嫌なこと、ぜーんぶ忘れるぐらい、たっくさんご奉仕しますから♡　それじゃあ、いただきまぁ……す♡」

口を大きく開け、メイの小さな口がペニスを咥える。

目を閉じて、まるでご馳走を口に入れたときのように幸せそうな笑みを浮かべる彼女は、そのまま奥へ奥へとペニスを口内で堪能する。

温かい口内とねっとりとした舌が絡みつき、至福の快感が全身を襲う。俺は抵抗することもできず、目を閉じた。そして思い出されたのは、あの——最悪な日のことだった。

◆

真面目で、優しくて、一途で――。

中学生のとき、彩奈が友達に聞かれて恥ずかしそうにしながら、俺の好きなところとして挙げた言葉。

男であれば最高の誉め言葉だ。

それから俺は、真面目で、優しくて、一途であり続けようと誓った。だが彩奈は知らない。

そんな橘恵が、高校生になったある日――醜い感情に支配されて、壊されたことを。


神崎まどかは俺の一個上の先輩だった。

彩奈みたいに明るくて綺麗な人――ではなく、彼女のことを一個上の先輩たちに聞いても、十人中九人は「え、誰それ？」と答えるような陰の薄い地味な人だった。

そんな彼女と出会ったのは学校の図書館。

「この席、空いていますか？」

「あ、は、はい、どうぞ……」

他に空いている席がなかったから彼女に聞いて隣に座った。

出会って間もないときの神崎は、話しかけても絶対に目を合わせてくれなかった。異性と、というよりも、友達と話したことも今まであまりなかったらしい。

それから彼女とは図書館で会うことが増えた。

何回か俺から話しかけると、次第に彼女は目を合わせてくれるようになり、笑ってもくれるようになった。

その変化が当時の俺は嬉しかった。

話せば話すほど最初の暗い印象は薄れていき、俺にだけ明るくなっていった。それから少しずつ距離が縮んでいった。

そして俺が高校二年生で、神崎が三年生のときに付き合うことになった。

俺の人生で二人目の彼女。ただ友達には不思議に思われた。

——どうして神崎まどかと付き合ったんだ？

そう、何度も聞かれた。明るく話をしてくれる彼女を俺は知っている。だけど接点のない人からしたら『目も合わせてくれない』『話しかけても声が小さくて何を言っているかわからない』『かわいくない地味な女』と評判は最悪だった。

はっきりとそうは言われないけど、周囲には疑問を持たれた。ただそんなこと、俺はどうでもよかった。

地味な子でも。かわいくなくても。一緒にいて楽しかったから、別に良かった。どんな彼女でも好きだった、いつまでも変わらずにいてほしかった。

——だが、彼女は大学へ進学すると別人のように変わってしまった。

進学当初は連絡もたくさんしていた。それが一か月、二か月と月日が経つにつれ頻度が減っていった。

これだけなら大学生活が忙しくなったのかなと思えた。だが彼女の容姿は少しずつ変わっていった。

高校生のときしていた眼鏡は外し、目が隠れるほど伸びた前髪もばっさり切り、髪色も黒から明るい派手な髪色に変えた。

大学生になって新たな友達からおしゃれを教わった。そう考えた。

いや、そうだと自分に言い聞かせ、頭をよぎった不安を言葉にしたくなかった。

「――おいおいそれ大丈夫なのかよ？　俺が昨日見たＡＶの『大学に進学した彼女は、俺が知らない間にヤリサーの先輩に寝取られていた』にめちゃくちゃ似ているんだけど」

彼女の変化について知った友達は冗談混じりに笑いながら言った。

俺も口には出さなかったけど、彼女の急激な変化は異常だった。ただ俺は、そんなことないと、彼女のことを信じようとしていた。

俺と出会うまで恋愛のれの字も知らなかったような神崎まどかが浮気なんてってて。けれど時間が経てば経つほど、不安や疑念は大きくなっていった。

彼女が浮気なんてするわけない。そう思いながらも、信じ切ることができなかった。

俺は神崎から大学には近づかないでほしいと頼まれていた。理由は、みんなに見られるのが恥ずかしいからだそうだ。

だけど、

「まどかさん、どういうことですか……？」

「えっ!?」

その約束を破って会いに行った俺が目にしたのは、神宮寺徹という俺の二個上の男と浮気している神崎の姿だった。

俺を見た彼女は慌てて顔を逸らす。

だけどすぐに俺——ではなく、腕を組む神宮寺に助けを求めた。

「徹くん、こ、こいつ！　こいつが前に話してた気持ち悪いストーカー男！」

神崎の吐き出した言葉の意味が理解できなかった。

「ん？　ああ、そういえばそんな話していたか」

その場には神崎と神宮寺、それと二人の友達が何人かいた。

周囲には同じ大学に通う学生たちもいる。神崎の言葉を聞いて、周囲の視線が一気に集まる。

未だに神崎の言葉が理解できていなかった俺の耳に、周囲の人たちの声が聞こえてくる。

「え、あの子、ストーカーだって」

「うそ、こわっ……」

違う！

そう言い返そうとして声がした方を向くと、周りの人たちは「うわ、こっち睨んだ」と脅えて逃げていく。

だけど周囲の見物人が減ることはない。去っていった人の代わりに新しい人が来て、周囲の会話を聞いて俺を見ながら小さく笑う。

違う違う違う、と心の中で叫んでも声が出ない。

そんな俺の困惑する表情を見て、神宮寺が鼻で笑いながら近付いてくる。

「おい、ストーカー野郎！」

神宮寺は周囲の人たちにわざと聞こえるような大きな声を俺に投げる。

「一応聞くが、彼女とはどういう関係なんだ？」

「そ、それは、彼女は俺の恋人で……」

反論する声が小さくなる。

周囲の視線が気になって。それと彼女に「ストーカー」呼ばわりされて、自分の言葉に自信が持てなくなったから。

そんな俺の不安気な返事を聞いて、神宮寺は再び周囲に聞こえるよう大きな声を発した。

「恋人？　それにしては随分と自信がなさそうだな？　本当はストーカーくんの妄想なんじゃないのか？」

「違う！　俺は、俺は……」

否定しようとした瞬間、俺は神崎まどかと目が合った。

申し訳なさそうにしているのか。神宮寺に俺の存在がばれて動揺しているのか。それはわからない。

だがふと、我に返った。

──あれ、なんで俺って神崎のこと好きなんだっけ？　と。

◆

何年も経った今でさえ、忘れられずに思い出すことがある。

神宮寺の俺を見下し馬鹿にしたあの顔も、俺をストーカー呼ばわりして気持ち悪がった神崎の顔も。

ただの暇潰しやストレス発散に喚き散らすあいつらの友人の顔も、何の関係もない、ただその場で俺を見て笑った周囲の者たちの顔も。

終わったこと、過去のこと、そう自分に言い聞かせても無理だった。どんなに些細なことでも、ふとした瞬間に思い出す。一度負った傷は、些細な出来事をきっかけに抉られ、絶えず血を流し続ける。

「──先輩のおちんぽ、美味しいです♡」

だけどあの頃から、メイを抱いている間だけ──メイを犯しているときだけは苦しくなかっえる。

た。そしていつも、メイを犯しているときの俺は自分じゃないような、そんな奇妙な感覚を覚

『……メイ、もっと奥まで咥えろ』

「ん、んんッ!?」

頭を押さえて奥まで咥えさせる。

「んぐっ、んんッ！」

苦しそうに嗚咽を漏らすメイ。

その表情を眺めながら笑みを浮かべていた俺は、ふと我に返って手を離す。メイは口からペニスを抜いて何度も咳き込む。

「ご、ごめん、メイ……俺、また」

慌てて謝った。だが彼女は俺を睨むわけでもなく、嬉しそうに笑みを浮かべる。

「先輩は謝らないでください。むしろ、メイにもっと乱暴していいんですよ？　だってメイ、先輩に犯されるのが大好きなドMですもん♡」

正座して、口を開けて、舌をだらんと垂らすメイ。

「苦しいのも、痛いのも、先輩から貰えるご褒美はぜんぶ幸せです♡　だから、はぁい……メイのお口マンコに、先輩のおちんぽくださいっ♡」

さっきまであったはずの罪悪感は、メイの笑顔を見て一瞬で消えた。代わりに生まれたのは、

俺のすることを喜んでくれたという安心感。

メイは、あの頃から何も変わらない。

俺のすることならなんでも喜んで受け入れてくれる。だから俺は、段々と理性が失われていく。

『そんなに虐めてほしいのか？』

「はい、虐めてください♡」

俺は立ち上がり、メイの開いた口内へと肉棒を挿入していった。

濡れて滑りが良くなった唇が肉棒をどんどん奥へと咥え込んでいく。

摩擦も抵抗もなく、裏筋に這う舌が口内への挿入を支えてくれる。

「んっ、おっひぃ……っ♡」

メイは目を細めて嬉しそうな顔をする。

腰を前後に動かしていくと、メイの口マンコが俺に最高の快感を与える。

『メイ、もっと頬をすぼませろ』

「は、はぁい……っ♡　んじゅ、じゅるるるっ♡」

命令通りに頬を凹ませると、口内の粘膜が肉棒を優しく包み込む。

彼女は自分から顔を動かそうとしない。

俺に全てを委ね、両手も股の間に置いたまま。まるでイヌのお座りのような体勢。俺を信頼して、好きに口を使ってくださいとアピールしているようだった。

変わらない。あの頃の、俺と爛れた毎日を送っていた——俺が躾けたドMなメイのままだ。

その従順なメイを見て、俺はたまらなく興奮した。

『ああ、気持ちいいな。メイも、こうやって奥まで咥えさせられるの好きだろ？』

「んんっ♡　は、はいっ……だいふき、ですぅ♡」

俺のペニスを根本まで咥えると、メイは嗚咽混じりの声を漏らす。苦しそうなのに表情は嬉しそうにして、彼女は座ったまま顔だけを前に突き出す。

女を屈服させて悦ぶタイプの男にとって、これほどまでに身も心も満たしてくれる女は他にいない。だからこそ、さっきまで彼女と身体を重ねてはいけないと抵抗していたくせに、今ではもっと虐めたいとしか思えなくなっている。

『激しくするぞ』

「あっ、じゅる、んんっ!?　じゅるる、うぐっ、じゅるるる……ッ♡」

頭を押さえて乱暴に腰を振る。

メイは蕩けた瞳で俺を見つめながら俺の行為を受け入れた。それどころか口端からよだれを垂らし、口内では舌を絡めて俺をもっと気持ちよくさせようとする。

だから俺は呆気なく最初の射精を迎えた。

『メイ、奥に射精すからな！』

「ひゃ、ひゃいっ♡　くだはいっ、メイの、メイのおくひに♡　へんぱいの――んんん……ッ!?」

両手で頭を押さえると、懇願するメイの喉に向けて勢いよく射精した。

口内で肉棒が上下に震える。最高の射精が二度三度と何度も連続して続くと、俺の心も身体も満たし、さっきまで思い出していた苛立ちや苦しみが消えていく。

――まるで麻薬のような快感だった。

射精が終わると、ゆっくりと俺はメイの口から肉棒を抜く。

彼女は頬をすぼめ、最後の一滴まで精液を堪能すると、ごっくんと喉を鳴らして精液を味わう。

「……美味しい♡　久しぶりにごっくんする先輩のザーメン、とっても美味しかったです♡」

メイは全て飲んだことを証明するように口を開ける。苦しかっただろう、辛かっただろう、それなのに彼女は頬を赤らめながら満足そうな表情を浮かべる。

男を駄目にする顔、何をしても許してくれる彼女。

それを目の前にして、たった一回の射精でペニスが萎えるわけがなかった。

「あっ……くすくす♡　先輩のおちんぽ、まだこんなに大きい♡　どうします？　またお口でします？　おっぱいでします？　それとも……くす♡」

メイはそのまま背中から倒れると、恥ずかしがることなく両脚を広げる。

「先輩専用のメイのおまんこに、挿れてくれますか……？」

首を傾げて俺を誘う彼女。

気付くと汗ばんだ両脚を抱え、俺は一切の躊躇(ためら)いもなく肉棒を膣穴に擦(こす)り付けていた。

『欲しいのか？』

「はい、欲しいです♡　ください♡　いっぱい、いっぱい犯してください……っ♡」

見つめながら言われ、俺はきっと満足そうに笑みを浮かべているだろう。心が、身体が、再びこの膣穴を犯せることに幸せを感じている。

「あ、あ……ああんっ♡　入って、くるっ！　先輩の、先輩のおっきいおちんぽが……んあぁっ♡」

ねっとりと愛液で濡れた蜜穴は一切の抵抗なく肉棒を受け入れる。そして俺を待っていたかのように、こじ開けた膣肉が俺のペニスに絡み付く。

最高の快感だ。嫌なこと、頭の中で考えていること、全て忘れるほどの。

淫欲に飲まれたかのように俺は無我夢中で腰を前後に振ってメイの膣内を堪能する。

「あんっ♡　あっ、ああんっ♡　先輩、いきなり激しい……っ♡」

『激しいのが好きだろ？　こうやって何度も何度も奥を突かれるのが！』

「あ、んんっ♡　は、はい……っ♡　メ、メイ……先輩のおちんぽで、奥を激しく突かれるの大好きですっ♡　だ、だけど、そんなにされたらすぐ……っ♡」

顔を左右に振って激しくしないでと訴える。だが俺は止めない。どうせ反応だけで、本心では彼女も「もっと激しくして」と願っているのを知っているからだ。

「ああんっ♡　待って、待ってください……っ♡　そんなにされたらおかしくなる♡　おかしくなっちゃいますからぁ……っ♡」

ぐちゅぐちゅと愛液を掻き混ぜるように激しく責めると、メイは腰をぶるぶると痙攣させた。

「ああ、ダメッ♡　ダメダメッ♡　もうイクッ、もうイっちゃ――ああああぁん……ッ♡」

たった数回のピストンでメイは腰を突き上げ絶頂した。

俺は呼吸を荒くさせてぐったりする彼女の上半身を抱きかかえる。

『相変わらずの感度の良さと、弱々なマンコだな？』

「……はあ、はあ、あっ、はぁ♡　くすくす♡　違い、ますっ♡　先輩のおちんぽが、凄すぎなんですっ♡　だってメイ、おもちゃだと全然イケないですもん♡　このおちんぽだけ♡　先輩のおちんぽでだけ、こんなにすぐイっちゃうんです♡」

『どうだか。まだまだ続けるぞ』

「え、あっ、待っ――んはあぁ……♡」

余裕そうだったから休ませることなくまた腰を動かしたのだが、メイは俺にしがみつきながら軽イキした。

『どうした？』

「ま、まだ、イったばっかなんです♡　だ、だから……ああんっ♡」

『少し突かれただけで何度もイク、だろ？』

「は、はい……っ♡　だから少し休憩を――ああんッ♡」

　下から勢いよく突き上げると、メイは太股を震わせた。

『誘ってきたのはお前の方だろ。それなのに勝手に休みたいなんて都合がいいと思わないか？　なあ!?』

「あっ、あっ、ああ……っ♡　ごめん、なさいっ♡　ごめん、な、ああんっ♡」

『ほら、もっと激しくするぞ！』

「ダメ、ああ、また……またきちゃう♡　きちゃいますっ♡」

　何度も何度もメイの膣内を犯していく。

　パッと見でまだ中学生か高校生ぐらいの顔と身長なのに、脱いだらEカップはある乳房に、無自覚に男を悦ばせることを言う彼女。

　男を悦ばせる才能に溢れている。

　そんな女を好きにしていいと言われて我慢できる男なんて、きっとこの世にはいないだろう。

「あんっ、あ、んん……っ♡　これ、これ好きですっ♡　メイが止めてって、許してって懇願してるのに、聞いてくれない先輩が大好きですっ♡」

『本当に変態だな、メイは』

「はい♡　先輩に犯されるのが大好きな変態です♡　……ああん、そこ気持ちいい♡　先輩……先輩、好きっ♡　大好きっ♡」

両手首を押さえながら激しく責める。

メイは何度も俺を求め、離さないとばかりに腰へと両脚を絡める。

「もっと、もっともっと、メイのおまんこ犯してください……っ♡」

『さっきから何度もイってるくせに、まだ犯して欲しいのか!?』

「あっ、はあん……ッ♡　は、はい、欲しいですっ！　先輩のおちんぽで突かれるたびに、どんどん気持ちよくなって……んっ、ああん♡　もっと、もっと犯してくださいっ♡」

だらしなく舌を出しながら俺を求める彼女。

懇願されればされるほど犯してやりたいという欲求に襲われるが、さっきから何度もイって膣穴が締まるから俺も限界だ。

そしてその感覚を、何度もセックスして理解したメイは手を伸ばして求める。

「このまま中に、射精してください……っ♡」

一瞬だけ動揺した俺を、メイは耳元で囁いて後押しする。

「今日は安全日だから、ねっ♡　外に射精すなんて勿体ないことしちゃダメです♡　先輩の精液は、全部メイの中にくださいっ♡」

その言葉を聞いて安心した。というわけではなく、この女に中出ししてやりたいと思った。

『ああ、そんなに欲しいなら注いでやるよ！』

「あんっ、あ……くす、先輩のおちんぽ、さっきより大きくなってる♡　嬉しいっ♡　嬉しいです先輩♡」

メイの手が俺の頬を撫(な)でる。

「きてっ！　きてきてっ♡」

豊満な乳房を勢いよく前後に揺らしながら責め立てる。

軽イキを続ける膣内だが、俺は責めるのを止めず子宮の入口を何度もノックする。

『このまま奥に射精(だ)すぞ！』

「はいっ、射精してくださいっ♡　先輩の精液、たくさん注いでくださいっ♡」

ジッと見つめられながら言われ、俺は膣奥に亀頭を押し当てて射精した。

『ぐっ、あああ……ッ！』

「あ、あんっ♡　イクッ♡　イクイクイク――――んあああああッ♡」

ドクッドクッドクッ！

最奥で射精しようと腰を突き出すと、視界がちらつく感覚に襲われた。

膣内の無数のヒダが肉棒をしゃぶり、最後の一滴まで欲するように搾り取られる。

メイは身体を丸めながら腰を震わせ、口端からよだれを垂らす。

「あ……あはぁ♡　ダメ、ですっ♡　イクの、止まらないっ♡」

そう言いながらぶるぶる震えるメイを抱きしめる。

小動物のような弱々しい彼女を中出しした後に抱きしめると心が落ち着く。身も心も征服したと思えて気分がいい。

『気持ちよかったか？』

「は、はい……っ♡　気持ち、よくて……意識、飛んじゃうかと思いました♡」

くすくすと笑うメイ。

どうやら満足したようだ。というよりも、何度もイかされて意識が飛ぶ寸前のようだった。焦点が定まらず、どこか視線が虚ろだ。

……これ以上したら駄目だ。

もしもこれ以上、彼女を犯せばメイはまた俺から離れられなくなる。わかっている、わかっているんだが。

『誰が休んでいいって言った？』

「え、あ……っ！」

『尻を俺に突き出せ。今度は後ろから犯してやるから』

「は、はい……っ♡　先輩♡」

メイはボーっとしたまま四つん這いになると、俺へとお尻を向ける。

膣穴から溢れ出した精液が太股へ垂れてベッドを濡らす。彼女は自ら膣穴を指で開き、いつも通り俺にお願いする。

「先輩♡　メイのおまんこ、また犯してください……っ♡　また意識が飛んじゃうぐらい激しくして犯してください♡」

その懇願を聞いて、俺の中にある醜い部分が昂っているのがわかる。

『ああ、もちろん。いつもみたいに、意識が飛ぶまで犯してやるよ！』

「——あ、あああんッ♡」

一気に膣奥まで肉棒を突き挿れると、メイは顔を上げて嬌声を上げた。

◆

「本当に、また意識飛んじゃった♡　ほんと、先輩とのえっちは麻薬みたいに狂っちゃいます」

気づけば時間は昼から夜へと変わり、部屋の中は暗くなっていた。

いつものように意識を失って寝ていたメイが目覚めると、ベッドで横になっていた俺の身体に絡みつきネコのような甘えた声を出す。

「はあ、気持ちよかった。メイの前から先輩がいなくなって感じていた寂しかった気持ちも、たった一回抱いてもらっただけですっかり癒されました。さすがメイの大好きな先輩です」

「……メイ」

「はい、どうかしましたか?」

笑顔のまま首を傾げる。

「神宮寺に脅されているって、さっき言っていたよな?」

「はい、言いました」

そうか、と俺は小さく頷く。

「メイは、あいつに脅されて従うのか?」

「いいえ。先輩以外の男に従う気はありません。あの人、まだメイのこと諦めてないみたいですけど、メイのご主人様は先輩だけなので」

「そうか。俺は今日からメイ——弧夏カナコのマネージャーだ。メイが何の問題もなく配信活動ができるようにサポートしろって会社に言われているんだ」

「はい」

「脅されているって、それはメイの活動を邪魔しようとしているって解釈でいいんだよな?」

まるで自分にもメイにも無理やりに言い聞かせるような言葉。そしてメイもそのことを理解しているのだろう。俺をジッと見つめながら頷いた。

「はい」

「だったら、どんな手段を使ってでも排除しないといけないよな?」

「はい、その通りです♡」

嬉しそうに微笑むメイを抱き寄せる。

熱を帯びた互いの身体が密着すると、彼女は耳元で囁く。

「メイは、先輩の所有物なんですから。だからもう、メイのこと捨てちゃダメですよ？」

アイドルをしていたとき、大勢の男たちを虜（とりこ）にしてきた――奈子メイ。

今はVTuberとしてネット上で全世界にファンを持つ――弧夏カナコ。

そして何より高校時代、俺と付き合っていた神崎まどかと浮気していた神宮寺が何度口説いても堕とせなかった女。

そんな誰しもが欲している女が、今は俺に依存している。

『所有物なら』

気付くと俺は、再びメイを押し倒していた。

『また犯しても問題ないよな？』

「はい、もちろんです。先輩が望めば、メイはいつでも、どこでだって、おまんこを開いて懇願します――メイを犯してください♡　って」

誰もが羨む彼女を、誰にも知られず何度も抱いて依存させる。

背徳感を味わい、支配欲を刺激して、優越感に全身を溺れさせる。そんな快楽を味わった者が、どんなに逃げてもそれらを簡単に手放せるわけなかった。

——真面目で、優しくて、一途な橘恵。

一度でも堕ちた人間は簡単には戻れない。

◆

あれから一時間ほどが経った。

全身に付いた汗や体液なんかを流すため、俺はシャワーを浴びていた。

「本当に凄いな」

高層マンションという外観だけでなく、部屋も風呂場も、何もかもが豪華な作りになっている。まるで高級ホテルの一室のようだった。

「先輩、着替えここに置いておきますね」

脱衣所から声をかけられると、返事をする間もなく人の気配がなくなる。

風呂場を出ると、俺が着ていたYシャツやズボンは消え、代わりにパジャマが置かれていた。

男物のパジャマ。着てみると、サイズは俺にピッタリだった。どうして男物のパジャマを持っているのか、もしかして。という疑問すら抱くことなく納得した。

俺を不安にさせないようにか、着やすいようにタグは取っても、わざわざ未使用だとわかるよう袋に入ったまま置かれていた。

彼女に浮気された過去がある俺への配慮なのだろう。

付き合っていたときから変わらない徹底っぷり。懐かしい感じだ。

『相変わらずの献身的な態度と俺への依存っぷりだな。俺と別れてから別の男はできていませんって、言葉に出すことなく何度もアピールしてくる』

心の中の醜い俺がまた喋りかけてきた。

「それが本当かどうか、わからないけどな」

『おいおい、それ本気で言っているのか？　あの女が別の男に心変わりするわけないって、そうさせたお前が一番理解してんだろ？』

「ああ、わかっている。わかっているさ」

だけど信じていた相手に裏切られたことがあるから、簡単に人を信じることはできない。

『だからこうして、あの女は何度も無言でアピールするんだろ。――メイは先輩のことを裏切らない、絶対に離れない、ってな』

「そして同時にこうも言っている。――だけど他の女は平気で裏切る。あなたに相応しいのは自分だけだ、ってな」

『ああ、そうだ。そして無垢なあいつをそういう女にさせたのはお前だ』

「……わかっている」

そう答えて脱衣所を出る。

「あっ、やっと出てきた。先輩、今日はメイの家に泊まっていってくれますよね？」

着替えを終えると、メイはキッチンに立っていた。

料理を作っている最中なのだろう。換気扇の音と食欲をそそるいい匂いがする。

「今日は配信しない日なのか？」

「はい、おやすみなので安心してください」

メイはにこっと笑う。

そんな彼女に俺は頷き、ソファーに座る。

「それとスーツ、アイロン掛けておきましたので」

ハンガーにかけられたスーツにしわは一切なく、メイがアイロン掛けしてくれたのは見てすぐにわかった。

アイロン掛けをするときに邪魔だったのだろう、ポケットに入れていた俺のスマホがテーブルの上に置かれている。

俺はスマホを手に取り、調べ物を始めた。

配信サイトの検索欄で〝こ〟と一文字を入力すると、予測変換の一番上にメイのチャンネルである〝弧夏カナコ〟というVTuberの名前が出てきた。

チャンネル登録者数は３００万を超えている。さすがの人気だ。

そんな彼女のチャンネルにある自己紹介動画を開く。

『みんな、コンコン！　弧夏カナコだよ。カナコは狐の――』

声は確かにメイ本人だったが、普段の声よりもう少し幼い感じに喋っているように聞こえた。

どうやら、この弧夏カナコの設定は『男を手玉に取る女狐』なのだという。見た目と設定年齢は6歳の幼女――だが、配信する時間帯や内容によっては、妖艶な大人の女狐のイラストに変えている。

大人の方は雰囲気は似ているが全くの別人のように感じた。それと最も驚いたのは、弧夏カナコの声を聞き比べてみると幼女と大人の姿で受ける印象や雰囲気が全く違うことだった。

幼女の見た目をした弧夏カナコはかわいらしい舌っ足らずな喋り方だが、大人に化けた弧夏カナコは聞きやすく色っぽい声。

そこまで彼女に詳しくない者であれば、それぞれ別の人物が演じていると勘違いしてもおかしくないだろう。

「ご飯できましたよって、ああっ、メイのチャンネル見てる！」

出来上がった料理を運んできてくれたメイが、スマホの画面をのぞき込む。

「しかもそれ、デビュー当時のだから……一年前？　だったかな」

ということは、18歳のとき――俺と別れてすぐ、この活動を始めたのか。

「幼女と大人の弧夏カナコってキャラクターにしたのって、メイの考えなのか？」

「そうですよ。一粒で二度おいしいみたいな感じで、見てくれてる人も毎日が新鮮で楽しんでくれるかなって」

「人気が出たのも頷けるな」

「それにみんな好きですからね。年下のかわいい女の子も、年上のエッチなお姉さんも」

俺の肩にあごを乗せるメイは、ぐりぐりと押し当ててくる。

「ところで、先輩はどっちのカナコちゃんが好きですか？」

メイに聞かれ、少し考える。

「どっちも違った魅力があって好きだけど、個人的には大人版かな。ああいう感じのメイって初めてだから」

「もう、聞いてるのはメイじゃなくてカナコのことなんですけど？」

「あはは、ごめんごめん。ただどうしても、声を聞いているとメイの顔が浮かんでさ」

「それはそれで嬉しいような、んー、言われてみれば先輩の前だといっつも責められてばっかだから、こういうSっぽい感じの喋り方しないですもんね。ふむふむ、なるほどなるほど」

メイが俺の隣に座り、深呼吸する。

俺の頬に手を当て、彼女はいつもと違った笑みを浮かべる。

「いつも責められてばかりだから、今度はわたくしが、主様(あるじ)を責めてあげましょうかね？」

一瞬にして声色だけではなく表情の雰囲気まで変わった。

おそらく役を演じているのだろう。さっきまでスマホで流れていた声が目の前から聞こえる。

たしかにいつもと違った大人の色気をまとったメイは、新鮮で違った興奮を得られる。

「メイに責められるのも悪くないな」

「ふふっ、では今から――」

「――だけど」

俺はメイの頭を撫でる。

「せっかく作ってくれた料理が冷めちゃうから、後でな」

そう伝えると、憑き物が祓われたように元のメイに戻った。

「もう、せっかく気分が乗ってたのに！」

「残念だったな」

「ふんっ！　いいですよいいですよーっだ！　その代わり後で覚えておいてくださいね。勃たなくなるまで搾り取ってみせますから！」

「さっきあんなにしたんだ、もう勃たないよ」

「またまたー、先輩は二日三日ぐらいなら寝ないでもずっと勃起できるじゃないですか」

「俺を性欲の化身みたいに言うな」

「くすくす、だってその通りですから」

子供のように笑うメイ。

彼女から箸を受け取ると、俺たちは食事を始めた。

◆

　夜ご飯を食べ終わって少しのんびりしてから、俺は昼間、彼女が話していたことを聞いた。

「神宮寺には、いつから脅されているんだ？」

「一か月ぐらい前からです。急にＳＮＳのメッセージで連絡してきたんです。その時は『もしかして奈子メイ？』みたいに半信半疑な感じで、たぶんメイが弧夏カナコだって確証を持ってなかったんだと思います。だから今まで無視してたんですけど、数日前から〝どうしてかわからない〟んですけど、メイだって確信を持ったみたいで」

「声でわかったとか？」

「そうなのかな？　って疑問に思っても、配信の声を聞いただけで確信を持てるとは思えないんです。というより、それならもっと前から確信してるはずじゃないですか？」

　全く声が違う、というわけではないが、普段のメイの声と幼女や大人のキャラの声はそれぞれ違う。

　もしかしてと思っても確信するのは不可能に近いはずだ。

「当てずっぽうで、という可能性は？」

「それもないと思います。当てずっぽうで弧夏カナコを探るようなこと、今のそこそこ知名度を持ってるあの人にはできないと思います」

「知名度を持っている？」

　メイはスマホを手に取ると操作を始めた。

「先輩は〝暴露系配信者〟って知ってますか？」

「ああ、知っているよ。ゴシップ記事みたいな感じで、有名人とかの秘密だったり不祥事を暴露する——もしかして」

「神宮寺先輩は現在、暴露系配信者として活動してるんです」

　一括(ひとくく)りに配信者といっても、いろんな種類が存在する。

　彩奈のような女性に向けた美容やメイク、それにファッションを発信する配信者であったり、燈子さんのような男性向けのＡＳＭＲ配信者や、メイのようなVTuber、他にも実写系やゲーム実況配信者など、その種類や活動者は今もなお増え続けている。

　昔はテレビで見ていたいろんなジャンルの番組を、今ではネットで素人(しろうと)でも手軽に配信したり視聴できるというのが理由だろう。

「暴露系配信者も数多くいるんです。他の配信ジャンルよりも比較的に数字が取れますから」

　数字、というのはチャンネル登録者数や視聴回数のことだろう。たしかに話だけなら聞いたことがある。

　昔からゴシップは一定の人気を誇っている。

自分では体験できないようなことを見聞きして、日常生活の刺激となって快感を覚えたり、他人の事情や秘密なんかを知った気になり、それを友人や知人なんかとの話題にして盛り上がったり。

——不倫や借金、様々な理由で破滅していく人間たちの落ちていく様を見て爽快感を得る。他人の不幸は蜜の味、という言葉もある。そういった理由から、きっとこの先も無くならない人気商売の一つだろう。

「それで、今の神宮寺は暴露系配信者になったということか。あいつらしいな」

別に暴露系配信者が嫌いなわけじゃない。

そういった娯楽を楽しんだことがないわけでも、ワイドショーのゴシップを軽蔑したこともない。ただ、大勢の前で俺をストーカーだと蔑み、笑い者にしたあいつがやっていると知って、変わらないなと感じた。

あいつがネット上で今も誰かを笑い者にしていると考えたら無性に気分が悪くなる。

「先輩、ちょっとすみません」

隣に座っていたメイは、ふと俺の目の前に座り直し、俺の両手で自分を抱きしめるように誘導した。

「メイ……？」

「先輩が苦しそうだったから。こうしたら、少しは楽かなって。くすくす、余計でしたか？」

後ろからメイを抱きしめていると、確かに気が楽になる。きっと俺の表情が強張っているのを見て気を遣ってくれたのだろう。

「ごめん」

「いえいえ、先輩に後ろからギューッってされるの好きなので、むしろ大歓迎です。それで先輩が大丈夫なら説明に戻っても？」

「ああ、ありがとう。続けて」

「神宮寺先輩は何か月も前から暴露系配信者として活動してたんですけど、実はチャンネル登録者数は１００人以下だったんです」

１００人という数字を、何も知らない俺であれば凄いと感じられたが、業界研究をした身からすると「何か月も前から」活動していてこの数字は少なく感じる。

「それなのに、なぜか一か月前から急に登録者が増えだして、今では50万人を超えているそうです」

「一か月で50万人!?　それまで１００人以下だったのにか？」

「はい、変ですよね。それでこれを見てください」

メイのスマホには、神宮寺のチャンネルである『地獄代行通信』という、いかにも怪しげで厨二病くさい名前のチャンネルが表示された。

確かにチャンネル登録者数は50万を超えている。だが注目すべきなのは、このチャンネルが今まで配信してきた動画の視聴者数だった。

「今は人気が出て過去動画も見られるようになったから少し変わっちゃいましたが、登録者1００人以下だった一か月前の視聴回数は1０００いかないぐらいでした。でも」

「それから少しして、平均数十万再生か。サムネやタイトルにさほど違いはないのに」

今は編集を雇ったのか作り込まれたサムネだが、当初は黒背景に白文字という人気になる要素が皆無なサムネだった。

そんな適当なサムネでも途中から視聴回数は急激に上がり、伸び率は以前とは雲泥の差だった。

「数か月前の動画と、ここ数日の動画でやってること自体は同じなんです。ただ違うのは――新しい情報か古い情報かの違いなんです」

「……新しい情報か古い情報か。もしかして、今までは既に世間に出ていた古い情報を発信していたのか？」

メイはコクリと頷く。

たまにニュース番組なんかを見ていると「またこのニュースかよ」とか「他のニュース番組で見た情報だな」と感じることがある。

情報は鮮度が大事、誰かがそんなことを言っていた。誰だって知っている情報よりも、誰も知らない情報を発信している配信の方がいいだろう。

ゴシップというのを楽しむ者ならなおのことそうだ。

「これまでは、どこかで聞いた情報をまた聞きで発信してたんです。コメント欄でも『情報古すぎ』とか『もう知っている情報を自慢げに話されてもさあ』と叩かれてました。だけど一か月前から急に〝誰も知らない情報を発信する側〟に変わったんです」

「どこも知らないような新鮮なネタを発信していたら、見る人が一気に増えてもおかしくないな。でもそれって確実なのか？」

本物の記者ではなく一介の配信者である神宮寺が、他の暴露系配信者やテレビのニュースよりも早く情報を仕入れられるわけがないと思った。

適当な嘘情報で人を集めただけではないかと。

「はい、この人の情報は全て本当でした。だから人気が上がってるんです」

「なるほど」

大きく息を吐く。

「話を整理すると、それまでは遅れた情報しか提供できなかった神宮寺が、なぜか一か月前から誰も知らない情報を仕入れるようになった。その情報が正確だから人気も上がったってことか？」

「はい、そうです」

言葉にしたら簡単だ。

だが、それをできていることに疑問しか浮かばない。

「影響力のなかった頃の神宮寺先輩がメイ＝弧夏カナコであることや先輩との関係をチャンネル内で暴露しても、ＳＮＳのつぶやきのような妄言だって見向きもされなかったと思います。でも今のあの人の言葉なら」

「疑うことなく、広まるのはあっという間だな。それでメイは脅されているということか？」

「はい。先輩、ごめんなさい、気づかれちゃって」

「いや、それはいい」

問題なのは、どうして気づかれたかだろう。

それが、誰も知らない情報を急激に手に入れられるようになったことと関係しているのかもしれない。

どうすべきか、そんなことを考えていると。

――ピコン！

ふと、俺のスマホが鳴った。

誰からの連絡か確認すると、〝仲の良いお友達〟からだった。

「……お仕事の連絡ですか？」

「ん、まあ、そんな感じかな。ほら、メイも知っているだろ。あいつだよ」

「あいつ？　……もしかして、あの？」

思い出したのか、少し複雑な表情を浮かべるメイ。

「先輩、まだあんなのと仲良かったんですね」

「まあな」

「メイはあの人、だいだいだいだいだいっ嫌いです！　いつも酒とタバコ臭くて、胡散臭くて、とにかく臭いから嫌です」

「臭いって、まあ、あいつはそういう奴だから。別件で相談していたんだけど、この件についても話してみるかな」

　彩奈の件で連絡していたけど、この件でも力になってくれるかもしれない。そう思い言葉にすると、彼女はため息をつく。

「先輩がそう言うなら、メイは何も言いませんけど。お金とか貸したらダメですからね？　あれに貸して返ってきたこと一度もないんですから」

「まあ、俺も返ってこないだろうなって思いながら貸しているから」

「ダメ！　先輩は優しすぎます！　あんなのに優しくする必要なんてないんです！　喉が渇いたとか言ったら公園の水飲み場を指差せばいいんです。お腹が空いたらそこら辺に生えてる雑草をむしらせて食わせればいいんです。そもそも、あれが金に困るときはいつもいつも――」

　それからもメイの小言は続いた。随分と嫌われているが、まあ、メイにとってあいつは生理的に無理な存在だからな。

# 第二章　暴露系配信者

——次の日。

担当する彩奈、燈子さん、メイの三人と午前中は予定を入れず、俺はとあるパチンコ店に来ていた。

時刻は九時ちょっと前。

平日のこの時間でも店前には数名の大人の姿があった。タバコを吸ったり、友人と談笑したり。話題に上がるのは「今日どの台打つ？」とか「昨日あの台の設定が良かった」とか。

誰も彼もが、今日これから勝てると思って晴れやかな表情だった。

そんな列の最後尾にいる男に目を向ける。

タバコを吸いながら、一人競馬新聞に目を通す男。

「今日は絶対に勝ってやる。んで、スロットの勝ち額をメインレースにぶっこんで、美味い酒を呑んで、いい女を抱いて——」

「そう言っていつも負けてんだろ、おっさん」

声をかけると、柄の悪いスキンヘッドの男が俺を睨む。

糸のように細い目で、黒目は生気が薄く、22歳と俺と同い年なくせに老けた見た目をしている。

「なんだ、お前かよ。あー、今日は忙しいから無理、帰った帰った」

「何が忙しいだ。スロットを打ちながら競馬の地方レースに賭ける。それでボロボロに負けて住居であるマンガ喫茶でふて寝。いつもと同じ日常だろ？」

「まだ負けてねぇッ！　……って、うるせえな。ガキは帰るか大好きな女遊びでもしてろ」

「まあ、そう言うなって。今日は新しい仕事を頼みに来たんだよ」

そう告げると男は俺を一瞥し、またかよと大きくため息をつく。

「今度はどんな犯罪の片棒を担げばいいんだ？　狙っている女の自宅をつきとめればいいのか？　それともその女の誰にも言えない性癖を調べればいいのか？　この前の依頼も、なかなかめんどくさい案件だったぞ」

この前の、というのは彩奈が度を越したファンに困っていた件だ。

「人聞きの悪い言い方をするな。どうせ仕事してないんだろ？」

「仕事？　仕事ならしているぞ。お前に依頼された件の成功報酬としていただいた金で、こうして朝から一勝負だ」

「失ってばっかなんだから、それを仕事とは言えないだろ」

「うるせえな、一昨日は勝ったんだよ！　それに今日で大金持ちになる予定だからな」

「ほう、今日はそんなに自信があるのか？」

「昨日から狙いをつけている台があってな。この店よ、二日置きに設定を変える傾向があるんだ」

「はあ。それで？」

「鈍い奴だなあ、今日は設定を変える日なの。しかも今日は従業員のアキナの誕生日なんだ。で、店長はその従業員を気に入っている。となれば誕生日の台番に高設定を入れるに決まっている。だろ？」

だろって言われても、何一つ理解できなかった。

そんな俺の気も知らず、目の前の男は手に持つ新聞を叩く。

「それになんといっても、今日の地方競馬のメインレースも自信大アリときた。負ける要素が見当たらねえ。おう、なんだったらお前も一枚噛むか？」

言っている内容はよくわからないが、それほどまでに自信があるということなのだろう。ほんと、何言っているか全くわからないけど。

「いや、遠慮しておく。俺がギャンブルしないって知っているだろ？」

「はあ、男じゃねえなあ。これだから度胸のねえ短小野郎は。いいか、男なら張れるときに……っと、開店時間だ。というわけだから今日は悪いが忙しいんだ、また何かあったら連絡してくれ。まっ、今日で大金持ちになるから受けるかどうかわからんがな！」

がははは っ！

と、大きな背中を俺に向けて去っていく男――黒鉄。

あいつとの出会いは同じ大学の友人――ではなく、俺の通っていた大学の近くにあったコンビニ。そこでバイトしていたあいつと出会った。

名字はバイトの名札で見たから知っているが名前は知らない。

180センチほどの身長で、体格も体育会系かと思わせるほど大柄だ。

威圧的なスキンヘッドに、清潔感の無い無精髭。ちゃんとしたらまともなスポーツ系の好青年に見えるだろうが、見た目はチンピラかやばい系の男だ。

金があったら平日からパチンコに行き、夜や土日になれば競馬。

「まっ、もって十三時がいいところか。近くで時間でも潰すかな」

俺は腕時計に目を向け予想すると、近くのカフェへと向かった。


――それから三時間ほど経って、スマホが鳴った。

「もしもし」

『……頼む……してくれ』

「ん、悪い。声が小さくて聞こえないんだが、もう少し大きな声で頼めるか？」

『……頼む、俺に金を貸してくれッ！』

スマホから悲痛な叫びが聞こえた。

十二時か。予想よりも早く負けてくれたみたいだ。

「あれ、数時間前に大金持ちになるって言ってなかったか？　友人が大金持ちになるって聞いて楽しみにしてたんだけどな」

『絶対に勝てると思ったんだよ！　なのに、なのに……あの店長、狙い台に設定入れてなかったんだ！　クソッ、あの店長、絶対にアキナと何かあったんだ。だから設定入れなかったんだ！』

よくわからないが、そう旨い話はないということだろ。

「そうか、それは残念だったな。どうだ、飯でもいかないか？　奢るぞ」

『本当か!?　いいのか!?』

「ああ、もちろんだ。近くにあるいつも行くハンバーグの店わかるか？　あそこでどうだ？」

『うおお、ちょうどハンバーグが食べたいと思っていたんだよ！　今から行くから待っていてくれ、絶対だからな！』

電話が切れると、俺もパチンコ店の近くにあるハンバーグ店へと向かう。

それから数分後。

「おう、待ったか？」

「いいや、今来たところだ」

お店の中に入ると、ウエイトレスさんが駆け寄ってくる。

黒鉄は喫煙席への案内をお願いして、

「あー、お姉さん、向こうの端の席でもいいっすか？」

「え？　ああ、はいどうぞ」

「ごめんなさいね、こいつ人見知りなもんで。近くに人がいると飯も食えないんすよ」

ウエイトレスのお姉さんは愛想笑いし、俺たちは周りから少し離れた席に座った。

片方はビシッとしたスーツを着て、もう片方はヤバそうな服装のスキンヘッドの男。そんな二人が周りから隠れるように端の席へ。

料理の注文を終えると、俺は大きくため息をつく。

「絶対にヤバイ客が来たとか厨房で噂されてそうだな」

「だろうな。だがこれで店員も俺たちから他の客を遠ざけてくれる。周りに話を聞かれる心配はしなくていいんだ、感謝してもらいたいぐらいだぜ」

「はいはい」

「んで、頼みたいことってなんだよ」

依頼は受けないんじゃなかったのか？　というくだりは必要ないだろう。俺は神宮寺の件を簡単に説明した。

「神宮寺か。随分と懐かしい名前が出てきたな」

「まさか配信者になっているとは思わなかった」

「そうか？　ああいうタイプにはうってつけの仕事だろ。いつも大勢の中心にいなくちゃ満足できなくて、仲間たちと一人をイジメて悦に入るクソ野郎。今やっていることも似たようなもんだろ」

タバコに火をつけ、煙を天井に向けて吐き出す黒鉄。

「だがお前、あの件は大学生のときに終わらせたはずじゃなかったのか？」

「そのつもりだったんだけどな。メイが俺と付き合っていたことをネタに脅されているんだよ」

「ああ、あのお前大好きエロ女か。……ってお前、まだ関係続いていたのか!?」

「……」

「はあ。まっ、そうなるだろうなとは思っていたけどよ。お前らってお似合いのクズだからな」

「そこに関して何も言わない。とりあえず一から説明するぞ」

今度はもう少し詳しく説明する。

俺はメイと再会したこと、彼女が現在VTuberをやっていて、神宮寺に弱みを握られてしまったことについて説明した。

「うわ、まさか、あのエロ女が大人気VTuberの弧夏カナコだったとはな。不覚だぜ、面白いと思って何度か見ちまった」

「やっぱり黒鉄も気づかなかったんだな」

「幼女と大人の姿でそれぞれ声を変えているからな。あのエロ女と実際に喋ったことがあっても普通はわからねえよ。つか、チャンネル登録者数３００万人の配信者が知り合いかもなんて意識して見ねえから疑いもしねえっての」

「だろうな。だけど神宮寺は気づいて、しかもメイが弧夏カナコだって確信している」

「普通はわかるわけないな」

「俺たちと違って勘が冴えていたり？」

「ゴシップライター様の嗅覚ってか？　んなの、ないない。あのナルシスト野郎にあるわけないだろ。――それより俺は、一か月前から急にチャンネル登録者数が伸び始めたことが不思議で仕方ないがな」

「大勢の人が見てくれたからか？」

「大勢の人が見てくれたからねえ。じゃあ、どうして見てくれたんだろうな？」

黒鉄が笑みを浮かべながら、スマホをテーブルに置く。

「お前だって、ネットとかで美味しいお店を探すとき、わざわざ誰か知らん無名の奴が書いたブログを見るんじゃなくて、大手のグルメサイトをまず見るだろ？」

「当然だ。大手のグルメサイトは確かな情報だって安心できるからな。対してブログは情報が確かかわからない」

「暴露系配信者もそれと同じだ。配信サイトのオススメにも出てこないような登録者100人以下のこいつのチャンネルが出すネタなんて本当か嘘かわからねえ。暴露系は、はっきり言ってチャンネル登録者数=信憑性の高さといっても過言じゃない」

「確かにその通りだな」

「暴露系は爆発すれば配信者の中でASMRと並んで伸びるって言われているんだ。んで、どうやって爆発させるかだが」

「注目度の高い情報をどこよりも早く出すか?」

「ああ、そうだ。だがそれは言うほど簡単なことじゃない。ましてやコネもツテもなく、底辺でずっとくすぶっていた奴なら特にだ」

「だが、神宮寺はそれをやってのけた」

「コネもツテもなく、視聴者もいなかった奴が、ある日を境に突然、脚光を浴びた。不思議だな?」

「つまり、人気になるきっかけとなった一か月前の配信に秘密があると。黒鉄はそう言いたいのか?」

　神宮寺のチャンネル登録者数と視聴者数が急激に伸びたきっかけとなった配信——それは、有名ゲーム実況者が三股している事実を暴露した動画だった。

「探るならそこだろうな。どうやってその情報を得たのか、どうやって人を集めたのか。そして、どうして誰も知らない情報を急に得られるようになったのか。俺の勘だが、こいつ〝何かやっている〟と思うぜ」

「探れそうか？」

「ああ、任せとけって。いつも通り、お前の欲しい情報を探ってやるよ」

なんとも頼もしい決めゼリフを言った後に「というわけで、悪いんだけど依頼料な。今日の競馬代として、なっ、頼むわ」と、くそったれな発言を黒鉄はしやがった。

◆

「おかえりなさい、あなた！　ご飯にする？　お風呂にする？　それとも、メイを犯してくれますか？」

「……いや、仕事をしに来たんだけど」

黒鉄と別れてから彩奈とも燈子さんとも、特に何かするという予定はなかった。

そもそも俺の仕事の話。

基本的な仕事内容は担当するタレントのスケジュール管理とかだから、わざわざ家に行くことはなく、事務所からの電話やメールがほとんどだ。

タレントと顔を合わせるのは一か月に一回とかで、企業からの案件が来たときに先方と打ち合わせするときぐらいだと相良さんに言われた。

ただ、担当するタレントから家に呼ばれたら、必ずと言っていいぐらい行かなくてはいけない、らしい。

「用がないなら帰ってもいいか？　色々と手を付けないといけない書類があるんだ」

「嘘です嘘です、お仕事で来てもらったので帰らないでください！」

黒鉄との食事中、何度もメイから連絡が来ていた。

最初は暇だから遊びに来てほしいと言われたから断ると、本当は仕事があると言われて今に至る。

まあ、そこまで急いで終わらせないといけない仕事ではないけど。

「そういえば、今日は配信する日だったよな？」

「はい、十九時からの予定です。何時までかは考えてないですけど」

「了解。コメント確認もあるから、自宅で配信は確認しておく」

「え、帰っちゃうんですか？」

「当たり前だろ」

「むう、残念。じゃあ、変なコメントはじゃんじゃん消しちゃってくださいね」

業務の一つに配信中のコメント欄の監視というのもある。

わざわざその人の配信を見に来るのだから好意的なファンしかいない――というわけではなく、その人を嫌いなアンチだったり、スパム行為をする者もいる。

特に視聴者が多ければ多いほど、そういう厄介な者も増えていく。

そういったコメントを見て配信者が気分を悪くするというのは当然ながらあるが、純粋に応援している者も同じく気分が悪い。

コメント欄でファンとアンチが口論をしてコメント欄全体が荒れる、ということも多々ある。

それを阻止するため、コメント欄を監視し、火種になりそうなコメントは消し、しつこいようだとブロックという手段をとる。

「残念。先輩に見られながら配信。くすくす、興奮できそうだったのに」

「どんな配信するつもりだよ」

「もちろん普通の配信ですよ？　でもでも、先輩からイタズラされて気持ちよくなる声を我慢しながら配信するっていうシチュ、興奮しません？」

「就職してすぐ無職になるのはごめんだ」

「そしたら一緒にニート生活ですね。あっ、でも安心してください。メイ、いっぱい貯金ありますから！」

「……勘弁してくれ」

たぶんだけど、メイのいっぱいは俺のいっぱいと何桁も違う大金だ。少しだけヒモ生活を想像してしまった。

「ニートになりたくなったら、いつでも言ってくださいね？」

メイは楽しそうに笑う。だがすぐに笑みが消え、大きくため息をついた。

「はあ……。先輩とこうして、ずっと楽しくお喋りしてたいんですけどね」

「どうかしたのか？」

「これを見てもらっていいですか？」

メイは俺の隣ではなく目の前、膝の上に後ろ向きに座った。

神宮寺の話をしたとき、苛立つ俺を慰めようとしたときみたいに。そして、メイは俺にも見えるようにスマホを操作する。

「神宮寺先輩がお昼に動画を上げたんです」

見てみると、お昼に上げたというのに既に再生回数は十万を超えていた。

「前から告知があったのか？」

「再生回数が多いのが気になってSNSで調べたら、数日前から告知はしてたそうです。ただいつもより多いのは、おそらくこのタイトルが理由だと思います」

「タイトル？」

タイトルは『未成年をホテルに連れ込んだあのクソ配信者を地獄に突き落としてやった』というもの。

過激なタイトルで目を引くが、気になったのはその後の文面だった。

「『最後に超重大暴露情報あり！』か」

「はい、このまま動画を見てもらっていいですか？」

なんとなくメイが言いたいことはわかった。俺が頷くと、動画が始まった。

『はい、みんなお待ちかね、前に公開処刑したあのクソ野郎と今日はね、直接話をしてみたいと思いまーす！』

派手さはそこまでない茶色の髪を伸ばした髪型。顔も無駄に整っているためコメント欄でも『今日もイケメンですね！』とか『ホストのお昼営業っすか？』というコメントが散見される。

見た目はあの頃と変わらない。ただ胸元にかけているサングラスや、着ている服、それに身に着けている腕時計や指輪は、いかにも高そうなブランド物だ。

見る者によっては〝成金野郎なイメージ〟と〝お洒落なイメージ〟で意見が分かれそうな男が、一人カメラの前で喋っている。

これが今の神宮寺徹か。

『そんじゃ、電話していきますかね。もしもーし！』

『あっ……もしもし』

スマホの設定をスピーカーにして誰かと電話を始めた神宮寺。

これはＬＩＶＥ映像じゃなく事前に撮った動画だ。神宮寺の馬鹿みたいに明るい声とは違って、スマホから聞こえる相手の声はかなり小さく、何かに脅えているような感じだった。

『いやー、マルモロくん、めちゃくちゃ燃えているね！』

相手はマルモロという名前で活動している配信者。

『……そう、っすね』

『まあ、自業自得だけどさ。あははっ！　だけどこうして俺が話を聞いて「マルモロくんは反省していた、お相手に謝罪したい気持ちでいっぱいだ」って話せば、周囲もきっと収まるから安心してよ！』

『は、はあ……えっと、これ動画は、撮ってないですよね？』

『もちろん、約束したからね』

「え？」

二人のやり取りを聞いていて声が出てしまった。

するとメイは動画を止め、説明してくれた。

「これ、神宮寺先輩のよくやるやり口みたいです。『動画にしてない』『配信してない』『軽い挨拶程度だと思って楽に話してよ』と。そう言って相手を安心させて、切り取れる部分を聞き出すそうです」

「切り取れる？」

メイは動画を再生する。

『——でさ、まあ今回の件は災難だったね』

『いや、まさか相手の子が未成年だとは、あはは……でも相手の子も、俺にいい感じっぽかったから誰にも言わないでくれるかなって』

『確かにそうだよね。ぶっちゃけマルモロくん、反省してないっしょ?』

『いやいや、反省しているっすけど、んー、なんだろ。えっ、ここまで荒れる?　とは思うっすね』

　この会話の流れに凄い違和感があった。

　最初は疲れ切ったようなマルモロという男性の声だったのに、急に明るくなったような——まるで最初の挨拶からかなり時間が経ったような感じだ。

「切り抜くって、悪い発言の部分だけを動画にしているってことか?」

「たぶんそうだと思います。最初の挨拶と今の反省してるしてないの会話の間に、マルモロさんがリラックスできるだけの会話をたくさんしてたんだと思います」

「だから会話の雰囲気が前後で全く違うんだな」

「それにこのマルモロさん、ずっと神宮寺先輩とそのリスナーに付きまとわれて、ＳＮＳでも叩かれて、精神的に病んでたんだと思います。そんな状態の中で神宮寺先輩から『これ以上は荒れないように対処するよ』とか、甘い言葉を囁かれたんだと思います」

「それで気が緩んで、問題になりそうな発言をつい口にしてしまった。そしてそれをいい感じに切り取って動画にされたというわけか」

「電話した内容を丸々動画にすると時間が長くなるから、こういう切り取った動画にするのを視聴者は問題視しないですから。なにより視聴者目線だと悪いのはマルモロさんなので。切り取ったことよりも『こいつ反省してないじゃん』とか『なにへらへら笑ってんの?』って感想しか出ません。もしこの動画に関して彼が何か弁明しても——正義と悪がこの動画の中ではっきりしてますからね」

この場合、正義が神宮寺で、悪がマルモロか。

いくら相手に嘘を吐いて動画にしていたとはいえ、この動画を見た者のほとんどがマルモロを悪者だと言う。彼の味方をする者はかなり少ない。それこそ、不祥事をやらかしてもなお好きでい続けられたファンぐらいだろう。

そんな悪者のマルモロと数少ないファンの声を、神宮寺とそのファンたちがかき消す。

それだけでなく、全く関係のない第三者が面白がってマルモロを叩くから、どうなっても神宮寺のやっていることが正義という図は覆らない。

「公開処刑、だな……」

俺を土下座させようとしたときのように周りを味方につけ、大勢で一人を叩く考え、何も変わっていない。しかも、あの時とは比べものにならないほど大勢の後ろ盾ができて、さらに悪化している。

それから、マルモロにいい顔していた神宮寺は電話を止め、大きくため息をつく。

『――と、見てもらってわかったと思うけど、こいつマジでクズだわ！　最初はこれ以上するのはかわいそうかなって思って動画公開はしないでおこうと思ったんだよ。だけどさ……やっぱ無理、みんなにもこの悪人を見てもらいたい。さすがに酷すぎるわ』

それからも批判は続いて行った。見え透いた嘘だと思ったが、コメントのほとんどが「もっとやれ」という神宮寺を後押しするものや、神宮寺のかわいそうかなって発言を聞いて「神宮寺さん優しすぎるよ」と神宮寺を善人のように崇（あが）めるコメントだった。

「気分が悪いな」

「この人、チャンネル内では神様のような扱いを受けてますから。ただ、見てほしいのはこの次です」

『というわけで残念だけど、全く反省してないこいつには天罰を下そうと思うわ。んで、その時はさ、被害者の子の前で天罰を下してやろうかなって思ってんだよね。直接謝らせたら、彼女の傷も少しは癒えるかなって』

マルモロの公開処刑の予定がひと段落すると、タイトルにもあった最後の重大発表に移った。

『最後になるけど、みんなに重大発表があるんだ。実は誰も知らない情報を仕入れちゃってさ……いやー、マジで衝撃、これはヤバいよ。たぶん世界中が混乱するんじゃねってぐらいの秘密を暴露するわ』

神宮寺は溜めに溜め、発表した。

『あの……あの……あの！　超人気な某VTuberがクソビッチだった衝撃の過去を暴露したいと思いまーす！』

「これか」

動画の最後に行った重大発表に多くの視聴者は興味津々だ。

そして同時に、コメント欄でその相手が誰なのかを当てる流れになっていった。

「今朝、神宮寺先輩からSNSのダイレクトメッセージが届いたんです。『これは最後通告だ。一週間以内に俺の女にならなかったら、お前と橘恵の過去を暴露する。俺は全て知っているからな』って」

「なるほど。それで本気だとアピールするために、こうして告知の動画を投稿したと」

俺は弧夏カナコが奈子メイだと知っていて、お前らの過去も知っている。それらを世界中に暴露する力も持っている。

そう、アピールしているのが伝わってくる。

俺の女にならなかったら、とか。AVやエロ漫画の見すぎじゃないかと思えるセリフ。

たぶんだけど女になれというよりも「好きにセックスさせろ」という意味合いの方が正しい気がする。

「手を打つなら一週間以内か。配信か動画で投稿されてからじゃ対処するのは難しい」

「そうですよね。すみません、先輩。迷惑かけて」

自分のせいで過去を掘り起こされ、俺に迷惑をかけたと思って落ち込んでいるのだろう。

俺は彼女の頭を撫でる。

「謝ることなんて何もない。むしろ謝るのは俺の方だ。俺の過去に巻き込んだわけだからな。

ただ何があっても、メイのことは俺が守るから安心しろ」

「先輩……♡」

メイの身体が、ゆっくりと俺へと近付いて来る。だが、

――ピコンッ！

と、俺のスマホが音を鳴らした。

「仕事の連絡か」

「もう！　あとちょっとだったのに！」

メイから離れてスマホを見ると、メッセージが届いていた。

内容を確認すると、

「ん、燈子さん……？」

送られてきた相手の名前を確認すると、差出人は燈子さんだった。

内容は『ごめんなさい、どうしても会って相談したいことがあるの』というもの。

元から絵文字とか顔文字を使わないタイプだからわからないけど、文面がどことなく深刻そ

うで、何か問題があったのかと不安になってしまった。

「ごめん、ちょっと急用ができて行かないと」

「えー、残念」

大きくため息をつく彼女。

瞳のハイライトが暗くなったように感じたが、一瞬でまた元に戻って笑みを浮かべる。

「でも、お仕事……ですもんね？」

「ああ、俺が担当している人が、なんか相談したいことがあるって」

「へえ、そうなんですね」

メイはソファーから立ち上がると、何かを取りに寝室へと向かった。

燈子さんに『今から向かいます』と連絡を入れる。

ハンガーにかけていた上着を取って玄関に向かおうとした瞬間――。

「夜の配信は確認するから――んっ!?」

壁際に押され、メイにキスをされた。

背中へと腕を回され、強引に舌を絡ませるディープキスに、心地よさから目を閉じた。

だがふと、さっきまでのメイとは違うあることに気づいた。

「……仕方ないから、今日はこれで許してあげます。いってらっしゃい、先輩♡」

「あ、ああ、いってきます」

違和感に気づきながらも、それを彼女に告げることができなかった。

そして玄関を出て、外の風を感じると、その違和感はどこかへと風に吹かれて消えていったように思った。

◆

「ごめんなさい、急に呼び出したりして」

メイの家から真っ直ぐ燈子さんの自宅マンションへやってきた。

玄関先で出迎えてくれた燈子さんの格好は部屋着などではなく、今からパーティーに行くのかと思えるほど高級感のある上品な格好だった。

「いえ、気にしないでください」

「そう言ってもらえて良かったわ。コーヒーを淹れるから、リビングで待っていてちょうだい」

玄関で靴を脱いで中へ。すると、「上着、ハンガーにかけておくわね」と燈子さんに言われ、俺は彼女に上着を渡してリビングへと向かった。

なんだろう、メイの家は実家のような安心感があった。それに対して燈子さんの家は、ソファーに座っているだけでなぜか緊張する。

「上品な高級レストランに普段着で行ったみたいな場違い感が、いや、それは言い過ぎか？」

そんなことをつぶやいていると、キッチンに燈子さんの姿が見えないのが気になった。

コーヒーを淹れるって言ってから少し時間が経っている。

前に家へ来たときは俺の座る位置からコーヒーを準備する燈子さんの姿が見えたんだけど。

「ん、どうかした？」

気になって立ち上がると、燈子さんがリビングにやってきた。

「あれ、コーヒーを淹れてくるって」

「あら、そうだったわね。ごめんなさい。上着をハンガーにかけることに満足して忘れちゃったわ」

「珍しいですね、燈子さんが忘れるって」

「もう、私だって忘れることぐらいあるわよ。ちょっと待っていてね、今から淹れるから」

うっかり何かを忘れた燈子さんは、付き合っていたときにもあまり見たことがなく、どこか珍しく思える。

それから仕事の話――をしたんだけど、燈子さんのというよりも主に俺がこの仕事に慣れたかどうかの話ばかりだった。

「そういえば、何か相談があったたって」

ふと、ここへ来た目的を思い出して聞いてみた。

「そうだったわ。ダメね、私……恵くんとのお話が楽しくて忘れるところだったわ」

手を合わせ、にこりと笑ってそんなことを言われて一瞬だがドキッとしてしまった。

「恵くんに、お仕事の手伝いをしてもらいたいの」

「仕事のですか？　ええ、もちろんいいですよ」

「そう、良かった……。じゃあこっちの仕事部屋に来てもらっていい？」

そういえば、ＡＳＭＲの音声を撮るときに使う部屋に入ったことはまだなかったな。

俺は燈子さんに付いて行く。

カーテンを閉めきっていて真っ暗な部屋。燈子さんに続いて中へ入ると、パチッ、と電気が付けられる。

「え……？」

彩奈の配信部屋は普通の部屋で、メイの配信部屋は寝室と一体になった部屋。

どちらも簡単に想像できる部屋だった。だが、この部屋はどこか異質な感じがした。

――ガチャ。

部屋の雰囲気に圧倒されていると、扉のカギを燈子さんは後ろ手に締めた。

「燈子さん？」

「どうしたの？　そんな母親を探す子犬みたいなかわいい顔して。少し変わった部屋だけど、ただ仕事の手伝いをしてほしいだけよ？」

「えっと、ここで俺ができる手伝いはない気が……」

「ううん、恵くんにしかできない仕事があるの。実は今ね、新しいシチュエーションのＡＳＭＲを録ろうと悩んでいたのだけど、いいアイデアが思いつかなくて。……だけどついさっき、いいのを思いついたの」

香水とも芳香剤とも違った、甘ったるい匂いを発する煙。

おそらくいい匂いがするタイプのお香だろう。その匂いに部屋中が包み込まれる。

「どんな、シチュエーションですか？」

喋っていないと何かに飲み込まれるような感覚があった。だけどすぐに、その質問は悪手だと理解した。

「えっとね、大事に成長を見守っていた隣の家の男の子を、よくわからない女に取られちゃって、それを取り返そうと彼女では味わえない快楽を味わわせて寝取るってシチュエーション。うちの視聴者さん、こういう痴女に責められる系が大好きなの――恵くんと一緒で、ねえ？」

「――ッ!?」

不意に後ろから抱きしめられた。

言いたいことは山ほどあった。それなのに、身体が動かない。

「燈子さん、待って。仕事の相談って」

「ええ、これも仕事よ。新しいＡＳＭＲを実際に体験して、興奮するかどうか教えてほしいの。

それとも、二人三脚で頑張っていくって言ってくれたあの言葉は嘘だったのかしら？」

「嘘では――」

「――じゃあ、抵抗したらダメよ？　目を閉じて、全て忘れて。大丈夫、気持ちよくしてあげるから」

　全身が、まるで自分のものではなくなってしまったかのように力無く、燈子さんに促されるまま動いていく。

　イスに座らされ、目隠しで視界を奪われ、耳元で囁く燈子さんの声と部屋を包み込む甘ったるい匂いが思考を奪う。

「安心して。ちゃんと十九時にはお家に帰してあげるから」

「え？」

　なんで十九時？

　そう思って声を漏らすと、燈子さんは俺の耳元で囁いた。

「恵くんから、私の大嫌いな匂いがしたの」

「匂い、ですか？」

「そう。私の大嫌いな――女狐の匂い」

「え、その、燈子さん、どういうことですか？」

「どういうことって、言葉の通りの意味よ？」

俺をイスに座らせた燈子さんの声が、すぐ後ろから聞こえる。

目隠しで視界を奪われているからか、いつもより感覚が鋭敏で、どんなに些細な声や吐息でもはっきりと聞こえる。

「女狐って、誰のことですか？」

「さあ、誰のことかしらね」

〝大嫌いな女狐〟って、明らかに弧夏カナコであるメイを示唆しているような気がした。だけど燈子さんとメイには、俺が知るかぎり面識はなかったはずだ。

「ねえ、どうしてあんな匂いの強い香水を付けてきたの？」

「それは……」

「いつもは香水なんて付けないのに。まるでマーキングみたい。ご主人様に近付くな！……なんて」

燈子さんの言うように俺は香水を付けたりはしない。ただ俺も、自分から香水の匂いがするのに気づいていた。

メイの家を出るときに彼女からキスをされ、その時に彼女の付けた香水の匂いが移ったのだろう。

――一緒に動画を見たときは感じなかった香水の匂いが、俺が帰るとき急に濃くなった。

メイの家を出て風に吹かれたときはあまり匂いが気にならなかったからいいかと思ったが、

俺の上着をハンガーにかけてくれたときに燈子さんが気づいたのか。

「燈子さん、別の仕事の手伝いならしますから、あの、目隠し外してもらえませんか？」

どちらにせよ嫌な予感がする。目隠しを外そうとするが、それを止めるように後ろから抱き着かれた。

彼女の手が俺の腹部を撫で、シャツを擦る音を響かせながら上へと這ってくる。ただそれだけの音に、俺はいつも以上に興奮していた。

「外したらダメ。見られながらするの、少し恥ずかしいもの……はむっ」

舌舐めずりする音を耳元で響かせ、濡れた唇が右耳を包み込む。全身が大きく身震いする。

そんな俺の反応を見て、燈子さんは「ふふっ、相変わらず耳が弱いのね」と笑った。

相変わらずなのはお互い様だ。

こうやって俺の敏感な部分を責めて、幸せそうに笑うドSなところとか。

「もう、まだ耳しか責めていないのに……ふふっ、溜まっていたのかしら？」

興奮していると自白するように、下半身の一部が大きく反応する。

それを見て嬉しそうにする燈子さん。俺の上半身を触りながら、演技とは思えないほどの役に入る。

「じゃあ、シチュエーションのおさらいね。私と恵くんはお隣さん同士。両親の帰りが遅く家を空けることも多かった君を、年上の私はずっと面倒見ていたの。『将来はお姉ちゃんと結婚する！』なんて言ってくれていた」

　空想の物語を口にする燈子さん。

　ゆっくりした話し方に聞き取りやすい声。真っ暗な視界。そして密着させた身体に、俺の肌に触れる彼女の手。

　燈子さんの言葉はまるで洗脳のように、俺の脳にすっと入り込んだ。

「そんな二人の間に割って入った後輩の彼女。その子の告白を受け入れちゃった君は、そのことを私に秘密にしていた」

　後輩、メイだとすぐ連想できた。

「気付くと私に見せてくれる笑顔は減って、久しぶりに会った君は女モノの香水の匂いをさせていた。悲しいなあ、私に会いに来る前、もしかしてその子とイチャイチャしていたのかな？」

　後ろから聞こえていた燈子さんの声が、不意に横から聞こえた。

「その時、私すっごい嫉妬しちゃった。君が他の女に取られちゃったって……。だから、奪っちゃおって。子供の恋愛じゃない、大人の恋愛の仕方で」

「――ッ!?」

　いきなりキスをされた。

　舌が絡み合う濃厚なキス。

「んっ、ちゅ……はむ、ちゅ！　はあむっ、ん……ぱあ！」

燈子さんの吐息や舌遣いの音が鮮明に聞こえる。

彼女のASMRでは絶対に聞けない、生々しく男を興奮させるものだった。

「どう、気持ちいい？」

「燈子、さ……んっ！」

「はむっ、ちゅ！　あむ、ちゅう、ちゅ……っ！　こら、君は喋らないの」

遠くの方で音がした。録音ボタンを押す音みたいな。だけどよくわからない。何の音か考えていたら彼女のキスに襲われた。

こんな相手の顔も見られない状態でキスされたのなんて初めてだ。燈子さんと付き合っていたときにもされたことがない。

部屋を満たす甘ったるい匂いも。俺の身体を触る彼女の手も。優しい声も吐息も、全てが俺を興奮させる。

無意識に俺は腰を浮かした。

「……腰を突き出して、どうかしたの？」

胸元を撫でていた燈子さんの手が、不意に下半身へ向かう。

這うように擦られる手が下腹部を撫で、そのまま――。

「今、触ってもらえるって期待した？」

だけどその手は左太股まで下りてしまった。

ズボンの中で固くなったモノは期待していた。その期待を裏切られた。だというのにさっきより固く、熱くなっているのがわかる。

「ねえ、触ってほしい？」

耳元で囁かれた。

太股を撫で、小指が微かに肉棒を撫でる。

「触ってほしい、です……」

不意に声が漏れた。

「何処を、どんな風に？」

燈子さんは肉棒に触れた小指の動きを止め、裏筋部分を刺激するように指先で回す。

「ペニスを、燈子さんに、燈子さんの手で」

「私のでいいの？　彼女じゃなくて私の手で」

そう言われた瞬間、胸が締め付けられた。

これは罪悪感か。ただの演技なのに、俺自身も役に入り込んでしまっていた。

「燈子さんのがいいです」

もうぐちゃぐちゃだ、頭が回らない。理性なんてこれっぽっちも残ってない。今はただ、彼女に耳元で囁かれながら最高の快感が欲しい。

「どうしよっかな……。君の言葉が軽いってわかっちゃったから。将来、お姉さんと結婚するって言ったのに」

「それは！」

「射精したら満足して、やっぱり後輩ちゃんに戻る……なんて言い出しそう」

今は役の話か？　それとも橘恵に言っているのか？

わからない。ただ俺は子供のようにおねだりしていた。

「言わないですから。だから」

「本当？　こうやって……」

燈子さんの右手が肉棒をズボンの上から包むと、それだけで今まで感じたことのないような快感が生まれた。

「手で、ゆっくり擦って気持ちよくなっても、私のもとから離れない？」

「離れないです！」

「ふふ、見えない私を必死に探しておねだりして、かわいい。じゃあ」

——ジジジ。

チャックが下ろされる音が鼓膜で震えた。

熱を帯びた肉棒が空気に触れた瞬間、大きく反応する。

「あっ、ふふ……もうこんなに大きくなっているのね。苦しかったの？」

こくこくと頷く。

「久しぶりの恵くんのペニス。相変わらず大きくて……あっ、つい演技しているの忘れちゃった」

不意に顔を覗かせる素の燈子さんの反応に、言葉にならない喜びを感じる。それは下半身に共鳴して、自分から腰を動かしていた。

「ダメ」

そんな俺の行動を彼女が咎(とが)める。

「自分から動いたらダメよ」

「でも」

「約束できないなら止めちゃう。どうするの、このまま止める？　それとも私の手で気持ちよくなる？」

動かしたい欲を歯を食いしばるようにして我慢すると、燈子さんは満足そうに「偉い偉い」と言う。だがそのとき、密着していた身体が離れる。

「燈子さん……？」

突然感じられなくなった燈子さんの温もり。

少しして再びそれを背後に感じると、なぜか両手を後ろで縛られた。

「燈子さん、何を？」

「君が逃げないように。あと、興奮して私のことを襲わないようにね」

優しく縛られた両手。これでは簡単に抜け出すことができる。

抜け出すことができる縛り方をするのは、俺のことを誘っているのか?

そう思った瞬間、大量の唾が溢れ出した。

俺は加賀燈子という女性をよく知っている。普段は俺のことを煽ったり焦らしたりしてS寄りの性格をしているのに、ふと襲われたい願望を垣間見せる。

付き合っていた当時に聞いてみると「狂ったように血走った目で恵くんに求められるのが好きなの。そうなってほしくて、意地悪なことしちゃうの」と。

今もきっと誘われているんだと思う。俺が彼女を押し倒すことを。

それを自覚してまた唾を飲む。だけど俺は、欲望に身を任せることはしなかった。

「……意気地なし」

耳元でそう言った彼女の表情はわからない。ただなんとなく、残念がっているような気はした。

「じゃあ、続きをしてあげる」

自分の選択に後悔が生まれた瞬間、「れろっ」と何かを舐める燈子さん。すぐにそれが彼女の手の平だとわかった。

燈子さんの濡れた右手が肉棒を優しく包む。

ぬちゃ、ぬっちゅ……。

耳に届く水音と燈子さんの優しい手の動きに、弱々しい声が漏れる。

「ぐっ、はあ……っ！」

「まだゆっくり手でシコシコしているだけなのに、こんなだらしなく喘いじゃって。そんなに気持ちいい？　目隠しされて、両手を縛られて、彼女じゃないお姉さんに手コキされるの気持ちいいの？」

耳元から聞こえるSっ気たっぷりな笑いに恥ずかしさが溢れ、俺は我慢するように口を閉じる。だが閉じたからって全てを我慢できるわけじゃない。むしろ我慢することで余計に声が出てしまう。

「我慢しようとしているの……？　ふふ、いいのよ、我慢なんてしなくて。ここには私しかいないんだから、いっぱいだらしない声出して」

そう言われて我慢が緩む。

一度でも声が漏れると止まらない。

「そう、もっと声出して。お姉さんもっとしてって。もっと気持ちよくしてって欲しがって」

扱く速度が上がると水音もより大きく響く。

無音の部屋。そこに響くのは肉棒を扱く水音と、燈子さんの嬉しそうな声と、彼女の荒くなった吐息だけ。

「はあ、あ……んっ、はあ！」

燈子さんの声がどんどん艶がかって聞こえてきた。

見えないからわからないけど、まるで彼女自身も感じているようだった。

「燈子さん、もしかして……」

気付いたら留めておくことは難しかった。だが、

「んっ、ちゅ……っ！　はむ、ちゅ、ちゅぱっ！」

口止めするようにキスをされる。舌が絡み合う。このキスも、さっきより辛そうな声が混じっていた。

「久しぶりに恵くんの気持ちよさそうな表情を見ていたら、私まで変な気分になっちゃった」

そう言った燈子さんは俺から離れる。スリッパの音が右隣を通り、すぐ近くで止まる。

シュッ……スルスル、パサ。

布地が擦れる音と、何かが床に落ちる音がした。

「ふふ、何の想像をしているのかしら？」

燈子さんは着ている服を脱いだ。そして今は俺の前に立ち、そのまま跨る。

密着した身体に感じた肌の温もり。それで変なことを想像しない男なんていない。

「んっ、しょ……」

想像通りに股間同士が擦れ合い、全身が震えるように喜ぶ。

俺よりもずっと濡れている燈子さんの秘部は、擦り合わせるたびに卑猥な水音を響かせる。

「あっ、ん……はあ、んん！」

俺の両方の耳たぶを指で触りながら何度も腰を前後に揺らす。

その度にお互いに快感が増し、その時への昂ぶりが強くなっていく。

だが、

「燈子さん？」

いつになっても彼女の温かい膣内へ誘われることはなかった。

「どうか、したの……？」

吐息混じりの声。

燈子さんだって今すぐに挿れたいはずだ。なのにいつになっても素股で擦るだけ。

「もしかして、やっと挿れられるって……そう思ったの？」

ふふふ、と再び笑う燈子さん。

「意気地なしの恵くんには、挿れてあげない」

そう言って、燈子さんは秘部を触れ合わせたまま腰を前後に動かす。

気持ちいい。手でするのとは違った快感がある。だけど想像していた快感とも温もりとも違う。

「あっ、ん、はあ、んん……っ！　恵くん、気持ちいい？」

気持ちいい。だけどお預けされているみたいだった。

「気持ちいいけど、もっと気持ちよくなりたい……そんな顔しているわね。だけどダメ、挿れてあげない」

燈子さんは意地悪そうに笑い、互いの性器を擦り合わせるだけだった。

おそらくさっき俺が両手を結んだ紐が緩いことに気付いたのに何もしなかったから、こんなお預けをしているんだろう。

——あくまで自分からじゃなく、俺から迫ってくるのを望んでいる。

そうなって初めて〝堕ちた〟と言える。

加賀燈子という沼に。その沼に沈んだ経験があるからこそ、底なし沼だと、抜け出すのは難しいとわかる。

目の前の快楽を取るか、それともこの誘惑に堪えるか。

「……ふぅん」

俺が何もしないと気付くと、燈子さんは少し不満気な声を漏らす。

「残念、今日はお預けね。……お互いに」

燈子さんはそのまま腰を前後に動かす。

「あ、はあ、んっ、ああ……っ！」

堕ちれば良かった、底なしの沼に。

行為中、何度もそんな風に後悔した。だけど堪えた。なんでこんな意地になって堪えたのか、たぶん反抗心の表れだと思う。

俺が高校生で、燈子さんが大学生。

付き合っていた彼女は、何も言わずに俺の前から忽然と消えた。

それから数年――。

久しぶりに再会して、仕事上の関係になるって自分から言って俺を突き放したくせに、こうして俺のことを誘惑してくる。

ここで彼女の誘惑に乗ったら彼女の思うつぼだ。だから必死に我慢した。

「燈子さん、もう……」

それなのに。

「じゃあ」

真っ暗だった視界に光が生まれる。

目隠しが外され、頬を赤くさせた燈子さんはジッと、彼女らしくない切なそうな表情で俺を見つめていた。

「私の顔を見ながら、射精して……？」

そんな顔で頼まれて興奮しない男なんていない。

――俺は呆気なく果てた。

「あっ、はあ……恵くんの精液、いっぱい射精てる！」

鼻先がくっ付く距離まで顔を近付けたまま、何度も精液を吐き出す。

何度も、何度も。俺が最後まで吐き出せるように、燈子さんは腰を動かし続けていた。

燈子さんに言いたいことはある。だけど燈子さんの顔を見ながら射精したら、何もかも忘れた。

「気持ち、良かった？」

「……まあ」

「ふふ、そうは見えない。なんだか物足りない、不満そうな顔してる。恵くんが悪いのよ、変な意地張るから」

「それは」

「冗談。私が悪いのよね、ごめんなさい」

燈子さんは謝ると立ち上がる。

近くにあったティッシュを手に取ると、俺の前で四つん這いになる。

「私の我が儘に付き合ってくれたお礼。……ああむっ！」

ティッシュで拭かれるのかと思っていたら、燈子さんは大きく口を開けて肉棒を飲み込む。

奥まで咥えると、舌も使い肉棒を刺激して、残った精液まで搾り取ろうとする。

「ん、ちゅ……はい、綺麗になった。お腹に飛んだのは自分で拭いてね？」

ティッシュを渡され、燈子さんは裸のまま机へ向かった。

「録音終了っと」

「え、録音していたんですか？」

「最初に言ってたでしょ、仕事のお手伝いだって。といってもこれはプロットみたいなもので、ここで録った音声を元に後で作る予定だったんだけど」

「そのままでは駄目なんですか？」

「だって恵くんの声が入っちゃったし、なんなら途中からお互いに名前で呼び合っていたもの」

それに、と燈子さんは微笑む。

「私の作品に手コキも素股もありません。子供でも見られる健全な配信サイトに投稿するのよ？」

「あ」

「あって、もしかして気付いてなかったの？」

「えっと、まあ……なんか流れが完璧だったので」

「それはたぶん、恵くん相手だったから。付き合っていたときから、さっきみたいに私に責められていたでしょ？」

「……」

「あ、黙った。まったく」

燈子さんはパソコンを操作する手を止めて顔をこちらに向ける。

「とはいえ、最初はここまでするつもりはなかったの。本当に仕事の予定だったから……でも、止められなかった」

「え？」

「恵くんの顔を見ていたら、気持ちよくしてあげたくなっちゃった。それで気付いたら手でして、素股でして……あのましていたら、どうなっちゃったのかな？」

優しく微笑む燈子さんが再びパソコンを操作するため顔を正面に向ける。

白い肌。肉付きのいいお尻。揺れる大きな乳房。そしてパソコンに向かいながらお尻を突き出した姿勢。

このまま腰を押さえて後ろから……。

無防備なまま操作しないといけないほどの急ぎの作業なんてないはずだ。だからたぶん、燈子さんは誘っている。このまま後ろから襲ってくるのを。

俺はその誘いに乗ろうとしていた。もう、我慢なんてできなかった。だけど、

「あ……」

机の上に置かれた時計の時間を見て我に返る。

時間は18時30分。メイの配信が始まる三十分前だった。

「……時計、隠しておけば良かったわね」

振り返った燈子さんに言われた。

どこか子供っぽい表情に、俺ははっきりとした返事はしなかった。

「あと少しだったのに、残念。もしかして私と別れてから、野獣から獣に格下げされたの？」

「違いがあんまわかんないですけど、俺も大人ですから」

「本当に大人だったら担当女性の部屋に連れ込まれて、抵抗することもなくあれよあれよと射精させられたりしないと思うけど？」

「……」

「都合が悪くなるとすぐ黙る。やっぱりあの頃と変わらないね、恵くん」

少しだけ嬉しそうにはにかむ燈子さん。この表情に弱い。

「燈子さんも変わってないですね」

普段は澄ました大人の女性って顔なのに、ふとした瞬間に子供っぽい表情を見せてくれる。

クールに見えて本当は抜けていて、ドSな一面もあるけどドMな一面の方が強かったりする。

「どんなところが？」

「内緒です」

「教えてよ。良いところ？　悪いところ？」

「さあ」

「もう！」

　ぷくーっと頬を膨らませる燈子さん。

　俺はパソコンの画面に目を向ける。

「もしかしてそれ、今までのデータですか？」

「あっ、誤魔化した」

「気のせいです」

「まったく。ええ、そうよ」

　それら全てにタイトルがあり、パッと見だけでも大量のデータがあった。

「今までこんなに録っていたんですね」

「ボツにしたのも残しているけど」

「ボツ？　なんでですか？」

「頭の中で描いていたときはいいかなって思っていて、いざ録ってみたら違うなあって。そういうのは全部ボツにしているのよ。シチュエーションＡＳＭＲだって一つの物語だもの。聞いている人がちゃんと疑似体験できるぐらいの質と分量がないとダメでしょ？」

「え、ああ、まあ」

「もしかして恵くん、私のＡＳＭＲ配信はえっちな気持ちにさせればそれでいいのでは、とか思っていない？」

「えっと……」

「もう、やっぱり！」

そんなつもりはないんだけど怒らせてしまった。だって燈子さんのＡＳＭＲ配信にあるコメントをいくつか見たけど、そのほとんどが「声がエロい」とか「抜いた」とか、そういったものばかりだった。

もちろん没入感を与えるためにしっかりと台本を練り、十分や二十分ではなく長い時間の作品だからこそ疑似体験できるんだろうけど、残念ながら物語として楽しんでいる人は極少数な気がする。

「もちろん私のＡＳＭＲ配信は聞いている人がえっちな気持ちになってくれるのが目的で、聞いている人の大半もそれが目的だと思うけど。ただ他と差別化したり、クオリティを上げないとすぐ廃れちゃうじゃない」

「たしかにそうですね。俺も燈子さんのＡＳＭＲ配信を何度も聞きましたけど、他の人の作品とは違って凄く良かったですもん」

「ふうん、凄く良かったの。ナニが、良かったの？」

燈子さんが自分の考えを話してくれたから、俺もつい本音を言ってしまった。

「えっと、その……そう、疑似体験できて」

「疑似体験して――抜いてくれた？」

「ぶはっ！」

「ふふっ、図星みたいね。良かったわ、恵くんの夜のお役に立てて」

燈子さんはそう言うと、俺の上着を手に取る。

「もう時間でしょ。はい、今日はお仕事の手伝いしてくれて、ありがとうね」

「何もしていないんですけど」

「そういえば、頑張ったのは私だけで恵くんはイスに座って気持ちよくなっているだけだったわね」

「まあ、はい」

服を着ると玄関で見送られる。

身体を密着させるように抱きしめられた。

「ふふ、じゃあ」

「次は、期待しているわね……？」

そのままキスをされた。何度もした激しいのではなく、優しくて、離れるのを寂しがるようなキスだった。

「今日は我慢してあげたけど、二回目もお預けなんて嫌よ？」

瞳の奥を捉えて逃がさないような強い眼差しに、俺は「善処します」という、なんとも情けない返事をしてしまった。

「楽しみにしているわね。じゃないと今夜のこと、会社に言っちゃうから」

「それは――」

「――ふふ、冗談。二人だけの秘密。でも、今日はもう誰とも会わない方がいいわよ？」

「どういうことですか？」

そう問いかけると、燈子さんは俺の胸元を嗅ぐ。

「匂い、すっかり私のに変わっちゃったから」

自分の匂いを嗅ぐと、燈子さんのというよりあの部屋の匂いがめちゃくちゃした。

「わ、わかりました」

「じゃあ、またお手伝いよろしくね。マネージャーさん？」

離れるときにまたキスをされ、手を振られる。

俺は「また」と小さく返事をして部屋を出た。

なんともいえない表情を浮かべた帰り道。ふとスマホにメッセージが届く。相手は燈子さんで、メッセージにはファイルが添えられていた。

『今回のはボツにしない。恵くんと私だけの作品。寂しくなったら聴いてね、私も聴くから。おやすみなさい、恵くん』

　送られてきたのは、さっき録ったであろうデータだった。

◆

いつものイスに座って、いつものパソコンの前で大きく深呼吸をする。

まだ十九時になってないのに、メイのＬＩＶＥを大勢の人が待ってくれてる。

「よし」

小さく言葉を発してＬＩＶＥ配信を開始する。

画面の右端にいる弧夏カナコが動くのを確認して、メイは演じる――みんなが大好きな弧夏カナコというキャラを。

「今日はね、みんな大好きクイズゲームを遊んでいくよお！」

今日は幼女の姿。

メイが明るい声で話すと、コメント欄の文字は勢いよく流れていく。

短く『嬉しい』と入力する人もいれば、長いコメントを入力してくれる人もいる。

コメントの流れが速すぎて誰がなんてコメントをしたのかまではわからないけど、みんなが弧夏カナコに喋りかけてくれてる。

「そうそう、このゲームすっごく遊びたかったの！」

全部に返事はできないけど、ピックアップしたコメントを読んで返事をする。

弧夏カナコが人気なのは、こうして配信中ずっと喋り続けてるから。

人それぞれやり方は違うし、他のVTuberさんや配信者さんはコメントをたくさん読む人もいれば、あまり読まない人もいる。

その人に合った配信の仕方をすればいいと思うけど、メイは言葉を投げて、ちゃんと返ってきたら嬉しい。

——一方通行は寂しいから。

だけど画面に一秒も残らないコメントを読んで、ちゃんと見てて楽しめるようにゲームもして、無音の時間がなくなるよう喋り続けることは簡単じゃない。配信すると、いつも喉が痛い。

だけど応援してくれる人が喜んでくれるから、頑張りたい。

言い方は悪いけど、サボり方なんていくらでもある。だけどそういう姿勢って応援してる人は簡単に見抜けるから。

適当な対応をして、ファンを大切にしてない同業者が消えてくのを、メイはアイドル時代に嫌ってほど見てきた。

そういった怠慢な姿勢を見抜かれ、廃れてから「これからは頑張りますから！」って言っても、今まで応援してくれていた人たちにはもう——代わりがいる。

「クイズ難しいよー、みんな助けて！」

そうやって見てるみんなに呼びかけると、コメントの流れが一気に速くなっていく。

単純にクイズのヒントの他に、『かわいい』とか『大好き』とか言ってくれる人もいる。たくさんのコメントが来て全部は読めないけど嬉しい。

そしてメイがコメントを読めないでいると、自分のコメントを読んでほしくて投げ銭を送ってくれる人もいる。

その額は数百円から、時には何万もの額が飛ぶ。

「わあ、ありがとう。コメントは最後に読むね」

投げ銭を貰ったら、いつも配信の最後にそのコメントを読む。

多いときは、その投げ銭のコメントだけでも数時間ぐらい使うときがある。だけど全く苦じゃない。だってみんな、ただコメントを弧夏カナコに読んでほしくてお金をくれるんだから。

純粋に考えてほしい。

たった十数文字のコメントを読んで何万ってお金を貰える仕事なんて他にないよ。それを読むのが苦だって言ったら、みんなに申し訳ない。

だから全部読む。ありがとうって、ちゃんとお礼を伝える。

けど、そういった当たり前のことも、年数を重ねるとできなくなっていく人もいる。どんどん適当になって、貰って当然、最悪「えっ、この額でコメント読ませるの?」と思う人も出てくる。

そういった姿勢も、ファンは見逃してくれない。

恋は盲目というけど、何をしても許してくれるファンもいれば、些細なことでも一気に冷めるファンもいる。

そして少しずつファンは去っていき、気づいたら、ファンだった人が他の子を応援してることだってある。

――他の人に取られるの、メイは大嫌い。

「それじゃあ、今日の配信はここまで！　みんな、おやすみ！」

配信を切ったのを確認してから、大きく息を吐く。

「疲れた……」

楽しかったけど、喉も痛いし疲れた。

時間を見ると零時を過ぎてた。シャワーでも浴びにいこうかな。

「先輩、ちゃんと見てくれてたな」

配信中に何度か嫌なコメントが目に留まった。

うっ、てなったり、こいつ、ってなったりしたけど、すぐにそのコメントは消されて、それ以降その人からのコメントがくることはなかった。

約束通りコメントのチェックしてくれたんだ。ってことは、一人で配信見てくれたんだよね。

そう思うと、メイは一人で頑張ってるんじゃないって思えて嬉しい。

「頑張らないと」

今は大人気 VTuber の弧夏カナコだけど、それがいつまで続くかわからない。

些細な失敗でファンを失ったり、すごく魅力的な同業者が現れてファンを取られたり、慢心してはいられない。

いつでも、どこでも、プロ意識を持って活動する。アイドルのときからずっと、それだけは意識してた。

だけど、だけど、だけど……。

「ああ、先輩のこと考えたら、なんだか先輩とえっちしたくなっちゃったあ」

異性との関係が炎上する最大の理由だけど、どんなにこの仕事にプライドを持ってても、先輩だけは我慢したくない。

だって、アイドルの仕事もVTuberの仕事も、どっちもすごいストレスが溜まるから。それに心のどこかで――ううん、メイは自分のことを弧夏カナコだと思ってない。

みんなが好きなのは奈子メイじゃなくて弧夏カナコだから。

アイドルの奈子メイも、VTuber弧夏カナコの奈子メイも、応援してくれるみんなに喜んでもらえるように頑張るけど、みんなは奈子メイを愛してるわけじゃない。

奈子メイが20歳になっても30歳になっても、40歳50歳60歳、どんどん歳をとっても好きでいてくれる保証はない。

そして飽きたら、簡単に他の人を応援する。

なにせアイドルもVTuberも、この世界には数えきれないほどいるんだから。

極端な話だけど、40歳のメイと、10代の他のVTuberだったら、比べるまでもなく若い10代の子を推す。

いつかはこの人気も落ちて、他の子に抜かれていく。

それを知ってるから、メイは画面の前以外では普通に生きようって決めてる——いや、そういう風に生きろって先輩が教えてくれた。

「ファンはいつかメイを捨てる。だけど先輩は、離れてもこうして戻ってきてくれた。頑張らないと。頑張って魅力的なメイで居続けないと」

異性との喋り方も、連絡の取り方も、デートの仕方も手の繋ぎ方もキスの仕方も——えっちの気持ちよさや一人の男性に依存する悦びも、全て先輩が教えてくれた。

先輩以外の人と付き合うなんて考えたことない。だってメイは、自分で自分の悪い部分を知ってるから。他の人と上手くいくわけがない。

世間知らずで、優柔不断で、被虐癖があって、依存癖で。

そんなダメダメなメイには、先輩しかいない。先輩に縛られているときが一番、メイは幸せだから。

「だから頑張らないと、あの女に取られちゃうもんね」

◆

今日はお昼前に彩奈の家に来ていた。

何かの打ち合わせがあるというわけではなく、仕事の話はちょっとでほとんどが雑談だ。

最初に会ったとき元気が無かった彩奈を見て、相良さんから『何度か直接会って話すといいよ。何か不満を抱えてないかの確認ね』と言われた。

元気が無かった理由を知っているので、今日はその後の状況を聞くのも目的だった。

「そういえば、あれから例のメッセージどうなった？」

「そう、そのことのお礼が言いたくて。恵に相談してからピタッと止まったの」

行き過ぎたファンからのメッセージについては、どうやら黒鉄が上手くやってくれたらしい。

「本当にありがとう。悩み事が解決したら、凄く気持ちが楽になったの」

だけど、と申し訳なさそうにする彩奈。

「熱心に応援してくれていた人だから、少し申し訳ないなって」

「それでも行き過ぎたファンには対処しないと。今まではメッセージだけで収まっていたけど、いつ直接的になるかわからないから」

何らかの手段を使って彩奈の住所を特定して接触してくる、その可能性は0じゃない。

「でもどうやったの？　もしかして脅したり……？」

「大丈夫、少し話し合いをしただけだよ」

「本当に？」

「本当に」

　まあ、どうやったか詳しくは聞いていないが、黒鉄なら安全な方法でコンタクトを取って対処してくれただろう。

「恵がそう言うなら信じるけど、それにしても恵は凄いね。相談したらすぐ解決した」

「別に俺は何も」

　本当に俺は何もしてないから気まずい。ただ黒鉄という男がいて、そいつが裏で色々とやってくれて、みたいな話はさすがに言えない。

「それでなんか、ふと小学生の時のこと思い出しちゃった」

「小学生？」

「そう、ふう太が迷子になって恵が見つけてくれたときのこと」

「ふう太って、彩奈の家で飼っていた？」

「そうそう。あの時も泣きじゃくる私に恵が『大丈夫だから』って言ってくれて。次の日の朝だったかな、泥だらけの恵がふう太のこと抱えていて」

「確か、ふう太の好きなエサを持ってあちこち走り回ったんだったかな。それで夜中に田んぼの近くでお腹を空かしたふう太を見つけて……」

「捕まえてくれたまでは良かったんだけど、私に報告する前に田んぼに落っこちちゃったんだよね」

「無事に見つけられたことに興奮しちゃって、足下をライトで照らすの忘れていたんだよ。せっかくカッコ良く決まったのにな」

今でも当時のことは鮮明に覚えている。

泥だらけの俺を見て彩奈がめちゃくちゃ笑って、恥ずかしくて顔が真っ赤になって背けたかったけど、彩奈の笑顔が可愛くて見惚れていた。

思えば異性として好きだと思ったのも、あれが最初だったかもしれない。

「その時から、恵は私のヒーローみたいだったなあ」

「ヒーローって、ただ犬を見つけただけだぞ？」

「それでもだよ。だって私、あの時からずっと恵のこと……」

ふと、目が合った。

彩奈は頬を赤く染め、潤んだ瞳で俺を見つめる。

その反応にこっちまで顔が熱くなってくる。まるで当時の——学生時代に戻ったようなドキドキ感だ。

「あ、えっと、えっと、やっぱなんでもない！」

「え、ああ、うん」

「とにかく感謝しているの！　小学生の時も、今回のことも！」

慌てふためく姿が、当時の彩奈と変わらなくて笑えた。

「ちょっと、なんで笑うの!?」

「いや、なんとなく。それよりさっき『あの時も泣きじゃくる私に』って言っていたけど、今回も泣きじゃくったのか？」

「え、あっ！」

自分の失言を思い出して固まる。

否定しようと「ちがっ！」とか「そうじゃなくって！」とか言っているけど誤魔化せていない。そんな彼女の慌てる姿を眺めていると「もう見ないで！　恥ずかしいから、あっち向いて！」と俺の顔を背けさせようと身体を乗り出す。

だが、

「──きゃ！」

動揺からか足を滑らせた。

俺は咄嗟に手を出し支えるように、彼女の身体を抱きしめた。

「あ……」

「ご、ごめん、つい」

「う、ううん、こっちこそ、ごめんね」

変な謝り方をしてしまった。

彩奈の熱くなった身体と吐息が、変に意識させているのかもしれない。

抱き合ったままお互いに離れようとしない。なんとなく、お互いにもう少しこうしていたかった。

「恵……」

だけど彩奈の声を聞き、背中へ回していた腕を離す。

俺から離れ、俯いた彼女は膝の上でギュッと拳を握る。

「ありがとう、恵」

「ああ、うん」

「びっくりしちゃった。恵、大きくなったね」

「まあ、中学生の頃よりは少し背が伸びたから」

「背も、うん……。だけど筋肉とか、その」

綺麗な白い頬が赤く染まったまま元に戻らない。そして顔を上げて俺を見つめる彼女の瞳は、綺麗なほど潤んでいた。

「あの頃とは、違うね。恵、すっごく大人っぽくなった」

「それを言うなら彩奈だって。めちゃくちゃ大人っぽくなって、綺麗になった」

「本当……？　じゃあ、中学の頃より、今の方が……好き？」

ジッと見つめられながら聞かれ、俺は子供のようにそっぽを向く。

「……まあ」

綺麗とか好きだとかって言葉、こんなに言うのが恥ずかしいものだったか？

ふと、そう思った。

「ありがと。私も、今の恵……大人っぽくて、カッコ良くて、好き」

「あ、ああ」

「うん、好き」

彩奈は小さく、だけどはっきりと好きだと言った。

「って、なに言ってんだろ！　あー、恥ずかしい！　顔真っ赤だし熱いし、もう」

彩奈はぱたぱたと手で顔を扇ぐ。

彼女の全力の照れ隠しは、あの頃にしていた仕草と変わらなかった。そして決まって、

「そう、お礼！　なんかお礼したい！」

誤魔化すように話題を変えようとする。

中学の頃だったら「え、好きってどういう意味？」とうざったい追及をするのに、今はできなかった。

もしも追及して、今度は返事を待つ間を空けられたら……俺はなんて返せばいいかわからなかったから。

「お礼なんて別にいいよ」

「ダメ！　感謝は言葉だけじゃなく誠意で示さないと！」

「じゃあ、ご飯を奢ってもらうとか？」

「うーん、うーん」

そんなことでいいのかと悩んでいるのだろうか。

「じゃあ、それでいい」

「納得いってなさそう」

「だってご飯を奢るだけって……。あっ、じゃあ私のオススメのお店に連れて行ってあげる！」

「彩奈のオススメ？　いいね」

「うん、じゃあ今から！」

「え、今から!?」

「早い方がいいかなって。もしかしてこれから別の仕事ある？」

「いや、今日は元から半日出勤の予定だったから午後の予定はないけど」

「ほんと!?　じゃあ行こう！」

彩奈の圧に負けて、急いでジャケットを羽織る。

「ご飯を食べて……あっ、久しぶりにカラオケ行きたい！」

「久しぶりって、ずっと行ってなかったのか？」

「違う違う、恵と行きたいの。中学の頃もクラスのみんなと一緒に行くことはあっても、二人で行くことなかったでしょ？」

「そういえばそうだったな」

「だから二人で。いい？」

「時間あるからいいよ。ストレス発散にもなるだろうしな」

「良かった」

するると、出掛ける準備をしていた彩奈が口元に手を当て笑う。

「果たして、あの恵の歌が少しは上手になったでしょうか」

「おい、その言い方だと、まるで昔は音痴だったみたいだろ」

「え？」

「え……？」

変な間があったが、彩奈は「気にしない気にしない」と俺の背中を押す。

——お昼ご飯を一緒に食べ、それからカラオケに行って、ゲーセンに顔を出す。

まるで付き合っていた当時を懐かしむように、俺と彩奈は学生の恋人同士のような時間を過ごした。

# 第三章　反撃の狼煙（のろし）

神宮寺が指定した一週間まで残り五日。

相変わらず神宮寺からメイへ連絡はくるものの、俺たちの過去の関係を暴露した動画は出していない。

ただ、このまま何もしなければいつかは痺（しび）れを切らしてあいつは公表するだろう。

動画で暴露すると事前告知までしておいて『やっぱりなんでもない』なんて、あいつのファンも、そうでない者たちも許さない。

なにせＳＮＳのトレンドに乗り、犯人捜しのように世間では大盛り上がりなのだから。

何かしらの対策を早く取らないと。

そう思ってメイから話を聞いた日からこれまで、黒鉄と連携して対策を考えていたがこれといった決め手となる策は見つからなかった。

そんなお互いに停滞状態の中。

「へぇ、さっすが大人気VTuber様だ。俺らみたいな凡人じゃあ一生縁がないようなタワマンに住んでいらっしゃる」

――いい情報が手に入ったぜ。

黒鉄からその報告を受け、会って話を聞くことになった。

「どうして、メイの家なんですか」

「すまない、メイ」

「先輩はいいんです。だけど」

「うおおお、これが最上階から見る景色ってやつか。くう、最高だな。いつも二人で外を歩く凡人たちを見下ろしながらセックスしてんのか？」

「おい、言い方」

「ははっ、マジで最高だな」

黒鉄は窓の外を眺めて満足したのか、ソファーに腰掛ける。

二人で会う前にメイにも伝えておこうと彼女に話すと「一緒に聞きたいです」と言われた。それで三人で話し合うことになったのだが、黒鉄がメイの家に行ってみたいと言うので彼女の家で話を聞くことになった。

「どうしてメイの家に。……先輩以外の男を家に入れたくないのに」

「まあ、細かいことはいいじゃねえか。一度でいいから俺もタワマンの最上階から人を見下ろしてみたかったんだよ」

高層マンション最上階からの景色なんて、何年生きていてもテレビとかでしか見ることができないから、まあ黒鉄の気持ちもわからなくはないけど。

「もういいです。はい先輩、コーヒーをどうぞ」

「ああ、ありがとう」

「おい、俺には？」

「え、貰えると思ってるんですか？　水道水ならいいですよ。ただコップは使ってほしくないので、コップを自宅から持ってきたら水は恵んであげます」

「なんで人ん家にコップ持参しなきゃいけないんだよ！　つか、水道水ならいらんわ」

「じゃあ我慢してください」

「ちっ、相変わらずの嫌われようだ。恵、お前からもなんとか言ってくれよ」

「まあ、無理だろうな」

俺以外の男に懐かないという理由以外にも、初対面の時からメイは黒鉄のことが大嫌いなので仕方ない。

むしろこの空間に二人がいること自体、奇跡だろう。このまま本題に入らなければ、ずるずると無駄話が続きそうだ。

「黒鉄、そろそろ本題に移ってくれ」

「ああ、仕方ない」

はあ、と大きくため息をつくと、黒鉄は持ってきた革がボロボロになったショルダーバッグをテーブルに置く。

「結果から話すが、神宮寺の暴露配信――あれのほとんどがヤラセだった」

「ヤラセって？」

「言葉通りだ。そもそも神宮寺がこの一か月で暴露したネタは全部で十七件。この一か月間、一件のネタを数日に分けてほぼ毎日ってぐらい配信していた。随分と真面目な奴だったんだな？」

　思ってもいないであろうことがわかる薄笑いを浮かべる黒鉄。そんな表情を見て、メイが真面目に答える。

「いえ、一か月前までは週に一回か、一か月に数件出すかどうかぐらいでした。出せるネタが無かったのか、ただ単にやる気がなかったのかわかりませんが、投稿頻度が増えたのは伸びるきっかけになった一か月前の動画から後ですね」

「なるほど」

　メイの言葉に黒鉄は頷く。

「んで、その十七件のネタのうち、リスナーから依頼されたであろう、ネット上のむかつく奴を懲らしめてくださいみたいな、しょうもないネタが五件。それ以外の十二件は、浮気、不倫、未成年との性行為……っていう、男女関係のトラブルだけだった」

「それについては俺とメイも調べていて気になっていたよ。随分と偏った暴露だなって」

「まあ、普通はもっといろんな種類の暴露内容になるはずだからな」

「でも伸びてからまだ一か月。偏っても仕方ないいんじゃないかって結論に至ったんだ」

「もちろん、もっと長い期間で見ればいろんな暴露情報を出せるようになっただろうな。だけど今まで伸びなかったこいつには金になりそうなネタを嗅ぎ分ける能力も、大勢の人が注目するような大物とのコネもない」

だけど、と黒鉄は一度話を切る。

「そんな神宮寺でも0から1に手っ取り早く燃やせるネタをぶっこむ方法も、その情報を一番に手にする方法もある」

「有名配信者に女性を差し向けて、無理やりにスキャンダルを作ったか？」

「ああ、そうだ。この男女関係の暴露で炎上している奴は全て男だ。それ自体は問題じゃないが、その相手ってのが決まって若い女ばっかなんだよ」

黒鉄はカバンから何枚かの資料をテーブルに出す。

それらに記されていたのは、十二件の暴露動画に登場したであろう女性側の年齢や、知れるかぎりの個人情報の数々。

メイが「ストーカーみたい、きもっ」と漏らすほどの個人情報だ。

「よくこんなに調べられたな」

「そこがおかしな話なんだよ。もし被害者が北海道や沖縄に住んでいたらさすがの俺でもここまで調べられなかった。だけど数日歩いて簡単に調べられた。どうしてかわかるか？」

「……被害者は全員、東京近辺に住んでいたからか？」

「そうだ。期日がまだ一か月と短いから仕方ないかもしれないが、さすがに東京だけじゃなく他の地域の奴も数人はいるのが普通だ」

若い女性、東京在住者。確かに偏りが過ぎるかもしれない。

「神宮寺は暴露した後、決まって相手側の女を配信に出させるか電話で話を聞いているんだ。まあ、言ってしまえば〝被害者〟の悲しみを視聴者に伝えて、誰が悪者かはっきりさせて炎上させようって魂胆なんだろうな」

「そういえばこの前のマルモロって配信者が出ていた動画も、最後に被害者の女性と話をさせて謝罪させるみたいなこと言っていたな」

「被害者の女を登場させて『騙された』とか『本気で好きだった』とか言って泣かせたら、誰だって男が悪いと思って叩くだろ？　んで、その情報はＳＮＳで拡散され、神宮寺のチャンネルは一気に人を集める」

黒鉄の言ったことは全て憶測でしかない。だけど言っていることは理解できるし、可能性としてはそれが最も当たっているような気がした。

「ちなみに炎上している奴らに根っからの善人って評判の奴は誰一人としていなかった。中には女癖が悪かったり時間にルーズだったり、裏がありそうと噂されていた奴なんかもいた。おそらくそういう奴をターゲットにしているんだろ」

「それに、善人よりも悪人の方が第三者も叩きやすいからな」

「善人で通った配信者だったら疑念を持つ者も出たかもしれないからな」

「つまり黒鉄は、これら十二件全てを神宮寺が――ハニートラップを女性にさせて、無理やりに炎上させたヤラセだと思っているってことか」

言って俺は少し考える。

もしもハニートラップであれば、コネもツテも、ネタを見つける嗅覚もいらない。

男女が関係を持ったという情報と、被害者である女性側の証言があればどんなに男性配信者が否定しても炎上させることはできる。

被害者の声があれば神宮寺を支持するファンも、面白がって見ている者たちも神宮寺と被害者の女性の肩を持つ。

それにあの神宮寺なら、こういったことを平気でやりかねない。

「でも、きっかけとなった最初の動画、これだけは他の暴露配信とは違いますよね?」

考えていると、資料を見ていたメイが黒鉄に聞く。

「神宮寺先輩のチャンネルが人気になるきっかけになった『有名ゲーム実況者が三股している』って暴露配信、この相手の女性って三人とも三十代ですよ?」

「ああ、それな。おそらくそれは神宮寺が用意した女じゃない。そもそもその三股配信者が関係を持っていたっていう三人とは二年近く前から続いていたらしい」

「そういえば、当時はネットでめっちゃ騒がれていたな。よく二年間もバレずに隠していたなとか」

「そいつかなり用心深い性格だったらしいからな。ゴシップ記者が嗅ぎまわっていたそうだが、確信は得られなかったらしい」

「それもあの神宮寺が……ってのは、さすがに無理か」

「その三人の女は神宮寺の仕込みじゃないだろうな。二年前から仕込んで、一か月前に暴露したっていうのは、さすがに根気強すぎだろ」

「あいつなら種を蒔いて数日後に収穫しそうだな」

「となると、どうやってその情報を仕入れたかだが……」

黒鉄は一枚の資料を俺に渡す。

そこに書かれていたのは、嫌なほど見覚えのある名前だった。

「神崎まどか」

「お前の元カノで、神宮寺の女だ」

「どうしてこいつの名前が急に出てくるんだ？」

「調べてみたら、神宮寺が人気になるきっかけになったこの三股配信者、活動名義はかっこつけた英語の名前らしいが、本名は神崎修二（しゅうじ）っていうらしい」

「……神崎修二」

「実の妹なら、兄の秘密も知っていたりしてな?」

黒鉄の妄想にメイが呆れた声で言う。

「まさか、実の兄の情報を神宮寺先輩に教えたって言いたいんですか?」

「いや、これはあくまでも俺の想像だ。神崎まどかに兄がいたとか、お前なら聞いたことあったんじゃないかって思ってな」

たしかに神崎まどかには六つ歳が離れた兄がいるって、付き合っていたときに聞いたことがあったような気がする。

自分よりも明るい性格で、顔もいいから家によく女の子を連れて来るって愚痴っていたのを覚えている。

「顔写真はあるか?」

「神崎修二は顔出し配信者じゃないから顔写真はない。代わりといっちゃあなんだが、俺なりに調べてまとめた資料がある」

黒鉄から受け取った資料。

そこには神崎修二がどんな人物で、どうして三股をしていることが暴露されたのか、その経緯が記されていた。

神崎修二は、知る人ぞ知るようなマイナーなゲームばかりを好んでプレイし、それをＬＩＶ

Ｅ配信ではなく動画として投稿していた配信者だった。

顔出しはしておらず声のみで、俺でも知っているような有名な配信者だった。

実写動画を投稿したこともＬＩＶＥ配信をしたこともない動画投稿者である神崎修二の素性が知られるはずがなかった。

ましてやそいつの恋愛事情なんて知る由もない。

そんな彼の噂が出回るきっかけになったのは、彼のＳＮＳの扱いがかなり残念で有名だったからだ。

週に何度か上げる写真付きのつぶやき。

その写真には、よく女性の私物が写っていたり、男一人では絶対に行かないようなお店の写真だったりと、交際している女性がいるのではないかと思わせるような匂わせるつぶやきが多かった。

最初は興味本位でこのつぶやきは拡散され、注目を浴びた。

誤って写ってしまったのだろうと誰もが思ったが、それからも度々、こういった匂わせのつぶやきが投稿された。

一度目であれば間違いだったで済むが何度も匂わせが行われると、多くの人たちが〝注目を浴びる目的〟で投稿しているのだと感じた。

「んで、こいつには本当に女がいるのか、それとも注目を浴びたいがために釣りの匂わせをしたのか、この当時は不明だった。だが結果的に、この件で注目を浴びたこいつのチャンネル登録者数もＳＮＳのフォロワー数も一気に増えた」

「あー、その時のこと、メイも覚えてますよ。あちこちから叩かれてましたね。ただ炎上商法って言葉もありますから、叩かれることはどうでも良かったんでしょうね。メイは叩かれてお金を稼ぐなんて嫌ですけど」

「まあ、普通はそうだな」

俺は頷き、資料に目を向ける。

「黒鉄の言うように、注目を浴びたことがきっかけで嬉しい数字は増えたけど、面白がって探ろうとする厄介な連中も増えたわけか」

「こいつにとっては、チャンネル登録者数やフォロワー数が増えたところまでは良かったんだろう。そこで止めとけば良かったのに、目に見えて注目され、それがお金となって返ってきた。んで、下心が出て止まれなくなったんだろう」

そして、そこで止まれなかったことによって最悪な結果へと繋がった。

誤って投稿してしまった匂わせのつぶやきだったら『これ投稿して大丈夫？』とか『マズいんじゃないの？』とか、心配してくれる声もあった。

だけど注目を浴びるのが目的だってわかったとたん、今まで心配していた連中も〝騙された〟と感じて、味方でいてくれる人はどんどん減っていった。

「良い意味でも悪い意味でも、こいつは目立ち過ぎたってわけだな」

「その結果、大衆の目は〝真実か嘘か〟が重要じゃなくて、この〝ふざけた匂わせをしているこいつを懲らしめたい〟という感情に変わったわけか」

「これで、みんな大好き〝ネットで叩いていいサンドバッグ君〟が生まれたってわけだ。ただまあ、ここで止まればこいつも被害は最小限だったろう。まだ好意的に思ってくれるファンも当時はいたからな。だが――後戻りできないと思ったのか、もしくは嫌われ始めていることに気付いていないのか、こいつは凝りもせず周囲の連中を煽り続けた」

「バカだね、この人」

メイの率直な感想に、俺と黒鉄は頷く。

「おそらくプライドだけは高かったんだろうさ。今までの件を謝罪することも弁明することも嫌ったこいつは、そのまま突き進んだわけだ」

「まあ、炎上商法で突き抜けても動画の視聴数が増え続ければお金は稼げるからな。……好意的なファンが消えても」

「だから煽り続けて、敵を増やし続けて――結果、こいつには大量のヘイトが向けられ、大勢の人間が〝不幸になってほしい〟って考えるようになったわけだ」

「そんな誰もが不幸を願った奴を地獄に突き落としたのが、神宮寺か」

「そういうこと」

「懸賞金がどんどん上がっていった感じか。こいつを捕まえたら大金――いや、この場合は大勢のファンを獲得できる感じだな」

「そんな奴の情報を手にして暴露した神宮寺はそりゃもう、その日から英雄みたいな扱いをされることになったわけだ」

　確かにこれを聞くかぎりだと、一瞬で暴露系配信者として人気が出た理由がわかった。

「それで、誰も手にできなかった秘密を、その妹である神崎まどかから聞いた可能性がある、ってのが黒鉄が調べてくれた情報から導き出した考えか？」

「今までずっと顔出しもしなかった奴の秘密をこいつが暴けるとは思えないからな。なんらかの裏技を使ったんだろうと思っていたが、まあ、神崎まどかに兄がいるならこの方法が近いだろう」

　一息つくようにコーヒーを飲むと、メイと目が合った。

「だけど先輩、それがわかったところでどうしようもないですよね？　神宮寺先輩に神崎さんがお兄さんの情報を流したとしても、その証拠もないですし、ましてやそれが真実だったからって問題にはできません」

「そうだな」

「こいつの言う通りだな。これはあくまで、どうやって神宮寺が人気者になったかの俺たちの想像ってだけで、他人からしてみればそれ自体が悪いことにはならない。残念ながら、お前らの過去のことを暴露しようとしている神宮寺を止める手段には使えないだろう」

二人の言った通り、ここで話したことが真実だったとしても打開策にはならない。俺たちがやらないといけないのは〝神宮寺に暴露させない〟ということなのだから。

「だけど、こうしていろんな情報を手にしたのは大きい」

これらを手にしたことで打開策が掴める気がした。

「先輩……」

不安そうな表情のメイに見つめられ、俺は笑顔で頷く。

「大丈夫だ。俺が守るから安心しろ」

「さすが、メイの大好きな先輩です」

「おい、俺の前で惚気(のろけ)んなよ」

「あっ、まだいたんですね」

「おい！　……ちっ。んで、どうやってあいつを追い詰めるんだ？　神崎修二の件をネタにこっちから脅しても意味はないぜ？」

「そうだな。だけど最初の一件に神崎まどかが関わっている可能性が出てきたことで、神宮寺はネタを手に入れるためならどんな手段でも使うことがわかった。だったらその後の暴露動画も、黒鉄の言ったようにヤラセの可能性が高くなった」

「そうだな」

「まずはもう少し詳しい話を当事者から聞きたい」

「当事者って、神崎修二に話を聞くつもりか？　残念だが、この件に関わった奴に話を聞くのは難しいぜ？」

「もしかして、もうやってみたのか？」

「ああ、一応な。だが加害者側の男連中はネット断ちか雲隠れ。被害者側の女連中は……近付いて話題を出しただけで『警察呼びますよ！』って叫びやがった」

「それ、あなたの見た目が不審者っぽいからじゃないんですか？」

「うるせえなあ！　それもなくはないが、ただ本当にそいつらが被害者ならこの話は忘れたい記憶だ。思い出させるな、傷口を抉るなって感じなんだろ」

「もし被害者ではなくハニートラップなら、神宮寺に口止めされているかもしれないな」

「ああ」

　黒鉄の見た目云々は置いておいて、その感じなら女性側に接触するのは難しいだろう。かといって男性側の現住所も、ネットで活動していた者たちだから調べようがない。そもそも、ほとんどが活動時に住んでいた場所から離れているだろう。

　稼げなくなったから引っ越したのか、それとも住所を特定されて住めなくなったのかはわからない。

　どちらにしろ接触は難しい。ただ一人を除いてだけど。

「この人に接触してみるつもりだ」

俺は黒鉄から貰った資料を指差す。

◆

メイの家を出た俺は、一度事務所に戻ってから、とある配信者と会う約束をした。

「ここか」

彩奈や燈子さんやメイの家に行ったことがあるからか、配信者といえばマンションであったり、セキュリティーや防音対策がしっかりされた家に住んでいるイメージがあった。

ただ住所を教えられてやってきたのは、ごく普通の一軒家だった。

表札を見ると、しっかりと家族四人の名前が記されている。

インターホンを鳴らすと、二階から降りてきたのが外からでもわかるほど大きなドンッドンッという階段を駆け下りる音が聞こえた。

『……はい』

「すみません、お電話でお話させていただきました、橘恵です」

会社名は名乗らず名前のみを伝えると、少し経ってからガチャガチャとドアチェーンとカギを開ける音がして扉が開かれた。

「どうも、マルモロさんでお間違いないですか？」

「……はい、自分がマルモロ、です」

開けられた扉の先から覗くように顔を見せてくれたのは、俺と同い年ぐらいの男性だった。

ただ前もって確認していた顔写真と違って、目の前のマルモロさんはかなり顔色が悪く感じる。

「ちゃんと、寝れていますか？」

「……たぶん、はい」

「……上がってもよろしいでしょうか？　電話でお話しした通り一人で来ていますので」

「どうぞ」

玄関に入るとわかる。ここは彼が配信者として暮らしていた場所ではなく、何十年も暮らしていた実家だと。子供の頃に描いたであろう両親の似顔絵や、妹さんのであろうテニスの大会の賞状が飾られていた。

そして彼の部屋がある二階へ向かう。

部屋の中に入るとカーテンが閉め切られていて、昼間だというのに真っ暗だった。

「……すみません、暗いですよね。電気を付けますので」

カチッと電気が付けられる。

どうぞ、とソファーに案内されて座る。俺はここへ来るまでに買ってきたアイスを彼に渡した。

「もし良かったら、食べませんか？　加藤が、マルモロさんがこのアイスが好きだって言っていたので」

「加藤さん、が……」

マルモロさんに伝えると、うっすらと目元に涙を浮かべた。

「ありがとう、ございます」

――マルモロさん。

彼は俺がルートスター株式会社に初出社したとき、同じくマネージャー職の加藤さんが電話をしていた相手だ。

〝未成年とホテルで性行為〟をした、元はうちの所属タレントであり、神宮寺によって公開処刑された配信者だ。

他の加害者や被害者と話すのは難しいが、元所属タレントであれば話を聞けるかもしれない。そう思い、相良さんと加藤さんに頼んで会う約束をとりつけた。

「例の件について、詳しくお話を聞かせてもらえないでしょうか」

「……はい。でも、説明は加藤さんにした通りで」

「はい、加藤からも伺いました。できれば一緒にホテルに入ったというお相手……未成年だという女の子とどうやって知り合い、どういった経緯でホテルに入ったのか、そこを詳しく教えてもらえませんか」

そう伝えると、嫌なことを思い出させてしまったのか、表情が苦しそうになり俯いてしまった。

自分を騙して違う男に情報を売ったであろう女の子の顔を思い出してか、それとも騙された自分に苛立ちを覚えたのか。

どちらにしろ思い出させるのは酷だろうが、ここへ来たのはこの件について詳しく話を聞くためだ。

「すみません、どうしても聞かせていただきたいんです」

思い出させて申し訳ないと思いながらも、もう一度お願いする。

「わかりました。出会いはその、僕の学生時代の友達からの紹介でした」

マルモロさんはゆっくりと話してくれた。

——二人の出会いは学生時代の友達を介してだった。

その友人から彼女は21歳だと紹介されたそうだ。見た目は少し派手な子で、友人からは大学生だと言われたらしい。

そんな彼女と何度かデートを重ね、お互い自然に異性として意識するようになったという。

そして三回目のデートで、マルモロさんは彼女に告白した。

彼女は嬉しそうに「はい」と言ってくれたそうだ。幸せなカップルの出来上がり、だが——。

「彼女から、ホテルに誘われたんです。今日は帰りたくないって。もっと一緒にいたいって。

そう、言われました」

付き合うことになった二人はそのまま一線を越えたのだという。

「そこで初めて、本当の年齢を聞かされたんですか？」

「……はい。本当は17歳だって。自分でもマズいんじゃないかって思いました。でも彼女、自分に言ったんです。『どうしても付き合いたかった』って。僕、今まで女性と付き合ったことなくて」

マルモロさんは悲し気に俯いた。

「そこまで言ってくれたら、年齢とか、関係ないって……お互い了承していたら大丈夫だって。隠せるって、思ったのに」

「暴露されてしまった」

「……はい。それで気付きました。ああ、騙されていたんだなって。本気だったのは僕だけだったんだって。それからは、あっという間でした」

立ち上がったマルモロさんは、学生のときに使っていたであろう学習机から紙の束を持ってきてくれた。

「自分が住んでいたマンションも特定されて、毎日毎日、こういうのが届いたんです」

大きさも色も違う紙の束。おそらく枚数は百を超えているだろう。その内容はとても幼稚な誹謗中傷ばかりだった。

彼女に謝れ。女の敵。死んで謝罪しろ。家を燃やすぞ。家族がどうなってもいいのか？　彼女の両親に申し訳ないと思わないのか？

死ね、死ね、死ね、死ね、死ね、死ね、死ね、死ね、死ね、死ね、死ね、死ね、死ね、死ね、死ね、死ね、死ね、死ね、死ね、死ね、死ね、死ね、死ね、死ね、死ね、死ね、死ね、死ね、死ね。

そんな幼稚な言葉たちが、筆跡を悟られないように新聞やスーパーのチラシの切り抜き文字を並べて使われていた。

おそらくニュースやドラマの知識を借りたのだろう。

「これ、警察には……？」

「相談しました。だけどこの紙だけだと事件性はないから警察では対応できないって言われました。それで、もう炎上しないようにしてほしいって、あいつに連絡したんです」

「地獄代行通信、ですか？」

マルモロさんは小さく頷く。

「この紙を家のポストに入れている奴ら、あいつのリスナーたちだと思ったんです。だから、あいつが止めろって配信で言ってくれたら止まると思って」

「ですが、その頼んだときの会話を録音され、動画として流されたんですね」

「ずっと苦しくて、こんな苦痛から一秒でも早く解放されたくて。あの動画、本編は二、三十分ぐらいですけど、本当は三時間ぐらい話していたんです」

「三時間もですか?」

メイが切り抜いたと言っていたが、想像よりもかなり長かった。

「僕が変なこと言うのをずっと待っていたんだって、少し冷静になって考えたらすぐわかるのに。あいつがこれ以上は炎上しないようにするって言ってくれて……少し親身に接してくれただけで、安心しちゃったんです。ずっと誹謗中傷ばかり受けてきたから、なんだかあいつが唯一の味方なんじゃないかって、そんなはずないのに思えてきて」

一人でずっと抱えていたからこそ、優しい言葉や親身になってくれる態度で気を許してしまったのだろう。

「それからは、自分が何を話したのか覚えてなくて。やっと苦しみから解放されるって、急に気分が明るくなって。それで動画を見て初めて、こんなこと自分で話したんだって知りました。誰がどう見ても反省してないってわかるような言葉も残して」

「……」

「その動画が出てすぐ、今度は住んでいたマンションのインターホンが何度も鳴らされるようになりました」

「管理事務所に相談は?」

「管理事務所にも相談しました。だけど近所の子供のイタズラだって。その後も何度か相談しましたが、最終的にはめんどくさがられて話すら聞いてもらえなくなりました。毎日毎日、時間帯とか関係なく玄関の前に誰かいるような気になって、もうマンションにいられないなって思ったんです。だけど行く宛もなく、友達も、誰も信用できなくて」

「それで実家に？」

「いえ、実家に帰ったら今度は家族を巻き込むと思って、少し前までネカフェとかカプセルホテルで暮らしていました」

　でも、とマルモロさんは言葉を続けた。

「妹が、家に帰ってこいって。あいつ、前から学校で俺のこと自慢してくれていたんです。『お兄ちゃんは凄いんだ』って。それなのに今回の件で友達から馬鹿にされて、あいつ、その友達と喧嘩(けんか)したみたいなんです。両親も職場で陰口叩かれて。なのにそんなこと一切俺に話さないで、俺のこと心配してくれて」

　泣きながらマルモロさんは話してくれた。

　彼の行ったことは、何も知らない世間一般の人からしたら悪いことなのだろう。だけどこうして全ての話を聞き、事情を聞き、少し話しただけでもわかる彼の人柄を知って、俺には彼を非難することはできなかった。

「だから、弁護士には相談しません。配信活動も、もうしません。俺を守ってくれる家族に、これ以上の迷惑をかけたくないんです」

弁護士に頼めば何らかの処置をしてくれるだろう。

だがそれも一瞬のことで、彼の住むマンションに誹謗中傷の紙を入れた〝自称正義のヒーロー〟は、また同じことをする。

それに神宮寺も黙っているとは思えない。

あいつが『マルモロくんから訴えられることになりました』なんていう明らかに数字の取れそうなネタ、動画にしないわけがない。

もし、そんな動画を上げたらどうなるか、容易に想像できた。

――失うものがない無知な第三者ほど怖いものはない。

表では人畜無害そうに生きているくせに匿名だからと、周りが殴っているからと、そういった理由だけで個人を死ぬまで殴れる者がいる。

ストレス発散感覚の者もいるが、多くは自分が卑劣な犯罪行為をしていると認識していない無知な人間だ。彼らは自分のしていることが正しいと思い込み、越えてはいけないラインを平気で飛び越えてくる。

神宮寺はマルモロさんが抵抗する姿を見るなり喜々として彼らを煽るだろう。

まるで神とその信者。

信者たちは煽られれば煽られるほど自らでブレーキを壊し、前進する。そうなれば苦しむのはマルモロさんだけでなくその家族もだ。

「お話を聞かせてくださって、ありがとうございます。――ただ、配信活動を辞めるのは、もう少し待ってもらえませんか？」

「え……？」

俺の善人な部分と悪人の部分が同時に囁く。

――このまま泣き寝入りなんて、させるわけにはいかない。

マルモロさんの考えは理解できた。このまま雲隠れすれば、神宮寺の標的が別のところに向いたと同時に、マルモロさんに執拗な誹謗中傷を送った者たちも別の標的へと向くだろう。

そうすれば彼への攻撃は止む。正真正銘の泣き寝入りだが、それが炎上をやり過ごすための確実な安全策だ。

「実は、地獄代行通信を管理している神宮寺が、今別の人物に狙いを定めているんです」

「別の？　そういえば、自分の動画が出されたとき、最後にVTuberの過去を暴露するって」

「ええ、実は彼女、自分が担当している子なんです。その過去も、おそらくマルモロさんと同じく捏造されたデマだと思われます」

「そんな」

マルモロさんは悲しそうに俯いた。

「このまま何も手を打たなければ、おそらく次の標的は彼女です。そして彼女も、マルモロさんと同じく多くの人から誹謗中傷を受ける可能性があります」

「……」

「まだ十代の女の子です。メンタルも人並で、決して強くはありません。そんな子が大勢から誹謗中傷を受ければ」

「妹と同じ、十代の子が……」

俺が話す〝彼女〟と妹さんを重ねているのだろう。俺は言葉を続けた。

「それを止めるためには、神宮寺の悪事を暴く必要があると思っています」

「悪事。それって、自分に接触した女の子が、あいつに指示されていたかどうかですか？」

「はい。悪事を暴くために、マルモロさんに聞きたいことがあるんです。協力、お願いできますか？」

何を協力するのか、それを詳しく説明しなくても言葉の意味は伝わっただろう。もしも協力すると言えば、泣き寝入りして嵐が過ぎ去るのを待つのは難しい。悪事を暴くということは、神宮寺に気づかれる恐れがありながらも行動することになる。

マルモロさんは少し迷ってから、俺をジッと見る。

「あの日から、生きているのが辛いと感じるぐらい苦しかったです。それと同じ苦しみを妹と同じくらいの歳の子にさせたくない。それにその子の過去は完全な捏造なんですよね？」

「はい」

「わかりました。自分にできることがあれば、なんでも言ってください」

俺は「ありがとうございます」と彼に頭を下げてお礼を言う。

「それで早速のお願いで申し訳ないのですが、マルモロさんを騙した女の子の連絡先って、まだ持っていますか？」

「連絡先ですか？　変わっていなければですが」

マルモロさんから連絡先を聞き、俺のスマホで電話をかけるとコール音がした。

一コールで電話を切り、俺は彼女の連絡先を登録する。

「あの、橘さん。電話するのは、さすがにマズかったんじゃないでしょうか？」

「自分のスマホから電話したので大丈夫です。それに、一コールの電話がかかってきただけで勘づいて対処するような子なら、最初からマルモロさんに別の携帯の連絡先を教えているか、暴露した瞬間に携帯を替えているはずですよ」

どうせ、マルモロさんが心身ともに苦しんでいるから何もしてこないだろうって油断しているんだろう。この子も、神宮寺も。

俺は黒鉄にメッセージを飛ばし、彼女の電話番号を教える。

「それで他には――」

ふと、マルモロさんの言葉が止まった。

ドンッドンッと階段を駆け上がってくる大きな足音が近づいてきて、

「――お兄ちゃん！」

「瀬理香(せりか)!?」

部屋の扉が開かれる。

両手にテニスラケットを握った女の子が俺を睨む。

高校の制服姿だから、おそらくマルモロさんの妹だろう。雰囲気はどことなく似ている。

「お兄ちゃん、大丈夫!?」

「大丈夫って何が……しかも、なんでラケットなんか持っているんだ?」

「変な人が無理やり、家に侵入してお兄ちゃんに暴力を」

「瀬理香、この人は僕が所属させてもらっていた会社の人だから大丈夫。すみません、橘さん」

「いえ」

「会社ってそれ、お兄ちゃんが苦しんでいるときに何もしてくれなかった人たちじゃん!」

申し訳なさそうにするマルモロさんとは違い、彼女からははっきりとした敵意を感じる。

まあ、そうだろうな。

マルモロさんの一件に対して、うちの会社は何の対応もせず数日後に半ば強引に契約解除をしたという話だ。

理由としては、マルモロさんが問題を起こしたのに会社に相談しなかったから、ということだが、彼の家族であれば〝最も力を貸してほしいときに何もしてくれなかった会社〟であって、会社の利益がどうとか評判がどうとかなんて関係ない。

「はじめまして。ルートスター株式会社の橘恵と申します」

「おに……兄に、何の用ですか？」

「瀬理香、この人は今回の一件で俺を心配して来てくれたんだ。それに今、彼が担当している他の子が被害に遭おうとしているのを止めようとしているんだ」

マルモロさんがフォローしてくれたが、妹の瀬理香さんが納得するはずはない。

「その子は助けようとして、どうしてお兄ちゃんは助けてくれなかったんですか!?」

それに対して「俺は入社したばかりだったので」なんて言えない。ただ謝るだけ。謝ってほしいわけじゃないこともわかっているが、今の俺にはそれしかできない。

「おそらくここで話をしていても、妹さんは納得してくれそうにないですね。すみませんが、今日はこれで失礼します」

「いえ、こちらこそすみません」

俺は立ち上がり、彼女の隣を通って玄関へと向かう。

その間も彼女は何も言わなかったが、はっきりと睨んでいるのがわかった。

「マルモロさん、何か進展があったり、相談したいことができたら連絡しますね」

「わかりました」

「この件でマルモロさんに迷惑をかけることは一切ありません。もちろんご家族にも。なので、それだけは安心してください」

「橘さん」

「その代わり、この件が解決できたら、配信活動を再開してください。大勢からの圧力にも負けず、あなたの復帰を待ってくれているファンもいますから」

ＳＮＳで『マルモロ』と検索して出てくるものの多くは、誹謗中傷に近い言葉や憶測でしかない余罪についての言及ばかりで、本人ではない俺が見てもいい気分がしないものばかりだった。だけどそんな悪意にまみれた言葉だけではなかった。

マルモロさんの復帰を待っているであろうファンたちの小さな声もあった。

だが、そんな小さな声にも、自称正義のヒーローたちの暴言は向く。まるで、マルモロさんを擁護している者にも誹謗中傷をしてもいいかのように、餌に群がる。

そんな考えを持った連中相手に何を言われても負けず、ずっと小さな声で復帰を望む声を発している者も今もいる。

そういうファンの姿を見て、純粋に俺も嬉しく思った。

「それじゃあ――」

「あの、橘さん」

ずっと睨んでいた瀬理香さんの表情が、少し和らいだように感じた。

「……さっき兄が、他にも被害に遭おうとしてる人がいるって。それを橘さんが止めようとしてるって。橘さんに、そんなことできるんですか？」

「ええ、もちろん」

「ど、どうしてそんなこと、言い切れるんですか？」

俺の返事が適当だと思ったのか、瀬理香さんの表情がまた厳しいものになった。

俺は靴を履き、振り返って笑顔で答える。

「そんなの簡単ですよ。必ずあいつの悪事を暴いて、今度はこちらが地獄に突き落としてやりますから」

「「……」」

「逃がすつもりがないので、言い切れるんです」

あいつが大勢の人たちにしてきたように、今度はあいつが笑えなくなって一生、脅えて暮らせるように――。

「だから、期待して待っていてください」

俺は笑顔で二人に伝えた。

マルモロさんの自宅を後にしてすぐ黒鉄に連絡をする。

「ああ、俺だ。さっき彼女の電話番号をそっちに送ったが、何か新しい情報は得られそうか？」

『お前から送られてきた番号を電話帳に登録してみたら、一件のＳＮＳアカウントが友達リストに登録された。これでその女のアカウントだって証明ができた』
「そうか。それって、あらかじめ目星を付けていたアカウントか？」
そう聞くと、黒鉄は『いいや』と答えた。

――それから数時間後。

彼女の通う高校や大まかな住所、それにバイト先に関しては事前に調べが付いていた。

『今の時代、ＳＮＳのつぶやき一つ一つで個人情報なんて簡単に特定できんだよ』

と、黒鉄は自慢気に言っていた。普通の人はそんなことしようとは思わないだろうが、今回はその人の道を外れたこいつに感謝だ。

お陰で俺と黒鉄は今、彼女の前に立っているのだから。

「どうもどうも。寿西高の三年生、阿藤夏目さん？」

バイトが終わったのだろう、お店から出てきた彼女。

阿藤という子は、正直な感想を言わせてもらえば見た目普通な子だった。

アイドルに似ていて可愛いとか、モデルっぽくて綺麗だとかではなく、どこにでもいるような平凡な黒髪ロングの高校生だ。

「え、はい。どうしてわたしのこと」

黒鉄に声をかけられて、阿藤さんは脅えたように後退りする。

「あー、待って待って。今日はマルモロっていう配信者について話を聞かせてもらいたくてね、ずっとここで待っていたんだよ」

マルモロという名前が出た瞬間、彼女の表情が一瞬にして強張っていくのがわかった。お店の人に助けを求めようと後ろに足を下げたが、

「まっ、ここだとお互いに困るからさ、別のとこで少し話を聞かせてよ。こっちのお兄さんが美味しいデザートを奢ってあげるからさ」

黒鉄が逃がさないとばかりに彼女の背後に立つ。

めちゃくちゃ怖がっている。見た目がアレだからな、黒鉄って。

「ここで大事にするとマズイでしょ、お互いに」

はったり紛(まが)いの黒鉄の言葉を受け、萎縮(いしゅく)した彼女は少し考える間を空けた。

彼女はコクリと頷き、他の人もいる場所であればいいということなので、すぐ近くのカフェに向かった。

携帯電話を取りださないように目を光らせる黒鉄。

「マルモロさんについて話を聞かせてもらえますか？」

「……そんな人、知りません」

バイト先からこのお店に来るまでにかけた五分で、彼女は黙秘することを選択したらしい。

「そうなんですか？　でも、あなたはＳＮＳでこういうことをつぶやいていましたよね？」

「――ッ!?」

彼女に見せたのは、顔も本名も知らない友達と関わる本垢ではなく、電話番号で同期してくれた学校の友達ぐらいしかやり取りしない裏垢だった。

その裏垢では、マルモロさんと一緒に行ったであろうお店のことや、見たであろう映画のこと――そして彼を騙した際の本音が書かれていた。

「有名なアノ配信者さんと話してみて思ったのは、最低最悪のクズ人間だったたってこと。って、これ君の裏垢だよね？」

「ち、ちがい……」

「じゃあ、他のつぶやきも読もうか？　えっと、なになに――」

「――も、もういいです！」

阿藤さんは少しだけ大きな声で俺を止める。

「お二人の目的は〝アレの件〟ですよね？」

「アレとは？」

「だ、だから……」

話が掴めず首を傾げる。

そんなとき、お店の入口に俺が呼んでいた〝彼女〟の姿が見えた。

彼女もこちらに気づき、俺は手招きをする。

「自分たちはただ、彼女を助けたいだけですから」

「彼女って、えっ!?」

阿藤さんが振り返る。

最初は気づかなかったが、彼女がマスクを外した瞬間、ビクッと大きく反応した。

「え、ええ!?　ど、どどど、どうしてここに奈子メイさんが!?」

阿藤さんはメイの登場に驚く。

彼女が元アイドルの奈子メイの大ファンだったという情報は前もって掴んでいた。

「実は彼女、あなたが協力した神宮寺徹に脅されているんです」

「え、どういうことですか？」

「実は我々、こういうものでして」

俺は阿藤さんに前もって黒鉄が作ってきた名刺を手渡した。

「弁護士さん？」

「はい、そうなんです」

「……こっちの人もですか？」

俺のことは簡単に信じてくれたが、阿藤さんは黒鉄の方を見る。

「こっちの者は、その、探偵です」

「探偵？　探偵、探偵……はあ」

これぐらいの薄汚い奴なら探偵って言っても疑われないだろ。まあ、本職の探偵さんはもっとまともだけど。

「実は数日前、彼女宛にこのようなメッセージが届いたんです」

メイは彼女に、神宮寺から送られたメッセージを見せた。

それは例の〝メイの過去を知っている〟という内容のメッセージで、暴露されたくなければ俺の女になれ、従わなければ暴露するという内容のものだった。

「メイさん、そ、その過去というのは？　もしかして引退するきっかけになったことと関係があるんですか!?」

「うん、そうなの。高校生だった頃、あの男に騙されちゃって。それで、引退することになっちゃったの」

「そう、だったんですね」

本当の引退理由とは大きく違うが、まあ、彼女の心を動かすには妥当な嘘だろう。

「引退してからも付きまとわれてたんだけど、この二人が助けてくれて。だけどまた、こうして脅してくるようになったの」

「それで今回、再び我々の事務所に相談しにきてくれた彼女と話し合い、このまま逃げ続けていてもしつこく追い回され、ありもしない嘘で脅され続けると判断したのです。そして対処するため、マルモロさんの件を聞き、あなたに相談しようと考えたのです」

「わたしにですか？」

「我々はマルモロさんから本当の話を聞きました。それについて、あなたを責めることはしませんし、法で裁くこともしません。その代わり、どうやって神宮寺と知り合い、マルモロさんと接触したのか、それを詳しく教えてもらえませんか？」

「……」

「お願い、夏目ちゃん」

メイが彼女の手を握って情に訴える。

「……わかりました。わたしも、後になって気づきました。自分がやったこと、最低だって。わたしが知ってることは全てお話しします」

どうやら落とすことに成功したらしい。

黒鉄は自分の役目——脅し担当——は終わったと言わんばかりに背もたれに寄りかかり、ノートパソコンを起動した。

言わなくても録音をしてくれているだろう、そういうところは抜け目ない。なので俺は彼女への聞き取りを始めた。

「ありがとう。それじゃあ、知り合うきっかけから聞いてもいいですか？」

「……実はわたし、マルモロさんと出会う数週間前に付き合っていた人に振られたんです。それで、落ち込んでいたわたしに〝バイト先の先輩〟が紹介してくれたんです」

「それが、マルモロさんだったんですね？」

「はい。最初は元カレが忘れられなくて付き合う気もありませんでした。だけど心配してくれたバイト先の先輩の紹介なので、断ったら悪いなって思って会うことにしたんです。そのときに、バイト先の先輩から『相手の人は配信者だから、21歳って伝えた方がいい』って言われたんです。最初はなんで年齢を隠さないといけないのか、よくわかりませんでした。だけどわたし、数回だけ会えば先輩の顔を潰さなくていいかなって思って深く考えず21歳だって言っちゃったんです」

彼女が嘘をついているかはわからないが、気になる部分はいくつかある。だが今は話を止めず聞くべきだろう。

「それで、言われた通り何回か会うことになったんです。本当は数回会って終わりのつもりだったんです。だけど」

「マルモロさんを、意識し始めたんですか？」

「……はい。別れたばかりだったからかもしれません。でもあの人、性格も優しくて、話も面白くて、一緒にいると楽しくて。ずるずる関係が続いてしまって。そんな日が続いていくなかで、彼が好きだって言ってくれたんです」

阿藤さんは、左手をギュッと掴む。

「気づいたら『はい』って答えてました。だけど少しして、マルモロさんに嘘をついてることを思い出したんです」

「自分が未成年だったってこと？」

「はい。それを話せば嘘つきと思われて嫌われると思いました」

「それで、どうしてホテルに誘ったんですか？」

「それは、その……」

ここまで順調に話してくれていたのに、ふと黙ってしまった。

彼女からラブホへ誘ったのには何か深い理由があるんじゃないか。そんな風に思ったが、

「えっと、その、ですね……」

もしかして、単純に想いが通じ合って愛し合いたかったからとか？

まさか、と思ってメイと黒鉄の方を見ると無言で頷かれた。どうやら二人は気付いていたらしい。

「わかりました。ただここまで聞く限りだとあなたが彼を神宮寺に売る理由が思いつかないのですが」

「売るなんて考えてませんでした。その時までは」

どうやらこの後に心変わりする出来事があったらしい。

「彼とお付き合いすることになってから数日後のことです。いきなり、こんなメールが送られてきたんです」

阿藤さんは自分のスマホを操作すると、ＳＮＳのメッセージなどではなく、送られてきたメールの画面を見せてくれた。

「マルモロさんとホテルでしていたことを盗撮していた？」

メールは、とあるＡＶメーカーから送られたものだった。

それには二人がホテルで性行為をしていた場面を録画して、映像として残しているということが書かれていた。

「これは」

「マルモロさんとの関係も、ホテルに入ることも、誰も知りませんし、誰にも話してません。それですぐに思ったんです。マルモロさんに騙されてたんだって。最初から隠し撮りして脅迫するつもりだったんだって。それを知って、怖くなりました」

「そのメール、詳しく見せてもらっていいか？」

ずっと黙っていた黒鉄が聞くと、阿藤さんは頷きスマホを渡した。

「頭が真っ白になりながらネットで検索したら、彼氏との行為を隠し撮りされて勝手に売られた子が他にもいるって書かれてありました」

「いやそれ……」

黒鉄が口を挟もうとしたが、彼女はおそらく当時と同じように取り乱した感じで話を続けた。

「ＡＶみたいなので売られたら終わっちゃうって。世間にばらされたら高校も退学になって、両親にも近所の人にも知られて。わたし、怖くて。こ、こんな恥ずかしいこと、誰にも相談できなくて」

少し考えたら嘘だとわかりそうなものだが。そもそも、彼女がネットで検索したのだって本当の体験談か不明だ。企画物のＡＶの紹介ページを実体験と勘違いしたんじゃないだろうか。

普通はすぐ気付くことだけど、今のように動揺して真っ当な判断ができなかったのかもしれない。それに彼女は見た目通り擦れた感じには見えない。真面目で、普通の子だ。だから気付けなかったのかもしれない。

「どうしたらいいかわからなくて。マルモロさんがわたしのことを騙してたなら、彼に直接連絡するのも危ないと思って。そんな時にいきなり連絡が来たんです——地獄代行通信の神宮寺さんから」

今度はメールではなくＳＮＳのメッセージの画面だった。

「わたしと同じように、マルモロさんとホテルに行って盗撮されていた子がいて、もしこのまま何もしなければ盗撮された映像は世間にばらまかれるって。その前に『マルモロが未成年とホテルに入って性行為をしていたことを暴露しよう』って言われたんです」

「なるほど。それを聞いて、あなたはどう答えたんですか？」

「……あの人の話に、乗りました」

すみません。

そう謝ったのは、冷静になった今の自分だったら、この話を持ち掛けられたことがおかしいと気づいているからだろう。

なぜ神宮寺がこの件を知っているのか。そのことに普通はすぐに気づくはずだ。

「彼に騙されてたことと、わたしだけじゃなく他の女の子とも関係を持ってたことを聞かされて、悲しくて」

そうなるように誘導し、彼女に助け舟を出したのが神宮寺だ。

「さっき読んだ裏垢でつぶやかれたのは、マルモロさんとの一件があってからですか？」

「はい」

「なるほど」

どうりで裏垢につぶやかれたものは、この一件の前後で大きく人が変わったようになっていたわけだ。

好きから嫌いになった。裏切られた。そう思ったのは彼女だけでなくお互いにだ。二人とも相手が自分を騙したと思うようになって、お互いに答え合わせしようと連絡も取らず自然と関係が切れたのだろう。

「一つ気になったのですが、なぜこの件の被害届を出さなかったのですか？」

法律的に今回の一件は犯罪だ。マルモロさんが逮捕されていてもおかしくない。だが俺は自宅にいるマルモロさんと会うができたし、彼が取り調べを受けたということもなかった。

それは阿藤さんが警察に被害届を出さなかったからだ。

「……冷静になって考えて、本当にマルモロさんが酷い人かわからなくなったんです。だから被害届は出しませんでした。それにもし警察に行けば、家族や友達にも今回のことを知られることになりますから」

ＳＮＳで炎上したが被害者は名乗り出なかった。だから加害者であるマルモロさんが逮捕されることも警察に追及されることもなかったということか。

「流れについてはわかりました。それで気になっていたのですが、マルモロさんとは先輩からの紹介と言っていましたが、その先輩というのは誰でしょうか？」

「えっと、少し前までバイト先で働いていた先輩で」

「前までということは、今は辞めたんですか？」

「その先輩、大学の学費を稼ぐために何度かお店で短期のバイトとして働いてたそうなんですが、その学費が貯まって辞めちゃったんです」

「辞めちゃった、というのは期間が決まっているのに途中でということですか？」

「はい」

期間が決まっているのに途中で？

違和感を覚えた。すると、隣に座ってスマホを見ていたメイが彼女に問いかける。

「短期のバイトってこれ？　結構いい時給だね」

「は、はい！　その先輩が担当してる作業は重労働なのでけっこう時給高いみたいなんです！」

メイに話しかけられて興奮気味の阿藤さん。

「バイト先で何かトラブルがあったとか？」

「いいえ、そんなのはなかったです。そもそもこの短期のバイトはお店が忙しい期間になると毎年募集するんです。その先輩、高校生の時から毎年来てたらしいんですよ」

それで短期バイトなのに先輩か。

メイから求人票を見せてもらう。期間は三か月。時給もかなりいい。

毎年のようにこの短期バイトに応募しているということはここを気に入っていたのだろう。それなのに今回は途中で辞めた。バイト先でトラブルもなかったなら、考えられる可能性といえば、ここより待遇のいいバイトが見つかったか。

その人から話を聞ければいいんだが……。

「その人とは、バイトを辞めてからも仲がいいんですか？」

「いいえ、辞めてからは連絡を取ってないです。そもそもバイト先以外で会うような相手でもなかったので」

だったら彼女に頼むのは難しいか。

「それにたぶん、配信活動が忙しくなったんだと思います」

「——配信？」

◆

「くすくす。先輩、詐欺師顔負けな騙しっぷりでしたね？」

阿藤さんから聞けるだけ情報を聞き出してから、俺はメイと二人でメイの家に移動した。

「それは俺がか？　それとも神宮寺がか？」

「うーん、どっちもですかね。でも、先輩はいい詐欺師さんなので、メイはいくらでも騙されたいです」

メイはそう言いながら、ソファーに座った俺の膝の上に座る。

ここ最近は黒鉄と一緒にいる時間が多かったから、こうして身体を寄せ合うのは久しぶりな気がする。

「まさか、あんな仕組みだったとはな」

「ええ」

阿藤さんにマルモロさんを紹介したバイトの先輩というのは〝ぽんたんゲームズ〟という、はっきり言って誰も知らないような無名の配信者だった。

普段はゲーム配信をしているようだが、ＬＩＶＥ配信をしても視聴者は三人いるかどうか。

それもコメント欄を見ると、おそらく友人であろう者だけだった。

そんなぽんたんゲームズだが、不思議なことに有名ゲーム実況者とのコラボが〝数週間前〟に突如として行われた。

向こうの有名配信者のリスナーからすると「え、誰?」とか「なんでよくわからない人とコラボするの?」といった反応だった。

当然の反応だ。コラボなんて誰とでもするわけじゃない。お互いのリスナーに顔見せして、どっちともファンになってもらおうという理由が大きい。

だからこのコラボは、はっきり言って有名配信者側にはなんの利益もなく、ただただぽんたんゲームズにしかうまみがない。

結果として、ぽんたんゲームズは有名配信者のリスナーを少しだけ分けて貰う形で、現在進行形で少しずつチャンネル登録者数を増やしていた。

「有名配信者とのコラボをエサに、阿藤さんとマルモロさんを引き合わせたんでしょうか?」

「だろうな。そう思ってマルモロさんに連絡して聞いてみたら、阿藤さんを紹介してくれた学生時代の友達も配信者だそうだ。しかもそっちも無名だった」

そして調べてみると、マルモロさんに阿藤さんを紹介した者も、別の有名配信者とコラボしていた。

「普通、紹介って一人の人が二人を引き合わせるものなんですけどね。お互いに紹介する人と面識なくて、顔も知らない話したこともない人を紹介しているんですから、完全にアウトですよね」

本来は三人で完結するはずが、なぜか登場人物が四人いる奇妙な構図。確認してみると、マルモロさんも阿藤さんも相手に自分を紹介した人物のことは何も知らなかった。

「でも、これではっきりしましたね」

「ああ。有名配信者とコラボすれば一気に数字が伸びるんだ、底辺でくすぶっている奴なら喜んで協力するだろうな」

見ず知らずの相手を紹介するだけで有名になれるチャンスが貰える。

紹介したその時は悪い事をしているという自覚は当然ない。神宮寺の暴露動画が上がってから自分のしたことが原因だと感じて罪悪感を覚えるかどうかは不明だが、まあ、約束されたコラボ企画とどんどん増えていく数字に舞い上がって何も感じていないだろう。

——プルルルル。

と、そんなことを考えていると俺のスマホが音を鳴らす。

「もしもし」

『よお、電話に出るってことは発情中じゃなかったみたいだな』

「ああ、あの話を聞いた後だからな。そんな気分じゃない」

電話の相手は黒鉄だった。その声色は、どこか明るい。

『まあ、そうだろうな。だが、そんなお前でもすぐに犯りたくなるような〝いい女〟を紹介してやるよ』

「いい女?」

そう言うと、俺に背中を預けていたメイの身体が反転する。

俺の上に跨った彼女がにっこりと笑みを浮かべながら俺を見つめていた。

『ああ、そいつは――』

# 第四章　人気配信者の末路

華やかなパーティー会場に着飾った連中が集まる。

テーブルに並べられた極上の飯や酒、同じくこのパーティーに参加した者との会話で全員の意識が散らかっている中、この俺――神宮寺徹が会場を歩いただけで全員の視線が集まる。

「神宮寺さん！」

目を輝かしながら俺を見つめる女どもに手を振っていると、知らない男が目の前まで駆け寄ってきた。

「神宮寺さんのお陰でチャンネル登録者数が１０００人いきました！」

そう言った男の身形(みなり)を二秒ほど観察する。

着ているスーツは一万しない安物、顔も不細工だ。

というより１０００人いったって、今までそんな数もいってなかった底辺配信者かよ。

だがまあ、周りの目もあるから喜んでやるか。

「へえ、そうなんだ。おめでとう！」

「まさかこんな一瞬で目標に到達するなんて。これで広告収入で大学費用が稼げます！　神宮寺さんのお陰です！」

「いやいや、君のこれまでしてきた努力の賜物(たまもの)だって。俺はその努力を少しだけ後押ししただけ」

まあ、おそらく俺が声をかけた中の誰かだろう。

やっと1000人ということは、なんの将来性もない奴だ。覚えるだけ無駄だな。

「いえ、全て神宮寺さんのお陰です！」

「さすが神宮寺さん、優しい！」

「そんな褒めてもなんも出ないって！　あはは」

こんな奴でも俺を褒めることができる。その声に釣られて女どもも集まって褒めてくる。まっ、少しぐらいは役に立つか。

そんな風に目の前の男に愛想笑いを浮かべていると、ふと、ある女に目が留まった。

「あっと、ちょっとごめん」

俺は彼女のもとへと駆け出す。

この会場にいる人間には二種類しかいない。

俺を支持する大切な〝仕事道具〟の男たちと、俺を満たしてくれる〝顔と身体のいい女たち〟だ。

そんな奴らに優劣を付けるなら、下から底辺配信者の男、有名配信者の男、底辺配信者の女、有名配信者の女、そして——。

「やあ、君も参加者だよね。良かったら一緒に呑まない？」

「ええ!?　あの神宮寺さんと一緒に呑めるなんて嬉しいです！」

股の緩そうな、いつでも犯らせてくれそうな顔と身体のいい女だ。

呼び止めた女は嬉しそうに笑みを浮かべながら近づいてくる。

年齢は20代前半といったところだろう。

肩まで伸ばした金色の巻き髪で、どこかのキャバクラでナンバー3ぐらいはとれそうな顔。

身長は１６０センチほどと高いが、おそらくハイヒールを履いているから正確には１５０ぐらいってとこか。

着ている黒のドレスの値段はそこまで高くなさそうだ。持っているバッグもブランド物じゃない。

そこまで金は持っていないのだろう。

「なるほど、配信者として始めたばかりなんだ」

手に持ったグラスに口を付けながら視線を女の身体に向ける。

ドレス越しにもわかるくびれた腰。だが、がっつり開いている胸元から谷間が見え、大きくて瑞々(みずみず)しい純白のおっぱいがそそられる。

それに尻も……ははっ、なかなかの物を持ってやがる。

「そうなんです、ずっと配信者に憧れていてこの前から始めたんですけど、ぜんっぜん伸びなくてぇ」

「まあ、リスナーを増やすのは難しいからね」

この馬鹿っぽい喋り方なら、顔出し配信すれば下心丸出しの馬鹿な男連中には好かれそうだがな。

まあ、まだ始めたばかりだから、男の釣り方もわからないんだろ。もったいない、いいものを持っているってのに。

「だけど聞きました、神宮寺さんは最初から人気だったって」

「いやいや、そんなことないって。ははっ」

最初から人気なんてあるかよ、このアホ女。

俺だってリスナーがいない時はあったさ。だがお前らみたいにのほほんと生きていたんじゃなくて、頭を使ってリスナーを増やしたんだっての。俺に話しかける前にそれぐらい勉強しろよ。

「まあ、運が良かったのかな」

運なんかじゃねえ。俺は持って生まれた天才だ。

――まどかの兄貴の情報をあいつから聞いて、大勢からヘイトを集めている最高の瞬間で暴露した。

その一件で俺は暴露系配信者として有名になった。

だがそれはきっかけに過ぎず、ネタが勝手にバンバン舞い込んでくるわけじゃない。

増えだしたリスナーから誰々を裁いてほしいとか頼まれるが、はっきり言って相手が小物で数字が全然とれない。

数字をとるにはやっぱり大物のスキャンダルを暴露して、誰が見てもわかるような〝ざまあ〟をしないといけない。

だから俺は数字をとれる仕組みを作った。

まずは騙されやすい馬鹿な女どもと女慣れしていない配信者のターゲット、そして二人を繋げる底辺配信者どもを用意する。

男も女も恋愛慣れしていない奴が理想だ。そういう方が互いに惹かれ合う。それに失敗しても裏で俺が繋げているなんてバレることはない。

だが男の方は腐るほどいても女の方は素人だからあんま集められない。そういう時のために、金を払えばなんでもしてくれる女も用意してある。なにより金で何でもするような頭の弱い女は顔出しもしてくれる。

動画で『私は騙された』って泣かせればより真実味が増す。

そして上手く結ばれたら、めでたく『有名配信者、未成年とホテルで淫行！』という最高級のスキャンダルの完成だ。

――が、そこで全員を暴露したりはしない。

一部の有名配信者に「この件を暴露しないでやるよ。それとももっといい女を抱かせてやる」と話を持ち掛ける。

罠に嵌められたとわかっていても、既成事実を握られている奴らは従うしかない。

最初は嫌がっていた奴らも、弱みを握られ、なおかつ女を抱かせてもらって少しずつ罠に嵌っていることを忘れて従順になっていく。

要するに、共犯に引きずり込む。

誰もが知っているような超大物の有名配信者だったらハニートラップに引っかかっても俺に協力しなかっただろうが、中堅クラスの配信者で、何より今まで女と付き合ったことがなさそうな奴らなら共犯に引きずり込むのは簡単だ。

こうして作った俺が稼げるサイクルはまだまだ発展している。

「そういえば神宮寺さんって、配信者を集めた会社を設立するんですよね？」

「ああ、そうだよ。君も入ってくれる？」

「はい、もちろんですー！　でも、いいんですかぁ……？　私みたいな無名配信者なんかが、神宮寺さんの会社に所属させてもらって」

「もちろんだよ。君みたいに右も左もわからない手探り状態の配信者はこの世にいっぱいいるんだ。そんな配信者たちを導いていける会社を作りたくて始めたんだから」

「神宮寺さん……」

今は無名でも、有名配信者とコラボさせればそこそこの数字は稼げる。そうして稼いだ金を、設立した会社でマネジメント代として何割か奪えばいい。

まあ、初期投資のいらない仕組みだ。

それに運が良ければ有名配信者の仲間入りをして、今度はコラボを頼まれる側になるかもしれない。

それにもし伸びなかったとしても、暴露ネタを持ってこさせたり作らせたりすればいい。

なにより女なら、その利用価値は男とは段違いだ。

どちらにせよ、有名無名問わず配信者を集めていけば、俺の影響力はどんどん配信者界隈で大きくなっていく。

そんな俺の周りには、これからもっと多くの人が寄ってくるだろう。

「……っと、少し臭い話をしちゃったかな。お酒でも取りに――」

「あっ、私が持ってきますから待っていてください」

女はそう言うと、ドリンクコーナーへと向かう。

いい尻が左右に揺れると、なんだか犯りたくなってくる。

「それに、あの女に似ているんだよな」

俺が唯一堕とせなかった女――奈子メイ。

大学生時代。

せっかく優しくしてやったっていうのに俺を振りやがったあのバカ女。そしてあろうことか、あのストーカー野郎と付き合いやがった。

あんな屈辱的な仕打ち初めてだ。だが、その屈辱ももうすぐ晴れる。

あの女の過去を握り、それをネタに脅す。

情報によれば、既にあのストーカー野郎とは別れたらしい。であれば今は強がって無視しているが、そろそろ堕ちるだろう。

土下座させながら「神宮寺様の女にしてください」って言わせて、何度も何度も犯してやる。なんならハメ撮りして、あのストーカー野郎に動画を送ってもいいかもな。

「神宮寺さん？」

そして飽きたら捨ててやる。

元アイドルで、VTuberの弧夏カナコとして活動しているあの女の、クソビッチだった過去を暴露したら過去最高の数字がとれるはずだ。

いや、その前にここにいる奴らに回してやってもいいかもな。もっといい思いをさせてやらねえと、裏切る奴が出てくるかもしれねえ。

いや、裏切りはないか。

このパーティーは誰かが招待した奴しか来られない招待制にしている。怪しい奴はここにはいねえ。

「おーい、神宮寺さん!?」

ふと、声をかけられた。

いや、女が戻ってきていたのか。

「あ、ああ、ごめん、ボーっとしていて」

「もしかして酔ってますかぁ？　お酒、せっかく持ってきたんですけど、呑めないですかぁ？」

「いやいや、全然余裕だから」

女が持ってきたお酒を一口。

うっ、なんだこのめちゃくちゃアルコールのきつい酒。

俺がさっきまで呑んでいた酒とは比べものにならねえ、それになんか、変な味がしないか？

「あれ、もしかして口に合わなかったですかぁ？　神宮寺さんみたいな男らしい方なら、それぐらいのお酒は余裕だと思ったんですけどぉ」

「ははっ、余裕に決まっているだろ」

グッと一気に呑むと、女は大喜びで手を叩く。

うわ、一気に気持ち悪くなった。早いところ帰るか。

「さすが神宮寺さん。はい、もう一杯」

「え？」

マジかよ。

だが断るわけには。

それに、なんだかムラムラしてきた。奈子メイのことを思い出したからか。

「それじゃあ、もし俺がこれを呑んだら……今夜、付き合ってくれるかい？」

「今夜ですかぁ？　ふふ、どうしよっかなぁ」

はっ、どうしようかなとか言いながら乗り気じゃねえかこの馬鹿女。

俺は渡された酒を一気に呑む。

すると再び、女は笑顔で俺に酒を渡してきた。

◆

「――おら、とっとと股を開けよ！」

「いやっ、止めてください！」

「ああ？　てめえから誘ったんだろうが!?　いいから股を開いて懇願しろや！　神宮寺様の大きくて硬いちんぽを挿れてくださいってなあ！」

「いや、いやです！　離してください！」

「ちっ、そういうことかよ……。金か？　金が目的か？　どんだけ金が欲しいんだよ、この貧乏人がよ！」

ふらつく足でベッドから立ち上がると、自分の財布を手にして札を数える。

駄目だ、視界がぼやけて札が何枚あるか数えられねえ。

わかんねえ。

わかんねえけど、全身が熱くて熱くて抑えられねえッ！

「十万か!?　二十万か!?　お前ぐらいの顔と身体の女なら、十万程度が相場だよな。拾えよ、おらッ！」

――パラパラ。

札束をばら撒くと、ケラケラと笑ってしまうのを抑えられない。

「そんな、神宮寺さんはいい人だと思っていたのに」

「ああ？　いい人だろ。お前みたいな男のちんぽをしゃぶるぐらいしか取り柄のない女に、こうしてお小遣いをやるって言ってんだからよ。おら、いいから早く犯らせろよッ！」

「やめて、やめてくださいッ！」

両脚を開かせようとすると女が必死に抵抗しやがる。

「ちっ、手のかかる女だ。しゃあねえ、まずは両手両脚を縛って――」

――ゴッ！

変な音が後頭部からしたと思ったら、俺の身体がゆっくりと前に倒れた。

◆

「……んあ?」

目を覚まし、身体を起こす。

「くそ、呑み過ぎた……」

まだ頭が痛い。

時間は昼を過ぎていた。

ホテルに備え付けられている冷蔵庫を開け、水を取り出し一気に飲み干す。

ベッドを見ると、ここへ一緒に入ってきたあの女がいなくなっていた。

「もったいねえな、酒で酔っぱらって覚えてないとか」

ホテルに入るまでは覚えているんだが、犯ったかどうかは覚えていない。

そこそこいい女としたのに忘れるとか、ついてねえ。だがまあいい、次に会ったときにまたすれば。

「あ……?」

足下に散らばった数枚の一万円札。

なんでこんなところに、つか、俺のかこれ。

「あの女、もしかして俺が寝ている間に財布からパクろうとしやがったのか？　くそ、覚えてねえ」

大金を財布に入れてはいなかったから、盗まれていてもそこまでの額じゃない。が、どうして俺の金が散乱しているのかは気にはなる。

俺はパーティーに参加する奴らを管理しているあの女に電話した。

普段は気にもしないようなコール音も、頭が痛い時に鳴り続けるといらついてくる。

いつもは昼頃でもすぐ電話に出るんだが、何度かけても繋がらない。

「出掛けてんのか？　ったく、スマホぐらい持って出歩けよ」

通話を終了して、ベッドにスマホを投げようとした。シャワーを浴びに行こうと思って。

だが、

「なんか、めちゃくちゃ通知来てんな」

SNSの通知がいつもより来ていた。

なんかの暴露ネタの反響か。いや、あのマルモロの件は一先ず落ち着いたから、今さら盛り上がるわけないが。すると、画面がいきなり着信画面に変わった。

「誰だ？」

相手の名前を見ると、大学時代から面倒見てやっている後輩だった。

『じ、じじじ、神宮寺さん！　大変ですっ！』

「うっさ……そんな大声出したら頭痛てえだろ。少しは人の気持ち察しろや」

『す、すみません、で、でも……配信サイト、見てください！』

「はあ？　配信サイト見ろっていきなり言われても」

手持ちバッグからタブレットを取り出し配信サイトを開く。

「で、何を見ればいいんだよ？」

『遠見(とおみ)ココアの暴露チャンネルです、そいつの今やっているＬＩＶＥ配信！』

「遠見ココア？　誰だそれ」

同業者である暴露系配信者で有名な奴はある程度知っていて顔見知りでもあった。

別に仲良くしたいからとかじゃない。視聴者が分散して邪魔だから、何か弱みを握れないかと思って探りを入れているだけだ。

「俺の知らない奴ってことはどうせ無名だろ。そんな奴の配信なんて……」

視聴者なんて、いて二桁。もしかしたらそいつのスマホアカウントの一人だけかもな。そう思って確認してみたら、

「え、はあ!?　同接三万!?」

つい間抜けな声が出た。なにせこの遠見ココアって奴のチャンネル登録者数は三桁しかなかったからだ。

三桁の雑魚が同接三万!?

まるであの時の俺みたいじゃねえか。ってことは、

『怪しいパーティーに潜入取材したら、地獄代行通信を運営する神宮寺にレイプ未遂されました』

タイトルを確認して頭痛が一気に消え失せた。

「おい、なんだよこれ!?」

『自分もよくわからなくて、そ、その、視聴者数がどんどん増えて、それにＳＮＳのトレンドにも入っていて！　あ、ああ、あと――』

「クソがッ！」

俺はスマホを投げ、遠見ココアの配信を再生した。

『――いやあ、ボクも驚いたよ。まさかあんなパーティーが開催されていたなんてね』

人が発している声じゃない。これは読み上げ機能を使っている機械音だ。ってことはこの配信、あらかじめ録った動画をライブ配信してんのか。

『そこにはなんと、これまで地獄代行通信が助けた被害者たちがたくさんいたんだ。しかも、話を聞いてみると被害者に加害者を紹介したって人もこのパーティーには何人か参加していたんだよね』

パーティー内での撮影は禁止だって言ってあったのに、こいつ堂々と撮影してやがる。

豪勢な食事。大勢の配信者。そして被害者の笑顔に、加害者と被害者を繋いだ紹介者。

『この華やかなパーティーを見て、あれれー、おかしいぞー？　って、ボクは思ったんだ。だってみんなも見たと思うけど、地獄代行通信に出てた被害者の子ってみんな凄くショック受けてたでしょ？　泣いている子もいた。普通さ、加害者を紹介した知人を嫌いになってもおかしくないよね。普通は縁を切るでしょ？』

ふざけた喋り方の奴の言葉に、コメント欄では『確かに』とか『なんで仲良くできんの？』という疑問のコメントが溢れた。

『そこでボクの悪い奴センサーがビビビッときたんだ！　もしかして紹介者と被害者、それに地獄代行通信の運営の神宮寺ってグルなんじゃないのかって』

「なっ⁉」

急に呼吸が荒くなる。タブレットを持つ手に力が入る。

『そう思いながら調べてみると、もっと面白いことがわかったんだ。なんとこの紹介者たちのほとんどが今、配信者として活動しているんだ！』

画面には配信者の名前がズラッと並ぶ。

はっきりと覚えていねえが、そいつらは紛れもなく俺が使ってきた連中だ。

『しかもこの人たち、デビューしてすぐそこそこ有名な同じ配信者とコラボしているんだ』

コメント一つ一つが読めないぐらい、コメント欄の流れる速度が上がっていく。

『やべ、誰一人として知らねえ』『何人か見たことあるかも』『あー、あったなそれ。急に新人配信者とコラボするとか言い出して「は？」ってなったもん』

　そんなコメントが目に留まった。

『紹介者っていうくくりがなければ「偶然なのかな？」って思うけど、これ見てどう思う？最近、不可解なコラボ配信をした人たちがみんなここに集まっているんだ。それにね』

　画面には、楽し気な参加者たちが話す画像が貼られた。

『コラボしてくれた有名配信者も、このパーティーに参加していたんだ！』

　なんだよコイツ。なんなんだよコレ。

　そんなとき、スマホが音を鳴らす。

　画面を確認すると、俺が女を提供してやった中堅配信者たちからの電話だった。

「もしも――」

『神宮寺さん、こ、これ、どういうことですか!?』

「あ、ああ、それはだな、えっと」

『配信が始まってすぐにメッセージいっぱい来て、ＳＮＳも！　ＳＮＳもめちゃくちゃ荒れているんですけど!?』

「だから、ちょ」

『神宮寺さん言いましたよね!?　絶対にバレることないから安心しろって！　言っていること

違うじゃないですか！　大丈夫だって言うから、あんなよくわからない奴とコラボも――』

「ああ、うるせえうるせえッ！」

　ブチッ！

　通話を切ってスマホをベッドに投げる。

　だがすぐに着信が入る。相手はさっきの奴とは別の配信者だった。

「クソっ！　なんとか、なんとかしねえと」

　対策を考えようとしても、タブレットの音声に邪魔をされる。

『それではここで、そんな一気に怪しくなってきた地獄代行通信と神宮寺さんについて、超重要情報を提供してくださる特別ゲストを呼びたいと思います』

　すると画面は変わり、誰かと話し始めた。

『それではお二人の自己紹介からお願いします。あっ、女性の方はA子さんで大丈夫ですよ』

『えっと、僕は……マルモロといいます』

「マルモロ!?」

　マルモロって、あのマルモロか!?　未成年淫行クソ野郎のマルモロ!?

　配信でもマルモロの説明が始まった。それに対してコメント欄は大荒れだった。

『なんでも今回、とびっきりの情報があるということで？』

『はい、えっと』

『わ、わたしから。わたしから話します！』

特定されないように変えられた声の女。

『実はわたし、あの事件でこちらのマルモロさんとラ、ラブホに入った……本人です！』

『わお、びっくりなカミングアウト！　それは地獄代行通信にて、マルモロさんに騙されたと証言した未成年の？』

『は、はい。でも、違うんです。間違いなんです！　マルモロさんに騙されてなかったんです！』

素人っぽい下手くそな話し方だが、それがかえってリアル感を増す。

『わたし、本当にマルモロさんのことが好きでした。だけど次の日、いきなりこんなメッセージが届いたんです』

『なになに、「マルモロとホテルでしていたことは盗撮されていた」え、ええ!?　これって要するにピー撮りですか!?　マルモロさん、あなたピー撮りしたんですか!?』

『違います、僕じゃないです！』

『じゃあ、これは別の人物から？』

『AVメーカーからだって、メールの送信元には書いてありました』

『ふむふむ、つまりこういうことですか？　二人は本当に愛し合っていた。だけどいきなり、ホテルでの行為が盗撮されていたとA子さん宛にメールが届いた。そのメールの差出人はマルモロさんではなくＡＶメーカーを名乗る者で、それをＡ子さんは真に受けてしまったと？』

『はい。それでわたし、このことはマルモロさんしか知らなかったので、騙されたんだって勘違いして。その時でした。いきなり地獄代行通信からメッセージが届いたんです』

再び画面にはメッセージ画面が表示された。それは紛れもなく俺が送ったメッセージだった。

『なるほど。それでＡ子さんはマルモロさんからの被害を告白したんですね』

『本当にごめんなさい。本当にごめんなさい』

この謝罪は視聴者ではなくマルモロに向けたものだとすぐにわかった。

『謝らなくて大丈夫だから。僕も、ちゃんと君と話をしていれば良かったんだ。地獄代行通信の動画を見て、僕も君に騙されたって勘違いしちゃった。こっちこそ、ごめんね』

『マルモロさんは悪くありません。わたしが！』

『いや、僕が』

『はいはーい、配信中にいちゃつくのは止めてくださいね！　そういうイチャイチャ、今は求めてないんだから』

遠見ココアは強引に二人の会話を切った。だがこれで、マルモロ事件は互いの誤解があったということ、それに二人は本当に好き同士だったことが視聴者に伝わった。

そして、遠見ココアは誤解を生み出した奴が誰なのかを示した。

『突然Ａ子さんに送られてきたＡＶメーカーからのメール。こちらボクの方で確認したところ偽物でした。このメーカーに問い合わせたところメールを送った履歴は確認できなかったそうです。そしてそれに追随するように届いた地獄代行通信からのメッセージ。タイミング良すぎると思いませんか？　ところでお二人とも、お互いのことを紹介してくれた人はこのパーティーにいましたか？』

少し間が空き、二人ともが『はい』と答えた。そんな二人に『ありがとうございました』と告げ、遠見ココアはまた一人に戻る。

『いかがでしょうか。これは紛れもなく地獄代行通信は黒。それも真っ黒と言えるのではないでしょうか。神宮寺は意図的に操作して炎上を引き起こし、自らの配信でそれを暴露していたのです！』

コメント欄はその結論に賛同する声で埋まっていた。

中には俺の熱烈な信者もいて、必死に弁明する連投をしていた。だが、そんな信者の声に気付いてか、遠見ココアはトドメの一撃を暴露する。

『神宮寺は真っ黒。そう確信を持ったボクは今回、決死の思いで彼に接触しました。そしてなんと、ボクのことをホテルに誘った彼は本性を現しました。この音声をお聞きください』

かしこまった様子で言うと、謎の音声が流れた。

『――おら、とっとと股を開けよ！』

『いやっ、止めてください！』

『いいから股を開いて懇願しろや！　神宮寺様の大きくて硬い【自主規制音】を挿れてくださいってなあ！』

「なんだよ、これ……おいっ！」

どうみても男の声は俺で、もう一人の声は昨日の女だった。だが、こんな会話をした記憶はねえ。

『いや、いやですっ！　離してください！』

『金か？　金が目的か？　どんだけ金が欲しいんだよ、この貧乏人がよ！　十万か!?　二十万か!?　お前ぐらいの顔と身体の女なら、十万程度が相場だよな。拾えよ、おらッ！』

――パラパラ。

と、札がばらまかれた音。

「もしかして床に散らばっていたこの金って……」

『そんな、神宮寺さんはいい人だと思っていたのに』

『ああ？　いい人だろ。お前みたいな男の【ピー】をしゃぶるぐらいしか取り柄のない女に、こうしてお小遣いをやるって言ってんだからよ。おら、いいから早く犯らせろよッ！』

プツッ。

音声がそこで止まった。

一分程度の音声を聞いたコメント欄には、茶化す雰囲気を出す奴は一切おらず、ほとんどの反応は絶句という言葉がピッタリだった。

『放送できない言葉にはピー音を入れていますが、声を聞いてわかったと思います。男性は地獄代行通信を運営する神宮寺で、女性はボク、遠見ココアです』

「遠見ココア!? あ、あいつが、遠見ココアだったのか!?」

顔を思い出して怒りが込み上げる。

『パーティー会場近くのホテルを取っているって誘われました。神宮寺から「色々と教えてやる」って。嫌な予感がして、部屋に入る前に録音を開始しました。あっ、ちなみに犯される前に逃げたので無事です。ぎりぎりでしたがなんとか』

と、そこまで聞いて俺は配信を閉じた。

なにせコメント欄は大荒れ。俺を擁護する声なんて一件もなかった。それはＳＮＳでも同じだ。

『前からこいつ、なんかヤバいことやってんじゃねえかなって思ってたんだよね』

『さすがにこれは……。まっ、俺あいつのファンじゃないから関係ないけど』

『犯罪者確定。これからは刑務所から地獄代行通信してくれ。まあ頼む奴は誰もいないけど』

「クソがあああああッ！」

勢いよくタブレットをベッドに投げつける。

「どうする、どうすんだよ、これ！」

　その場で短い距離を往復して打開策を考える。だが見つからず、スマホを操作して電話をかけた。

「まどか、おいまどかッ！　クソ、出ねえ。ほんと肝心なときに使えねえ女だなッ！」

　片っ端から面倒見ている後輩たちに連絡すると、何件目かでやっと繋がった。

「おい、遠見ココアとかいうクソ女をパーティーに招待したの誰だよ!?」

　あのパーティーは招待制だ。基本的にこちら側の誰かが呼んだ奴しか参加できない。ってことは、遠見ココアを紹介して忍び込ませた裏切り者がいるはずだ。

　クソ女を連れてきやがって、紹介した奴には後できついお仕置きが必要だな。

『え、えっと……』

「早くしろって、おいっ！」

『えっと、その……あっ、神崎さんです！　神崎まどかさん！』

「神崎、まどかだあッ!?」

　あの女、なにしてくれてんだよ。

「もしかしてこういう女だって知らなかった？　いや、知っていて通したのか？　まさか俺を裏切ったんじゃねえだろうな。最近構ってやってねえから、拗(す)ねてこんな馬鹿なことしたのか!?」

　使えねえ女だとは思っていたが、とんだ疫病神(やくびょうがみ)だったとはな。

「おい、あの女の居場所はどこだ？」

『えっ、知りませ――』

「それぐらいとっとと調べろや、なあッ!?　こういう時のためにお前らみたいな役立たずの面倒を見てやってんだろ、おいッ!?」

『……』

「他の奴らにも至急伝えろ。全力で神崎まどかの居場所を探せって！　見つけられなかったらお前ら、俺がこれから作る会社で雇ってやるって話は無しだからな！」

『……はい』

「居場所がわかったら教えろ、いいな!?」

――ブツッ！

苛立ちから貧乏揺すりが止まらない。

大丈夫、大丈夫だ。

問題ない。もしも警察が動いたとしても、あの音声はフェイクだで押し通せる。あんなの簡単に作れんだろ。証拠になんてならねえはずだ。

それにパーティー会場にいた男も女も俺と一蓮托生だ。あんな女いなかった、そんな事実はないと口裏合わせすれば問題ない。

「ああ、問題ない。問題ないじゃねえか」

問題があるとすれば当面の配信活動をどうするかだ。

遠見ココアのコメント欄もSNSも大荒れだ。俺を断罪しろとか、完全に俺を悪者扱いにしやがった。おそらくこの状況で弁明配信しても火に油を注ぐだけだ。であれば、

「遠見ココアを見つけ出して脅してやればいい」

もう人前に出られないぐらいに犯しまくって、配信で言ったことは全て嘘だと証言させればいい。

ああ、そうだ。そうしよう。

どうせ無名配信者だ。数字欲しさで嘘つきましたとか言わせれば誰だって信じるだろ。まどかについても一度抱けば満足するだろ。ムカつくから気乗りしないが、これからも駒として使っていくには仕方ない。

「なんとかなるじゃねえか、チッ……焦らせやがって。とりあえずシャワーでも浴びっか」

変な汗かいちまったからな。まどか探しは後輩たちに任せてシャワーでも浴びるか。

◆

「……おい」

貧乏揺すりが止まらない。

「まだかよ、おいっ！」

まどかの捜索を後輩たちに依頼してから二時間が経った。

シャワーを浴びて戻ったら見つかっている予定だったのに一向に連絡がこない。

くるのはＳＮＳの通知ばかりだ。ピコンピコンって、数秒置きに鳴るのがうるせえ。壊れるんじゃねえかってぐらいだ。

早くなんとかしないといけないっていうのに。

「おう、見つかったか!?」

まどかを探させていた後輩から電話がかかってきた。

『はい、皐月川公園にいるそうです！』

「皐月川公園？　なんであんなところにいんだよ」

ここから車で数分のところにある大型公園で、休日は家族連れで賑わっているが、平日のこの時間だと人なんて誰もいないぐらい静かな場所だ。

どうしてそんなところに？　そう思ったが。

『なんか、男と待ち合わせしているみたいです』

「男と？　男って誰だよ」

『本人から聞いた話だと、あいつらしいです。橘恵』

「橘、恵だあ!?」

橘恵ってあのストーカー野郎だよな。なんであの男と待ち合わせしてんだよ。

まどかの元カレだが、あいつの前で散々馬鹿にしてやっただろ。それなのにいまさら会うなんて――。

「俺への腹いせか？」

まだあの時のことを根に持っていて、それでまどかを味方に引き入れて、今回の騒動を引き起こしたのか。

「まさかこれ全部、あいつの仕業だったのか？」

あのストーカー野郎なら動機はある。そう考えた瞬間、一気に怒りが込み上げてくる。

「あのストーカー野郎はそこにいんのか？」

『ええ、今も話して――』

「いいか、俺が到着するまで、ぜってえ二人を逃がすな！」

『で、でも』

「でもじゃねえ、いいから命令に従え、ボケがッ！　逃がしたらただじゃすまねえからな！」

俺は通話を終えて荷物を手に取る。

「はっ、ストーカー野郎の分際で調子に乗りやがって。……ああ、いいぜ。返り討ちにして、あの日と同じ惨（みじ）めな顔をさせてやるよ」

◆

タクシーを走らせ、皐月川公園に到着した。

やはり人の姿はない。遊具付近には子供と母親がいるが、そこから離れて目的地である川沿いまで来ると一気に人が消えてめちゃくちゃ静かだ。

最高のデート場所を選んでくれたなあ、あのクソ女。

「――おい、まどかあッ！」

「えっ!? ど、どうして、ここに」

俺が到着すると、そこにはまどかの姿しかなかった。

クソッ、ちゃんと二人とも逃がすなって言ったのに。というより、あいつらどこ行ったんだよ。

周りを見渡しても橘恵どころか後輩も、人の気配がまるでない。だがまあいい。それより今は、

「どうしてって、まどかこそどうしてこんなところにいるんだ？」

「そ、それは……」

「俺の電話にも出なくてよ。ずっとお前を探してたんだぞ？　なあ、まどかあぁッ!?」

「ひっ！」

殴りかかろうとするフリをすると小動物みたいにびくっと震えた。どんなに見た目を派手にしても、根本的にド陰キャなのは変わらない。

だから扱いやすかったのに。

「心配で心配で心配で仕方なかったんだぞ？　他の男と浮気してねえかどうかとかなあ？」

「……そ、そんなこと、しないよ。私は徹くんの彼女だから――」

「――彼女？　おいおい、まどか。お前は俺の彼女じゃないだろ」

「……え？」

一度裏切った女には、はっきりと主従関係をわからせてやらねえとな。今までお前との関係を曖昧にしてきたが、それで調子に乗ってしまった可能性があるもんな。

「お前は俺の奴隷だ。俺が命令すれば『はい』と返事して、俺がムカつくと思った奴はどんな手段を使ってでも排除する。お前はそんな存在だ、間違うなよ？」

「ど、れい……？」

「ああ、そうだ。従順に命令に従えばご褒美をやる。今までだってそうだろ？　田舎臭え服しか着れなかったお前に服を買ってやったのは誰だ？　白黒のつまらねえ景色だったお前にカラフルな景色をプレゼントしてやったのは誰だ？　お前みたいな取り柄のない女に、俺みたいな完璧な男と一緒にいる権利を与えたのは誰だ？」

肩を掴むと、まどかは顔を俯かせた。

「俺だろ？　お前は俺に従ってこそ幸せでいられたんだ。なのに……なあ？　散々ご褒美をくれてやったのに、まさか裏切るとはな。だが今なら許してやる。あの遠見ココアって女をここに呼び出せ。なに、心配するな。お前は呼び出すだけでいい。あとは俺と、まあ、何人かの男連中で話をつけるからよ」

早くスマホを取り出して連絡しろ。

そう伝えても、まどかは俯いたまま動かなかった。

マジかよ、ここで泣き出すのかよ。だがこれぐらいははっきりと言い聞かせてやらねえと駄目だろ。甘やかすだけじゃなく、厳しく躾けないと。でないとまたいつ、調子に乗って反抗するかわからねえからな。

だから早く――。

「……イヤ」

「あ？」

小さい声で聞こえなかった。

「悪い、なんて言ったかわからなかったからもう一回言ってくれるか？」

「イヤって、言ったの。彼女には電話しない」

「はああ!?」

両肩を掴み正面から覗き込むと、こいつは初めて俺を睨んだ。

「私は奴隷じゃない、から……。だから、イヤ！」

「この――ッ！」

気づいたら右手を振り上げていた。

ここまできたら止まれない。目を閉じたまどかの左頬へ勢いよく平手打ちする。

「きゃあッ！」

そのまま後ろに倒れたまどか。

涙を流したその顔を見て、俺は笑みを浮かべる。

ははっ、新たな性癖に目覚めそうになっちまった。

「口で言って躾けられないなら、仕方ないよな？　ほら、とっととあの女に電話しろ」

「……イヤ」

「仕方ねえ、だったらもう一発。今度はグーでいっちまうか――」

「――いやあ、いいスクープが撮れちまったなあ!?」

不意に後ろから声がした。

振り返ると、スマホを俺に向けてニヤニヤと笑う大男と、無表情で俺を睨む男がそこにいた。

「なんで、ここに。もしかして――おい、まどかあ!?」

まどかの方を睨み付けるが、もうそこにあいつはいなかった。

◆

頬を押さえ、駆け出した神崎まどかが向かったのは俺と黒鉄のもとだった。

「ほらよ」

黒鉄が持っていたスマホを神崎に渡す。

「……」

「どうした、とっとと警察行かないのか」

黒鉄が問いかけるが、神崎は俺を見て、申し訳なさそうな表情を浮かべた。

「その、橘くん……。あのときは、ごめんなさい」

「あのとき？」

「ずっと、後悔していたの。なんで私、あなたを裏切ったのかなって。それに気づいたのはつい先日で、そ、その、今からでも、もう一度──」

「悪いが、お前がここで口を開くことは俺たちの予定に入ってないんだ」

「……えっ？」

神宮寺に見切りをつけた女が、元カレである俺になんて言うのか。なんて謝るのか。それを少しでも聞きたいと思ってしまった自分が馬鹿だった。

「俺たちは別に、お前を助ける気なんてない」

「え、でも、約束は?」

「おいおい」

黒鉄が笑いながら言う。

「俺たちが約束したのはお前とその仲間連中が〝神宮寺と一緒に悪巧みをしていたことを遠見ココアの配信では言わない〟ってだけで、お前らを救うなんて一言も口にはしてないぜ」

「じゃ、じゃあ、私はこれからどうしたらいいの!?」

「知らねえよ」

黒鉄が神崎を睨み付けると、彼女は今にも泣きそうな表情になりながら唇を震わせた。

「最初に説明したはずだ。お前と、その仲間たちが助かるには——神宮寺に暴力を振るわれたと、その証拠を持って警察に行くしかない。そして自分たちは脅されていたと口裏を合わせ、全ての罪を神宮寺一人に背負いこませるしかないって」

「で、でも——」

「得意だろ?」

俺は神崎の肩に手を置く。

「被害者面して、誰かに守ってもらおうとすんの。今回もその汚い面で警察に助けてもらえよ」

無表情のまま伝えると、神崎は全身を震わせ走っていった。

「大丈夫かよ、あの女。怖気付いて警察に駆け込まないんじゃないのか？」

「いいや、駆け込むしかないさ。なにせ沈む船から逃げ出す方法はそれしかなくて、そうしないと困るのはあの女だけじゃないからな」

「この男に今まで従っていた後輩とやらに、一緒に悪巧みしてきた配信者や女たちか。ははっ、こいつさえ捕まれば、自分たちの罪は軽くなるってわけか。とんだクズ共だな」

「ああ」

「――おい、なにさっきからわけわからねえこと言ってんだテメエら！」

やっと言葉を発した神宮寺。

俺たちが話し終えるまで律儀に待っていてくれるなんて、ヒーローが変身するのを待つ悪役みたいだ。

まあ、何が起きてるのかわからず、呆気にとられていただけだろうけど。

「テ、テメエら、あの馬鹿女に何させた……ッ!?」

「お前に殴られているところを神崎のスマホで撮って、それを持って警察に向かわせたんだよ」

「なっ、撮っていただと？」

「どうせ、配信で流したホテルの音声だけだと証拠にならないって、上手く逃げられるだろうって思っていたんだろうけど、今回のは映像付きだからな。あれをあの女が警察に見せたらどうなるか、馬鹿なお前でもわかるだろ？」

一瞬にして青ざめていく神崎の表情。

だが何かに気づいたのか、スマホを取り出して操作する。

「は、ははっ、馬鹿だなお前ら。この周辺にはな、あの女を見張らせるために配置していた俺の後輩たちがいるんだよ！　そいつらにあの女を取り押さえさせれば――」

「見張っていた奴って、誰のことだ？」

「ああ？」

『――留守番電話サービスに接続します』

そんな音声がスマホから聞こえた。

慌てる神宮寺はスマホを操作して、また別の人間に電話をかける。

『留守番電話サービスに接続します』

『留守番電話サービスに接続します』

『留守番電話サービスに接続します』

だが誰にかけても、何度かけても、繋がる先は留守番電話サービスだけ。

「なんで誰も電話に出ねえんだよッ!?」

「最近の携帯って便利だよな。〝着信拒否〟しているのをバレないように、設定してる相手には留守番電話サービスに接続するって音声しか流れないいんだから」

「着信、拒否だとお⁉」

　何度も電話をかける神宮寺。

　苛立ちからスマホを握る手に力が入り、両脚が微かに震え、視線がキョロキョロと左右に揺れる。

　そんな変化は、電話をかければかけるほど悪化していく。

「なんでなんでなんでなんで、なんで誰も電話に出ねえんだよッ⁉」

「ははっ、哀れだな」

　黒鉄が神宮寺を見て鼻で笑う。

　さんざん人気者アピールしていた男が、いざ困ったときに誰にも相手にされない――いや、関わらないでくれと拒否される。

　哀れだ、ほんと。可哀想（かわいそう）だとは思わないが、こうなりたくはないとは思う。

「神宮寺、お前は仲間に切られたんだよ」

「切られた、この俺が……？」

「お前の仲間たちは、今までお前に付き合って色々とヤバいことをしてきた自覚があったんだろ。それが今回明るみに出て、このままいけば自分たちの身も危険になると思って、お前との関係を断った」

　スマホを持つ手が震えているのが見てわかる。そんな弱り切った男に追い打ちをかけるように俺は言葉を続けた。

「こうしてお前の前に俺らがいるのは、全てお前のお仲間が手助けしてくれたお陰なんだよ」

「それ、どういう意味だよ……」

「神崎も、お前の後輩たちも、みんな少し前からお前を裏切ってたんだよ。お前一人がこれまでの罪を被って捕まってくれれば自分たちは助かると思ってな」

「少しアドバイスしてやったら次々と俺らの話に乗っかってきたぜ。まっ、お前にあったのは金や一時的な権力だけで最初から人望なんてなかったってことだな」

「そ、んな……」

膝から崩れ落ちる神宮寺。

神崎が逃げ去ったとき、後輩たちに神崎を止めるよう指示するんじゃなく、最初から自分で行動していれば止められたかもしれない。

既に神宮寺にとって都合のいい駒ではなくなった連中ではなく、自分の足で。まあ、他人を顎(あご)で使うような神宮寺が、自分が疲れるようなことするわけないとわかっていたが。

「ははっ、そうかよ……」

神宮寺は俯いたまま肩を揺らして笑う。

「さっきから連絡のつかない、俺が目をかけてやってた配信者連中にもそのアドバイスとやらはしたのか？」

「いいや。そいつらはおそらく、お前のあの音声が広まったときには既に手を引いていたんだろう」

「そうか。ああ、そうか。なるほどな」

うなだれる神宮寺。

かつて俺に土下座させようとした男が、両膝を地面に突き、悲壮感を漂わせる。

黒鉄は俺に視線を向ける。

まだ続けるか？　と聞きたいのだろう。

可哀想だとは微塵も思わないが、これ以上続ける気もしない。どうせこいつは俺がこれ以上なにもしなくても破滅に向かうのだから。

だが――。

「だったら、お前らも道連れにしてやるよおおおおッ！」

そう言って立ち上がると、神宮寺はスマホを操作する。

「どこまでも救えない奴だな」

大きくため息をつく黒鉄が神宮寺に近づく。

「もういい」

「いいのか？　失う物が何も無い奴は何をしでかすかわからないぞ？」

「何をしても、ダメージを受けるのはあいつだけだ」

そんな会話をしていると、神宮寺の秘策の準備が整ったらしい。

「お前と奈子メイの過去を配信で暴露してやる。謝るなら、謝るなら今のうちだぞ!?」

「そうか。やるならさっさとやれよ」

「い、いいんだな。謝罪……ど、土下座すんなら今のうちだぞ!?」

要するに、配信で暴露しないでほしければ謝罪して土下座して、この件を無かったことにしろって感じか。

いまさら止まらないってわかっているだろ。というより、捨て身の作戦でもなんでもなかったのか。

「クソッ……その余裕ぶった顔、今すぐにぐちゃぐちゃにしてやるかんな！」

神宮寺は配信ボタンを押した。

それからどうなったかは、画面を見なくても簡単に想像できた。

「お、おう、お前ら！　これから最大級の暴露をするぞ、よく聞けよ……」

威勢よく配信を始めた神宮寺だったが、画面を見て一気に青ざめていくのが見てわかった。

すると、隣で配信を見ていた黒鉄が笑い出す。

「これは凄い荒れ具合だな」

「お、おいおい、いつもよりコメントの流れが速いな。なんだよ、そんなに聞きたいのか？　し、仕方、ねえな……」

「ほうほう、なになに……『おっ、犯罪者じゃん！』『刑務所からの配信ですか？』『自分で地獄代行通信に依頼して地獄に落としてもらえ！』か。コメント欄の奴ら、なかなかいいセンスしてんじゃねえか」

「その件は、ほら、また後ですから。今は、その」

遠見ココアの配信から数時間しか経っていないのに配信を始めたらどうなるか、いつもの神宮寺であれば容易に想像できただろう。

それに今回の配信は予定していなかったものだ。

配信のタイトルもサムネイルも適当で、何より第一声が反省のない新たな暴露をする発言。

そんな配信者に待っているのは、暴言や誹謗中傷、それに外での配信だから位置情報を特定しようとするコメントばかり。

それも何十何百といった数ではなく、何万といった人が一斉にコメントする。

一つ一つのコメントが読めなくても、気分は良くないだろうな。

「なん、だよ……なんだよ！　俺の暴露配信、お前ら好きだろ!?　毎日毎日この配信が楽しみですって言っていただろ!?　俺のことずっと応援するって言っていただろ!?」

自分だけのものだと思っていた女には逃げられて。可愛がっていた後輩たちに裏切られて。共に私腹を肥やしてきた配信者仲間には切られて。

自分を応援してくれていたはずのリスナーたちには、暴言や誹謗中傷を投げられる。

一瞬にして味方がいなくなった神宮寺は絶望して、喋るのを止めた。

そんなときだった。

俺たちの耳にも、配信を見ている者たちにも聞こえるほど大きなサイレンが鳴り響く。

コメント欄はここで更に盛り上がりを見せた。

「ははっ……そうか、そうかよ」

神宮寺は涙を流すと、スマホのインカメラで自分を撮影したまま歩き出す。

「よく見とけよ、これが最後の地獄代行通信だ。お前ら大好きだろ？　こういう成功者が不幸になって、ざまあされてスッキリするのがよ！　現実では冴えないお前らは、成功している奴が不幸になるの大好きだもんな!?」

——それからも、神宮寺はお迎えが来るまでひたすら視聴者たちを煽り続けていた。

コメント欄がいくら大荒れしても話し続けていた言葉は、おそらく神宮寺がずっと思っていたことなのだろう。

そして、逮捕される様子を撮影した地獄代行通信最後の動画は、運営に消されるまでの数日間だけで、神宮寺がこれまで投稿した動画の最高再生回数記録を更新した。

# 第五章　善人ではなく

『――次のニュースです。動画配信者の男が交際相手の女性に暴力を振るい、傷害の現行犯で逮捕されました』

あれから数日が経った。

『傷害の疑いで逮捕されたのは、神宮寺トオルこと神宮寺徹容疑者（24）です。神宮寺容疑者は五月中旬、都内の公園にて交際相手の女性の顔を殴ったとされ、女性の友人が撮影した映像が証拠となり逮捕されました』

「交際相手に、友人ねえ。お前、そう言えって指示していたか？」

タクシーに乗りながらニュースを見ていると、隣に座る黒鉄が俺を見て笑みを浮かべる。

「そんなわけないだろ。ただあの女が神宮寺と交際していたという事実にしたかったんだろ。

俺たちと友達かは、まあ、そう言った方が怪しくないからいいんじゃないか」

「恋人でも友達でもないのにな。それに結局、あいつらは被害者って形で丸く収まるのか？」

「神崎と後輩たちか？」

「ああ」

「いいや、暴力を振るわれたことに関しては被害者でも、これまでしてきたことに関しては神宮寺の指示であっても実行していた部分があるからな。……ほら」

『神宮寺容疑者は容疑について認めており、以前より噂になっている余罪について、他に複数人の関与を明らかにしており、これから捜査が行われるとのことです』

「神宮寺はこれから取調べで全て暴露するだろうから、あの女も、後輩たちも、仲間だった配信者たちも道連れにする気だ。何も無しで終わることはないだろう」

「なるほど。公園で最後の暴露だって言っていたのに、取調べでも大スクープ級の暴露をするってわけか。はっ、あいつ、本当は才能あったのかもな？」

「もっとマシな才能の使い道があれば良かったな。と、ここか？」

目的地へ到着した。そこはただのマンガ喫茶。今日ここには、黒鉄からある人物を紹介してもらうために来た。

「あいつはたしか、こっちに……おお、ここだ」

そこは一般的な個室とは違い、厚い扉と壁で隔てられた個室だった。

「入るぞ」

ノックもせず部屋へ入る。

最近ではこういう防音の個室も増えたらしいが初めて入った。縦長の空間で横はイスの幅だけとかなり狭い。

そんな個室の左右にはいくつもの私服がハンガーでかけられていて、足下には大きめのキャリーケースが置かれていた。

「ノックぐらいしなよ、クソギャンブラー」

「あ？　お前、ノックしても返事しないだろ」

「ヘッドホン付けているんだから当たり前だろ。まったく」

イスがくるりと回転する。

よれよれのブラウスに下着姿の女性は、気怠（けだる）そうな表情を浮かべた。

「クソギャンブラーはもう出て行っていいよ。ここ狭いから、お前みたいなデカブツがいたら邪魔だ」

「へいへい、言われなくても出て行くっての。喉渇いたしな」

「おいおい、部屋代払ってない分際でドリンクバー使う気か？」

「お前のドリンクバーに足しておいてくれ。んじゃな」

黒鉄はそのまま部屋を出て行く。

「改めて。はじめまして、橘恵さん。ボクはこの城の主（あるじ）、遠見ココアだよ」

派手な金色の長髪をシュシュで束ねた髪型の女性はぺこりと頭を下げる。

年齢は同い年ぐらいだろうか。見惚れるような大きな胸に引き締まったお腹、それに綺麗で

長い脚をしているのに、一切の恥じらいを見せないから色気を感じない。

「橘恵です。今回は手を貸してくださって――」

「――ああ、敬語はいいから。嫌いなの、そういうかしこまったの。だからお互い敬語なし、ね？」

「わかったよ。えっと、遠見ココアでいいのか？」

「本名じゃないけどね。ボクのことはココアって呼んでよ。ボクも君のこと恵って呼ぶから」

「了解。それでココア、今回は助かったよ」

――遠見ココア。

今回の件で手を貸してくれた暴露系配信者――の駆け出しだった彼女。

「あのクソギャンブラーから話を聞いたときは驚いたよ。地獄代行通信には何かしらの裏があるだろうなとは思っていたけど、まさかあんなどろっどろな内情があるとはね」

「そういえば黒鉄とは前からの知り合いだったんだな」

「そう、ここと別のマンガ喫茶でたまたまね。こういう防音の個室じゃなくて薄い壁で仕切られている個室でたまたま隣同士になってさ、なんか隣から『うっ、ううっ』って呻(うめ)き声が聞こえてくるから、シコってんのかなって思って扉を開けてみたら競馬新聞見て泣いていたの。そっからかな、たまに顔合わせたら話するようになったんだよね」

「ここと別のマンガ喫茶って……」

「あれ、聞いてない？　ボクもあいつもマンガ喫茶の住人だよ。住所無し、職無し、貯金無し」

彼女はふふんと微笑む。

黒鉄がマンガ喫茶で暮らしているのは知っていたが、まさかこんな……正直、普通に美人な女性がここで暮らしているとは思わなかった。

と、つい視線が彼女の身体に向いてしまった。その視線に彼女も気付く。

「あいつと違うところは、たまに日雇いで働いているってとこね。もしかして、身体売って生活していると思った？」

「いや、そういうわけじゃ……」

「ふふん、嘘つき。そういう目で見たくせに」

わざとらしく脚を組み直すココア。

「そういうことはお断り。意外とボク、ガード固いから」

男の前で平気で下着姿でいられる時点でそうは見えないのだが、そこは突っ込まないでおこう。

「でも、君にならいいかな」

「なに？」

「身体を売ってもいいってこと」

「何を馬鹿なこと。からかわないでくれ」

「えー、本気なんだけど、ボク。だって君、面白そうじゃん」

上目遣いで見つめられ、唾を飲む。

「君たちが話を持ち掛けてくれたお陰で、ボクのチャンネルは一夜にして登録者数10万人を超えて、今も増え続けている。これも全て、あの暴露系配信者トップの神宮寺を逆に暴露して追い詰めた成果だよ」

「あれは別に、俺だけのお陰とかじゃ」

「かもね。だけどあのクソギャンブラーがボクに言ったんだ。『橘恵と手を組めば面白いものが見られるぜ』ってね。あいつって、ハラハラするギャンブル以外では燃えないタイプなんだよ。そんな奴が心底惚れる君は、たぶん普通じゃないと思う」

「黒鉄に惚れられても嬉しくないな」

「あはは、それはそっか。まあ、今回の件でボクは得をした。今後の日雇いバイトをキャンセルするぐらいにはね。だからさあ」

ココアは首を傾げる。

「ボクと手を組まない？」

「どういう意味だ？」

「もしも今回みたいに誰かを貶めたいと考えたとき、ボクも一枚噛ませてほしいんだ。そのためならなんだって協力する。ネットを使った個人情報の特定や、今回みたいな体当たりの潜入とかね」

要するに今後もココアは、暴露系で食っていきたいということか。

「別に俺は誰かを貶めたいわけじゃない。今回はたまたま、俺の面倒見ている子があいつに狙われたからこうなっただけだ」

「ふうん、そうなんだ。だけど今回みたいなことが二度と起きないとは限らないでしょ？」

「まあ、そうかもな。ココアは暴露系が好きなのか？」

「うん、好きだよ。人気者や成功者が崖から落ちるのを見るのは爽快だからね。ただボクの場合、快感よりもお金かな。楽してお金を稼げたらなんだっていいんだ」

「なるほど」

黒鉄も楽しくて金が手に入ればいいってタイプだから、ココアも同じ感じなんだろう。

「あいつから聞いたけど、配信者のマネージャーしてるんでしょ？　だったら今後もこういう問題事って起きそうじゃん。だからね、お願い！」

彼女の期待に応えられるようなことは起きないでほしいが、まあ、約束するだけならいいだろう。

「わかった。次回があるかわからないが、もし何かあったら頼むよ」

「ほんと？　やったー、約束だよ。あっ、一応、ボクはこの部屋を月単位で契約しているけど、いない時もあるから……はい、連絡先交換しよ」

　ココアと連絡先を交換する。

「じゃあ今日はこれで」

「あっと、恵」

　スマホに向けていた視線を前に向ける。

「今回はギブアンドテイクということで報酬は無しだけど、もし次にボクが得をする依頼をしてくれたら……その時は、楽しみにしててよ」

　ココアは、その豊満な胸を腕で抱えると寄せてみせる。

「どこがガードが固いだよ」

「だってボク、君の望むだけの額払える気しないしさー。それに、君もこっちのお支払いの方がいいでしょ？」

「……さあな」

「嘘つき。黒鉄が言ってたよ。恵は下半身に脳みそが付いてるって」

　あいつ、俺のことを性犯罪者と勘違いしているんじゃないのか？

「だからさ、また依頼してよ。そしたらほら、この誰もいない、誰にも知られない二人だけの個室でたっぷり支払うから。この身体で、ね……？」

　不敵な笑みを浮かべたココアを見て、さっき黒鉄に性犯罪者みたいに言うなとか思ったのに下半身が反応した。

「考えておく」

「ふふ……。それじゃあ、恵。いつでも仕事の依頼、待ってるよ」

まるで俺の考えを見透かしたように笑うココアに背を向け、俺は個室を出た。

◆

「随分と時間かかったな？」

「ん、ああ」

マンガ喫茶を出ると、待っていた黒鉄とタクシーに乗る。

「俺はてっきり、お前のことだからあの女とお楽しみかと思っていたけどな？」

「そんなわけないだろ」

「そうか？　まっ、そういうことにしておくか」

黒鉄は笑みを浮かべる。

ただそれ以上の追及をしてくることはなかった。

「そういえばあの二人、また付き合ったんだってな」

「マルモロさんと阿藤さんな。まあ、お互いの勘違いだっただけだからな」

「ただ相手が未成年なのは変わらねえからな。視聴者のマルモロへの印象は回復して配信も再開したとはいえ、これからどうなることやら」

「これからのことは二人でなんとかするだろ」

そんな会話をしていると目的地であるメイの家に到着した。

「お前も来るか？」

「行くわけねえだろ。また煙たがられるだけだ」

「それもそうか」

どうせお金持ってないだろうと思いタクシーの代金を渡す。

「黒鉄、今回は助かった。ありがとう」

「ああ」

「じゃあ、また」

「おい！」

歩き出すと、ふと呼び止められた。

「久しぶりに面白かったぜ。やっぱりお前、今の真面目ちゃんじゃなくて、俺と初めて会った頃の鬼畜野郎の顔の方が似合っているんじゃないのか？」

そう言われ、少し間を空けて「うるせえよ」と返した。

「また何かあったら言えよ、報酬次第で引き受けてやっから」

黒鉄は満足そうに笑い、タクシーは走り去っていった。

「前の鬼畜野郎の俺か……」

◆

これで、俺にとって最悪だったあの出来事については完全に終わった。

神宮寺を刑務所にぶち込み、神崎と顔を合わせることももうないだろう。

もちろん負った傷が完全に癒えることはないが、今回の出来事の前よりは幾分かマシといえる。

——が、俺と神宮寺の件が片付いただけで、俺にはその時に受けた傷を癒してくれた彼女との関係が残っている。いや、むしろ今回の一件を経てより悪化している。

「おかえりなさい、先輩」

メイの家に入り、リビングに着いたとたん、困惑して声が漏れた。

普段のメイの格好とは違う、制服姿のメイがそこにいた。

「その格好……」

「はい、先輩と初めて会った時と同じ高校生時代の制服です。どうです、似合ってますか？」

くるっとその場で一回転する。

まだ高校を卒業して間もないからあれだが、あの頃よりも髪色が派手になっているのでコスプレ感が強い。それに、

「あの頃よりもおっぱい大きくなったから、少し胸周りがキツイですね」

くすくすと笑ったメイが胸を張ると、ボタンがはち切れそうに見えた。

「そ、そうだな。でもなんで制服？」

「それはもちろん、先輩にお礼をするためです」

跳ねるように歩くメイに押されソファーに座らされる。そのまま彼女は隣に座ることはなく、俺の足の間でこちらを向いて正座する。

「神宮寺先輩から、メイのことを助けてくれたお礼です」

「いや、今回の件は俺が原因でメイを巻き込んだだけで」

「そうだとしても、メイを助けようと思ってくれましたよね？」

「それはもちろん」

「だからお礼したいんです。大好きな先輩に……ダメ、ですか？」

上目遣いで聞かれ、俺は拒むことができなかった。というより言葉を発する間もなく、メイにベルトを外される。

そのまま彼女の指先がズボンのチャックを下ろしていく。

「まずはお口で、お礼しますね。メイの大好きなご主人様♡」

ズボンから解放された肉棒へと舌を這わせる彼女。

握手会に参加するために大勢の男たちが何万ものお金を使って握った彼女の手が、今は熱を帯びた俺の肉棒を握っている。

可愛い、付き合ってほしい、結婚してほしいと、数え切れないほどの男たちから言われてきた彼女は目の前で肉棒を舐める。

VTuberの弧夏カナコとして大勢のファンを魅了してきた声は、俺だけに向けて甘えるようなトーンで囁く。

一生懸命に奉仕する彼女の頭を撫でながら、そんな彼女を独占して屈服させている、優越感に浸る。

黒鉄の言っていた真面目ちゃんじゃなく鬼畜野郎の俺というのは、こんな風に喜ぶ俺の本性を言っていたんだろうな。

「んッ、ん、んん……ッ！」

不意に、喉の深い部分まで咥えた彼女は苦し気な声を漏らした。

俺は何もしていない、彼女が自らそうした。視線を下げると、涙目で苦しそうにするメイと目が合った。

その表情を見た瞬間、自然と両手が小さな頭を押さえていた。

「――んぐッ、う、んんッ！」

力を入れれば入れるほど快感が増す。それは身体だけでなく気分的にも。

大勢の男たちを魅了するメイの苦しむ顔を独り占めするこの快感が堪らない。

『……メイ、もう口での奉仕はいいから』

自由を奪っていた両手を離してやると、後ろへ倒れ込んだメイは荒くなった息を整える。口もとの汁を拭い、笑みを浮かべながら首を傾げる。

「はあ、はあ、んっ、はあ……っ♡　早く、おまんこでご奉仕しろってことですか？」

『言わなくてもわかっているだろ。それとも、あんなに調教してやったのに忘れたのか？』

顔を上げさせると、メイは嬉しそうに蕩けた瞳で見つめてくる。

「ごめん、なさい……っ♡　躾のなってないメイをまた調教してください♡」

メイはそのまま後ろに倒れる。

カーペットの上で仰向けになった彼女はスカートを穿いたまま下着を脱ぎ、両脚を大きく広げる。

「先輩、ください……っ♡　先輩のおちんぽで、メイのおまんこ躾けてください♡」

躾と言いながらも喜んでみせるメイ。

とろっとろの膣内からは止まることなく愛液が溢れ出し、軽く肉棒を押し当てるだけで飲み込んでいく。

「あ、あっ、はぁああ……っ♡　先輩の、先輩の硬くて太いおちんぽ、奥にっ♡　ああん、気持ちいいですっ♡」

　奥まで挿入すると、メイは呼吸を荒くさせながら俺の腰に脚を巻き付かせる。

　そのままゆっくりと引き、一気に奥へ突き出す。

　ぐちゅ、ぬちゅ、ぐっちゅ！

　水音と肌と肌がぶつかり合う音が交互に響く。心地よい音を聞きながら、次第に腰の動きが速くなっていく。

「あんっ♡　あ、んん、はあ……っ♡　いい、ですっ♡　先輩のおちんぽ、メイの好きなとこいっぱい突いて……ああん、そこ好き、好きですっ♡」

　快感が増すたびにメイの膣内が肉棒を強く締め付けてくる。

　その快感を身体が覚えている。だけどお互いにもっと気持ちよくなれる方法がある。

　俺は彼女の首に手を回す。その瞬間、メイの全身がビクンと反応する。

「あ、あ……はああっ♡」

　メイはこれからされることを想像して軽イキした。

　細い首を優しく手で包むと全身が震え、親指で喉仏を撫でると大きく唾を飲む。

『学生時代の制服を着ているから思い出したよ。何度もこうやって奥を突きながら、首絞めて楽しんだよな？』

「は、はい……っ♡　最初は絞められると苦しかったのに、何度もされてくと、どんどん、メいく。

　唾を飲むたびに親指に伝わり、その回数がどんどん増えてくる。呼吸も荒く、大きくなって
イ……メイ、気持ちよくなるようになりました♡」

「絞めて、ください……っ♡　メイに、苦しみを与えて——んんッ!?」

　メイは今か今かと、俺が触れた親指に力を込めてくれるのを待っているようだった。

　話の途中で俺は彼女の首を優しく絞める。

　その瞬間、メイの膣内がギューッと締め付けてくる。

「あ、あ、ああ……っ！」

　苦しそうな声を出し、だらしなく舌を突き出し、涙を流すメイ。

　手を離すと、彼女は大きく呼吸する。

「はあ、はあ、は、あぁ……っ！」

『メイは相変わらず首絞めると膣内を締め付けてくるな』

　吐き捨てるように告げると、メイは幸せそうに笑った。

「だ、だって、メイ……先輩に首絞められるの、大好きなんですもん♡」

　口端からよだれを垂らしたメイは、それを拭くこともせず俺の背中へと腕を回す。

「苦しいのも、痛いのも、先輩にされるものならなんでも気持ちいいんです♡　それに首絞め
から解放されると、メイ……先輩に生かされてるんだって自覚できて幸せなんです♡」

メイはそう言いながら微笑む。

「メイの生と死の判断、先輩に預けます……っ♡　それがメイの幸せなんです♡　だから……だからもっと、メイのこと痛めつけてくださいっ♡」

『本当に変態だな。だったらほら、もっとしてやるよ！』

「あっ、う、う……ふぐっ、あはぁ♡」

首を絞めながら激しく膣内を犯す。

どんどん愛液が溢れ出し、温かさも増していく。

絞めて、解放して、また絞めて、解放する。

普通だったら嫌がる行為もメイは喜々として受け入れ、むしろ何度も要求してくる。

——出会った時は普通の、かわいい女の子だった。

そんな彼女を、ここまで歪んだ性癖にしたのは俺だ。

それを実感して、彼女の首を絞めた俺は満足気に笑っていた。

『メイ、そろそろ射精そうだけど。好きなところに射精していいよな？』

首に向けていた手を胸に持って行く。はちきれそうなブラウスを勢いよく左右に引っ張ると、豊満な乳房が顔を見せる。

「やっ、ナカに……っ♡」

大きすぎる乳房を乱暴に揉むと、メイは切なそうな声を漏らす。

「中に欲しいですっ♡　先輩の濃い精液、メイの子宮にくださいっ♡」

『外じゃなくていいのか？』

「中がいいんです♡　中じゃないとイヤです♡」

そう答えるとわかっていた。メイは欲しがるってわかっていた。

だから激しく腰を振る。

力強く打ち込んで、ぐちゅぐちゅと膣内を掻き混ぜる。

「あっ、はあっ、ん……あああんっ♡　先輩、メイも、メイもイキますっ♡」

『一緒にイクぞ！』

「ああん……ッ♡　気持ちいいっ♡　奥、何度も突かれるのいいっ……ああ、ダメダメっ♡　もう、もうっ♡」

メイの下半身が何度も震えて止まらない。どうやらもう限界のようだ。

そんな限界の膣奥に、俺は精液を吐き出した。

『射精すぞ、メイっ！』

「はいっ♡　はいっ♡　奥に、メイのおまんこの奥にっ、先輩の濃い精液くださいっ♡　熱々のザーメン、ぶっかけてください♡」

ぎりぎりまで射精欲を我慢して乱暴に打ち付けた肉棒。

熱い鉄のようになったそれは、先端をぱんぱんに膨らまし、奥深くで吐き出した。

『っく、はあ！』

「ああん、ダメっ♡　メイも、メイもイクっ♡　イクイクイクっ、イ――」

メイは絶頂と共に俺の腰に回した両脚に力を込めた。

「くううううう……っ♡」

溜め込んだ精液が何回かに分けて吐き出される。

どろっとした白濁液が膣奥を叩くと、メイは甲高い声で喘ぎ、肉付きのいい太股を震わせた。

「ああ、ダメ……ダメダメ、イクのとまんない、とまんないですっ♡」

メイの絶頂が収まったのは、俺の射精が終わって少ししてからだった。

「いっぱい、射精てる……っ♡　先輩の濃い精液、メイの奥に♡」

最後の一滴まで搾り取られると、俺は彼女の膣内から肉棒を抜く。

栓が外れ、とろっと溢れ出す精液を、メイは手で抑える。

「ああ、ダメ♡　先輩の精液……メイのおまんこから出ちゃ、やだ♡」

その願いに、俺の射精したばかりの肉棒が反応する。

『また後で射精してやる。それよりほら』

「あ……っ♡」

精液と愛液で艶がかった肉棒をメイの顔の前に突き出す。

「は、はい♡　溢れちゃった分、たっぷりまた射精してくださいね……ああむっ♡　はむ、ちゅ……れろ、ちゅぱあ♡　あっ、くすくす、先輩のおちんぽ、もうこんなに大きい♡」

精液を搾り取ったメイは肉棒から口を離し、唇を舐めた。

まだまだしたい。そんな表情だ。

『ほら、いくぞ』

「あっ、はい♡　今度はベッドでしますか？　それともお風呂場？　もしかして、お外ですか？」

『まったく、何を期待しているんだ』

今度は寝室へ。ベッドへと倒れたメイ。

ふと、メイがいつも使っているパソコンに目がいった。

「先輩、どうしましたか？」

『ああ、なんでもない』

「もしかして、セックス配信しようと考えてました？」

『そんなわけないだろ』

笑いながら言うと、メイは四つん這いになってお尻を突き出す。

「配信はダメですけど、撮影しながらならいいですよ？」

『……』

「くす、今想像しましたね？　いいですよ♡　先輩が望むなら、お好きなように……っ♡」

# エピローグ　元カノたちの宣戦布告

「――神宮寺先輩にメイの情報を話したの、あなたですよね。加賀燈子先輩？」

突然の来訪者から投げかけられた問いに、目の前の彼女――加賀燈子は一切表情を変えることはなかった。ただ、メイのきっぱりとしたこの言葉に、燈子の家に来て初めて二人の視線がはっきりと交差した。

どんな言い訳をするのだろうか。そう思ったメイだったが、燈子は一切の動揺を見せず、返事を考える様子すら見せず答える。

「あなたと長話する気はないから結論から言うけど、神宮寺くんにあなたが弧夏カナコだということを話したのは私よ」

「……隠さないんですね」

「あなたに隠しても意味ないもの。それにここへわざわざ来たってことは、確信があって来たのでしょ？」

ソファーに腰掛けた燈子はコーヒーカップに口を付けながら話す。

「だけど心外ね。私じゃなくまどかちゃんとか、彼の周りにいた工藤くんとか新海くんとかを疑ってほしかったのだけど」

「取り巻きとメイに関わりはありませんから。それに、あなたが元は神宮寺先輩のグループにいたのも知ってます」

「グループって、別に彼らと仲良かったわけじゃないわよ？　ただ大学時代に一方的に絡んできただけのこと」

「そうですか。でも、あの場にあなたはいましたよね？」

そう言った瞬間、燈子の切れ長な目がメイを見る。

〝あの場〟というのは、恵のトラウマである神宮寺と神崎、それからその他大勢に土下座を強要させられた時のことだ。

「それも彼から聞いたの？」

「いいえ、先輩ではないです」

神宮寺と神崎のことはもちろん、その取り巻き連中のことや見物人がいたこともメイは恵から教えてもらった。だが、あの場に燈子がいたということだけは告げられなかった。

その理由はおそらく、恵が話したのは自分が憎しみを持っている敵と当時の状況について話しただけだからだろう。

だから燈子のことは話さなかった。あの場で燈子ただ一人が敵じゃなかった。むしろ彼女は、恵を地獄から救った女神だった。

「……どうして、メイの情報を話したんですか？　先輩をまた苦しめることになるって、そう思わなかったんですか？」

　神宮寺の話題は恵にとって辛い過去を思い出す引き金となる。それはおそらく燈子だって知っていたはずだ。

　頭の良い彼女なら、もしも裏で情報を流していたのが燈子だとわかれば彼から嫌われるのではないだろうかという思考に至るはずだ。

「苦しんだら、また慰めてあげたらいいじゃない」

「え……？」

「苦しんだらまた私が慰めてあげたらいい。ただそれだけ。それに、あなたが彼に頼らなければ元からそうする予定だったのよ」

「どういう意味ですか？」

「そもそも神宮寺くんにあなたのことを話したときにはもう、私は彼がこの会社に入社することを知っていた。そのときに、会社は新人の彼に一人で誰かを担当するようなことはさせず、最初は加藤さんの側で〝手のかからない配信者〟を一緒に見る予定だったことも聞いた」

「それって」

「もちろん加藤さんの担当だった私たちのこと。だけど――あなただけは外されていたでしょうね。あなたも加藤さんが担当していたけれど、男嫌いとしてマネージャーたちの間で有名だったから。そうなれば、誰かが口にしなければ彼があなたの存在を知ることも、あなたが彼の存在を知ることもなかった。お互い関わることはなかったでしょうね」

「そう、ですね」

「こうして、あなたが知らないところで私と恵くんは再会して――私と一緒に、神宮寺くんに狙われたあなたを救うという予定だった。筋書きは、そうね……」

彼女はまるで、前もって作ってきた台本を読むように言葉を続けた。

「再会した彼にこう言うの。あなたの後輩が大変だって。一緒に助けてあげましょうってね。そして元は善人だった彼は迷うことなく助けるでしょう――もちろん陰からね？」

「……」

「彼はあなたと関わるのを避けていた。助けたいと思っていても、彼はあなたの前に姿を現すことはしなかった」

「なんで、そう言い切れるんですか」

「当然じゃない」

燈子は、自分の頬に手を当てて嬉しそうに笑った。

「彼は私そのものだもの」

「……え？」

「正確に言うなら、彼と付き合っていた頃の私。どっぷりと相手を自分に依存させる性格」

高校生であったメイの耳にも、学生時代の加賀燈子の噂は入ってきた。それは色気のある綺麗な女性という他に、何を考えているかわからない魔性の女としても。

そして実際に初めて会ってみて、普通とは違うという印象を持った。

「私はね、彼と出会って初めて、自分の本当の姿を知ったの。好きな人を自分に依存させて。好きな人を独占して。自分がいないと生きていけなくなるぐらいイジメるのがたまらなく好きなんだって」

「くる――」

「――狂ってる？　ご主人様に忠実な女狐のあなたに言われたくないわね」

はっきりとした敵意剝き出しの言葉に、メイは何も言葉が返せなかった。

「……脱線しちゃったわね。それで恵くんと一緒にあなたのことを救って、関係をやり直すつもりだった。だけど私の予定が狂ったのは彼が入社した日。まさか、新人に複数人を担当させるとは思わなかったわ」

「それで、メイと先輩は再会した」

「ええ、そう。あなたが直接、彼に相談したことで私の描いた計画は台無しになって、結果、私の知らないところで物語は完結してしまった」

はあ、とため息をつく燈子。

「今回は残念な結果になってしまったけど、仕方ないわ。私の考えが甘かったのだから」

「じゃあ、今後は先輩のことはもう――」

「これからはもっと頑張るわね。彼をまた私に依存させる。女狐がちょっかい出してもよそ見できなくなるぐらい、どっぷりとね」

燈子はきっと変わり者なのだろう。歪んだ恋愛観を持っているが、それをメイは否定できない。自分自身もそうであり、人間なんて、みんなそんなものなのだから。それを表に出すか隠し続けるかの違いであり、彼女は隠すことなく表に出して生きている。

「であれば、メイも頑張りますね。先輩を悪女に狂わされないように」

「ええ、お互いに。そうね、勝負しましょうか」

「勝負？」

「どちらが先に彼と結ばれるか。もちろん、すぐに帰って彼に告白してもいいけど、あなたはしないでしょうね」

「……じゃあ、あなたはするんですか？」

「いいえ、しないわ。彼にそう言えばきっと逃げちゃうでしょうから」

それについては同感だ。

橘恵は善人と悪人の狭間で行き来して、悩み苦しんでいるような人間だとメイは思う。

時に優しい一面を見せたり、時に誠実な姿を見せたりと善人としての行動をしたと思えば、欲望に忠実になったり、感情を消して誰かを貶めたりといった悪人の行動をとる。

おそらく彼のこれまでの人生が影響して、ぐちゃぐちゃに歪んでしまったのだろう。

そんな彼に二人が告白しても今の彼は頷かない。

メイについては「自分とこれ以上は関わらせてはいけない」と無駄に善人な部分が身を引かせ、燈子には「この人とこれ以上関わったら自分も相手も駄目になる」と、これもまた無駄に善人な部分が拒む。

一見すると善人の面が強く出ているようにも思えるが、二人と再会して駄目だと思っても離れようとはしていないので、善人の皮を被った悪人、というのが最も適した例えだろう。

今のぐちゃぐちゃな感情の恵の側にいるには——適度な距離感を保ち、悪人の部分をたくさん引き出してあげるのがいい。

おそらく善人な恵が消えて悪人だけの恵になれば、彼はメイという名の最高の果実から離れようとは考えない。

それをメイは理解している。燈子も、何かしらの考えがあって普通とは違う対応をしているはずだ。

「だけど結ばれる方法ならある。あなたなら、わかるでしょ?」

「もしもメイが先に結ばれたら、先輩のことは諦めてくれますか?」

「ええ、諦めるわ。だけどもし先に私が結ばれたら……」

燈子はお腹を撫でながら、にこりと微笑む。

その幸せそうな表情を見て、そうなってしまったあるはずもない未来を想像して、メイは怒りから拳をギュッと強く握る。

「帰ります」

「はい、どうぞ。そうそう、彼の前ではお互い仲良くしましょうね？　彼を困らせたくないでしょ？」

「わかりました。ですが、先輩の前であなたと会うことはないと思いたいです」

「ふふ」

メイは玄関へと向かう。

燈子と関わることも、顔を見ることも、これから先ずっとなければいいのにと願いながら。

そして玄関で靴を履きながら、メイは最後に彼女に聞いた。

「他の男性を好きになろうとは思わなかったんですか？」

彼女ほどの美貌(びぼう)を持っていれば多くの男性が寄ってくるだろう。だがなぜ、燈子は恵に固執するのか。

率直な疑問だった。

そして燈子は、少し迷ってから。

「……あなただって同じでしょ。自分は普通の人と合わない」

「……」

「自分の恋愛感情は歪んでいる。だけど変えられないし、隠せない。この感情を押し殺して上辺だけ楽しそうに他の男性と付き合っていても、いつかは苦しくてダメになる。かといって本当の自分の姿を見せたら〝普通〟の人は受け入れてくれない。そんな自分を受け入れてくれる人間なんて、同じく狂った彼しかいないと思っている」

きっとこれは彼女の本音なのだろう。

元々は彼女も、その他大勢と同じで他人に合わせて生きてきたのだろう。

ダメなことはダメ、みんながこう言っているからこうしないといけない。そうした人に合わせる生き物である人間らしく。

だが恵と出会い、本当の自分を、歪んだ自分を知った。

知ってしまってからは戻れなくなってしまったのだろう、周りに合わせる生き方に。そして同時に、そんな自分を受け入れてくれる人間なんて、同じく歪んだ彼しかいないと思い込むようになってしまった。

そしてそれは、メイ自身も同じ考えだった。

「それでは、さようなら」

「ええ、さようなら」

メイは彼女の家を出た。

# あとがき

初めましての方は初めまして。

カクヨムから知ってくれている方はお久しぶりです、柊咲と申します。

この度は『人気配信者たちのマネージャーになったら、全員元カノだった』をご購入いただきありがとうございました。

この作品はカクヨムにて連載している作品で、ご縁がありGCノベルズ様より出版させていただくこととなりました。

突然ですが、みなさんはこの作品を手に取るとき、どんな内容を想像していましたか？

元カノたちと再会してイチャイチャしたり、ヒロインレースを繰り広げたり、はたまたハーレムしたり。

そんな明るいラブコメ作品だと思っていた方もいたかもしれません。

すみません、違います！

この作品は暗めの作品です。今では誰もが知る配信者という職業、その裏側にある人間の部分に焦点を当てた、普通のラブコメとは違うドロドロとした物語が進んでいきます。

カクヨムで連載しているときも「想像してたのと違う！」と何度かコメントをいただきました。

最後のメイと燈子のような、ヒロイン同士がドロドロしたり、主人公を加えてドロドロしたり。

今回は出番の少なかった彩奈も。

メイと燈子に除け者にされてしまった彩奈も。

恵くんとラブコメしそうな雰囲気があったのに今回は出番が少なかった彩奈も、果たしてどうなってしまうのか。どう、変わってしまうのか……。

そんな感じなので、こういう雰囲気が好きな人に刺さればいいなと思って書きました。

それと、カクヨムではできなかったR18的な描写も追加しております。

見つめ合ってドキドキ。手が触れ合ってドキドキ。初めてのキスは……。なんていうラブコメ展開を使えるのは高校生までで、大人には不要だと、大人の人間関係を描く上では、やっぱりセックスは必要不可欠だと私は思っています。

人間関係をより濃く描くには、感情以外の身体の悦びの部分も大きいと考えています。

メイであれば、恵の命令に何でも従い全てを捧げて〝都合のいい彼女〟となって彼を繋ぎとめようとします。

燈子であれば、本番はせず焦らして〝その先〟をちらつかせて自分以外に目がいかないようにします。

彩奈は、どんな子なのでしょうか、まだわかりません。

エロがあれば、そういう表現もできます。

何より、作者が物語にエロを入れるのが好きなんです。だってエロシーンを入れれば、好きなキャラの、好きなイラストレーターさんが描いたエッチシーンが見れるんですから。最高ですよ、はい。

なので、私の考えに少しでも共感してくれていたら嬉しいなと思いながら、このあとがきを書いています。


次にお知らせを。

有難いことに一巻と二巻の連続刊行という形で出版していただけることになりました。

一巻ではメイに焦点を。二巻では燈子に焦点を当てて進行していきます。

一巻ではメイに先を越されて自分の思い通りにいかなかった加賀燈子は、果たしてどんな策を練り、橘恵とどんな物語を繰り広げるのか。

そして、それに他のヒロインたちはどう関わってくるのか、お楽しみください。

それと二巻では引き続き、恋愛だけでなく配信者関係のお仕事のお話も、綺麗な部分だけでなく〝こういうの実際にありそう〟みたいな裏の部分を描いていきたいなと思います。

一巻では暴露系配信者が登場しましたが、二巻ではどんなのが出てくるのか。

二巻についてはほとんどが書き下ろしで、カクヨムとは違う展開になっているので、そこも楽しみにしていただければと思います。


最後に。

カクヨムから引き続き読んでくださった読者の皆様。

今回、この作品に出版の機会をくださり尽力してくださったＧＣノベルズの編集者様。

素敵なイラストで物語に色を付けてくださったさかむけ様。

そして、こうしてこの作品を手に取り、あとがきまで読んでくださった新しい読者の皆様。

ありがとうございます。

次巻である二巻でまたお会いしましょう。では。


ここまでのお相手は、柊咲でした。

次巻予告

俺の人生は彼女に狂わされた

人気配信者たちのマネージャーになったら、全員元カノだった

2025年2月
2巻発売!

※発売時期は変更となる可能性がございます。

## ファンレター、作品のご感想をお待ちしています!

【宛先】
〒104-0041
東京都中央区新富1-3-7　ヨドコウビル
株式会社マイクロマガジン社
GCN文庫編集部

**柊咲先生 係**
**さかむけ先生 係**

## 【アンケートのお願い】

右の二次元コードまたは
URL（https://micromagazine.co.jp/me/）を
ご利用の上、本書に関するアンケートにご協力ください。
■スマートフォンにも対応しています（一部対応していない機種もあります）。
■サイトへのアクセス、登録・メール送信の際の通信費はご負担ください。

GCN文庫

# 人気配信者たちのマネージャーになったら、全員元カノだった

2025年1月26日　初版発行

著者　柊 咲
イラスト　さかむけ
発行人　子安喜美子
装丁　森昌史
DTP／校閲　株式会社鷗来堂
印刷所　株式会社エデュプレス
発行　株式会社マイクロマガジン社
〒104-0041　東京都中央区新富1-3-7　ヨドコウビル
[営業部] TEL 03-3206-1641／FAX 03-3551-1208
[編集部] TEL 03-3551-9563／FAX 03-3551-9565
https://micromagazine.co.jp/

ISBN978-4-86716-701-4 C0193